오늘의 과학

1

쉽고 재미있게 풀어낸 과학 이야기

오늘의 과학

기획 네이버캐스트팀

1

사이언스북스
SCIENCE BOOKS

오늘 과학을 알면
내일 죽어도 좋다!

우리는 과학 세상에서 살고 있습니다. 우리가 사는 시대를 과학 문명의 시대라고 하니까요. 여러분은 어떻게 이 책을 알고, 사시게 되었나요? 아마도 상당히 많은 분들이 인터넷을 통해서 이 책을 알고, 온라인 서점에서 책을 주문하셨을 것이라고 생각합니다. 그 과정에는 얼마나 많은 과학이 들어 있을까요? 그러나 우리는 우리를 둘러싸고 있는 그 '과학'을 잘 의식하지 못합니다. 과학은 우리 주변을 둘러싸고 있지만, 우리에게 모습을 드러내지 않는 것처럼 느껴집니다. 왜 그럴까요?

그 이유의 한 가지는 과학이 너무 일상에 깊이 들어와서, 그것에 대한 호기심을 우리가 잃어버렸다는 점을 들 수 있겠습니다. 가져다 대기만 하면 교통비가 척척 계산되는 교통 카드는 정말 마법 같은 물건입니다. 그런데도 우리는 매일매일 쓰는 탓인지 조금도 신기하게 느끼지 않습니다. 다른 한 가지는 우리에게 다가오는 정보가 균일하지 않다는 점에서 찾아볼 수 있겠습니다. 흔히 인터넷을 정보의 바다, 더 나아가 정보의 홍수라고 합니다. 하지만 인터넷에는 모든 정보가 균등하게 들어 있지 않습니다. 정보도 결국 수요-공급의 법칙을 따라 생산되는 것이라, 더 많은 이에게 어필하는 정보가 많아질 수밖에 없습니다. 그래서 가볍고 말초적인 정보가 더 많이, 더 빠르게 우리에 세 다가오는 것이지요. 특히 한국어로 된 인터넷에서는 문화적인 감동을 느끼거나 지적인 자극을 받을 만한 콘텐츠를 발견하는 것은 쉽지 않습니다. 과학은 특히 그렇습니다. 그래서 네이버에서『오늘의 과학』이라는 코너를 시작하게 되었습니다.

과학은 물론 유용한 것입니다. 그러나 그것보다 중요한 과학의 본질은 세상의 신비와 아름다움을 느끼고 그것에 숨어 있는 원리를 풀어 보려는 호기심에 있습니다. 그 지적 발견의 기쁨과 숨어 있는 아름다움을 전하고 싶었습니다. 대중과 과학 사이의 거리를 조금이나마 좁히고 싶었습니다.

이렇게『오늘의 과학』을 만들자고 시작하고 나니, 글을 써 주실 분들이 필요하게 되었습니다. 다행히도 이런 취지를 설명 드렸더니 많은 교수님들과 과학 저술가 분들께서 흔쾌히 응해 주셔서 무리 없이 시작할 수 있었습니다. 이 자리를 빌려 감사의 말씀을 전하고 싶습니다.

과학을 시작하면서 가장 걱정했던 점은 '과연 사람들이 읽을까?'였습니다. 세상에는 웃기고 재미있는 이야기가 너무도 많은데, 사람들이 과학이라는 딱딱한 주제를 담은 글을 읽을까 하는 걱정이 안 생길 수 없었지요. 그래서 과학을 다룬 책들을 보면, 영화로 보는 과학, 스포츠로 보는 과학 등처럼 과학을 더 흥미 있는 다른 주제에 기대어 쓰는 경우가 많습니다. 그런 책들이 인기가 있기도 하지요.

하지만 너무 다른 주제에 많이 기대게 되면 안 되겠다는 생각이 들었습니다. 과학의 원리, 그리고 그 원리를 궁금해 하는 그 호기심이 다른 것들에 가려진다면,『오늘의 과학』을 만드는 목적이 흔들릴 수 있기 때문입니다. 그래서『오늘의 과학』에서는 되도록 정면으로 과학을 다루고자 했습니다. 하지만 그러다 보니 더욱 독자들의 반응이 걱정되더군요. 특히「수학 산책」의 경우에는 그 머리 아픈 수학을 과연 쳐다보기라도 할 것인가에 대해서 심각한 고민을 하지 않을 수 없었습니다.

하지만 학교를 다닐 때 "0.999…가 1인가?" 혹은 "−1 곱하기 −1이 왜 1인가?" 같은 문제에서 느꼈던 어려움을 생각해 보았을 때, 누군가는 이런 문제를 속 시원하게 해결해 주어야겠다는 생각이 들었습니다. 꼭 잘해야겠다는 의지가 생기더군요. 이런 어려움은 지금까지 살아온 세상 모든 사람들이 느꼈을 것이고, 앞으로 태어나는 아이들도 계속 느낄 문제니까요.

이렇게 마음 졸이면서 오늘의 과학을 시작했지만, 막상 뚜껑을 열어 보니 독자들의 반응이 뜨거웠습니다. 이렇게 많은 사람들이 과학에 대해 목마름을 느끼고 있었나 하고 놀랄 정도였으니까요. 처음에는 댓글이 없어서 단순히 얼마나 읽었느냐만 가지고 반응을 짐작할 수밖에 없었습니다. 그러다 약 1개월 정도가 지나서 댓글이 붙었지요. 그래서 독자들이 어떻게 느끼고 있다는 점을 알 수 있게 되었습니다.

지금도 댓글이 없던 시절을 그리워하시는 분들이 있다는 것을 압니다. 그러나 좋은 서비스를 만드는 데에 가장 중요한 것은 뭐니 뭐니 해도 피드백입니다. 그러니 가장 편한 피드백 수단인 댓글이 빠질 수는 없을 것 같습니다. 좋은 댓글을 남겨 주시고 글에서 나오는 오타 등을 잡아 주시는 분들께 감사하게 생각하고 있다는 점 말씀드리고 싶습니다.

그 댓글 중에 가끔 보기 싫은 내용이 나오기도 합니다. 뭐든지 수가 늘어나면 다양성이 커지니 그런 것들이 나오는 것은 불가피하겠지요. 엉뚱한 댓글은 무시하고 봐 주시면 좋겠습니다. 명백히 상업적이거나 모욕적이거나 음란한 댓글은 삭제합니다만, 애매한 글은 어쩌기가 어렵습니다. 다만, 잘못된 내용을 너무 설득력 있게 쓰셔서 다른 사람들을 혼란에 빠뜨리는 장난은 안 해 주셨으면 하고 바랍니다.

『오늘의 과학』에서 댓글 외에 다른 피드백의 수단을 마련하고자 만든 것이 저자와의 질의 응답입니다. 저자가 던지는 질문을 먼저 시작했고 답변을 그 이후에 시작했는데요. 사실 해 보고자 했던 것은 저자의 답변입니다. 그런데 저자의 답변은 시스템을 만드는 데 시간이 좀 걸려서 역발상으로 질문을 해 본 것입니다. 그런데 저자의 질문이 예상 외로 좋은 반응을 얻었지요. 그래서 좋은 질문이 좋은 답을 만든다는 소중한 교훈을 얻게 되었습니다. 이 실험을 통해서 알게 된 것이 네이버 이용자 중에는 좋은 지식을 가진 분들이 많고, 그 지식을 적극적으로 남에게 알려주고자 하는 분이 많다는 점이었습니다. 너무나 빠르게 좋은 답변이 올라오니 저자 분들이 "나서서 답할 것이 별로 없다."라고 하실 정도였으니까요.

그럼 이 책에 대해서 말씀드리겠습니다. 책은 인터넷과는 다른 장점을 가지고 있습니다. 시간을 들여 집중해서 볼 때 아주 좋지요. 특히 편한 자세로 어디서나 볼 수 있어 책을 사랑하게 되지요. 이 책에는 매일매일 하루에 한 편씩 저희와 필자 선생님들이 올린 과학 이야기들이 실려 있습니다. 읽어 보시면 화면으로 볼 때와는 다른 새로운 흥미를 느끼실 수 있을 것입니다.

반면, 『오늘의 과학』에 올라간 글 중에서 이 책에는 빠진 글도 좀 있다는 것을 아실 수 있을 텐데요. 그 글들은 글을 쓰신 저자께서 별도로 책을 내실 계획을 가지고 있어 포함되지 않았습니다. 그 글들은 다른 책에서 만나실 수 있으리라 생각합니다.

오늘의 과학에 관한 책은 이 책이 첫 권이고요. 다른 이야기들이 계속 새 책으로 나올 예정입니다. 자 그러면, 여러분! 세상의 신비 속을 산책하며 과학의 아름다움을 느껴 보세요!

『오늘의 과학』사령부
네이버캐스트팀에서

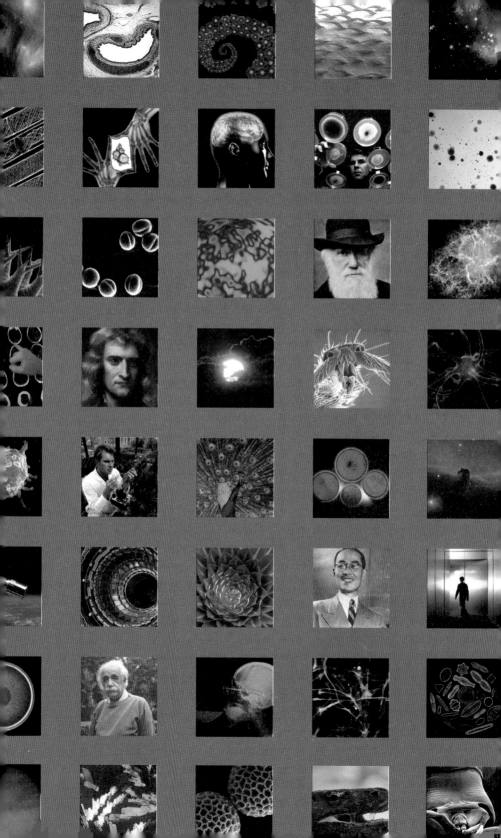

차례

1
월의 과학

01.01	**다윈 탄생 200주년!** | 네이버캐스트팀	015
01.02	**우주의 지배자, 암흑 물질** | 곽영직	021
01.03	**꽃가루의 신비** | 한국천문연구원	028
01.04	**위대하고 위대하신 물리학자 아이작 뉴턴** | 네이버캐스트팀	033
01.05	**너의 뇌를 알라** | 서유헌	039
01.06	**0.999…는 1인가?** | 박부성	045
01.08	**진흙 인형과 세포** | 이은희	052
01.09	**신의 입자를 찾아서** | 이종필	060
01.10	**천문학자들의 성운 작명 센스** | 한국천문연구원	068
01.12	**침, 소화의 제1관문** | 예병일	073
01.15	**농익은 김치의 과학** | 권오길	079
01.16	**우주의 진짜 지배자, 암흑 에너지** | 곽영직	085
01.17	**키를리안 사진의 미스터리** | 하동환	092
01.19	**돼지 회충, 사람 회충** | 서민	096
01.20	**왜 1+1은 2인가?** | 정경훈	101
01.21	**우주의 어둠을 밝히는 별** | 김충섭	110
01.23	**신의 입자를 때릴 LHC** | 이종필	115
01.26	**뇌가 젊어야 오래 산다** | 서유헌	122
01.27	**동양 수학은 왜 없나?** | 허민	131
01.30	**변화의 방향계, 엔트로피** | 곽영직	137

2 월의 과학

02.02	**혀의 소중함**	예병일	147
02.03	**스탕달도 파스칼도 몰랐다. (−1)×(−1)=1인 이유는?**	박부성	156
02.05	**소가 살찌는 이유**	권오길	164
02.06	**세상의 기초, 표준 모형**	이종필	170
02.07	**어둠을 꿰뚫는 적외선의 힘**	하동환	178
02.09	**음식을 쪼개는 이**	예병일	183
02.11	**별들이 태어나는 곳**	김충섭	190
02.13	**원자론이 부른 비극**	곽영직	197
02.16	**뇌 속의 메신저, 신경 전달 물질**	서유헌	203
02.17	**아킬레스와 거북**	정경훈	209
02.19	**자외선 보호막 멜라닌**	이은희	215
02.20	**질량 부여자 힉스**	이종필	221
02.23	**기생충으로 알레르기를 고친다**	서민	227
02.24	**큰 수의 이름**	허민	233
02.26	**청개구리의 겨울나기**	권오길	240
02.27	**전자와 빛의 미묘한 관계**	곽영직	246
02.28	**보라색 바깥의 보이지 않는 빛의 세계**	하동환	253

3 월의 과학

03.02	**미라와 기생충** | 서민	259
03.03	**0으로 나눌 수 없는 이유** | 정경훈	265
03.04	**별의 장렬한 죽음** | 김충섭	271
03.06	**초전도 현상의 비밀** | 이종필	278
03.09	**천재와 광인은 분자 하나 차이?** | 서유헌	285
03.13	**원자를 쪼갠 사람들** | 곽영직	290
03.14	**수금지화목토천해** | 한국천문연구원	296
03.16	**식도 통과 시간 9초** | 예병일	302
03.17	**0의 0제곱은?** | 박부성	310
03.18	**작은 별의 아름다운 죽음** | 김충섭	316
03.19	**조개와 물고기의 공생** | 권오길	323
03.20	**자연의 복불복? 표준 모형의 난제들** | 이종필	329
03.23	**갱년기 대책, 호르몬 대체 요법** | 예병일	336
03.24	**작은 수를 읽는 법** | 허민	341
03.27	**아인슈타인의 특수 상대성 이론** | 곽영직	348
03.30	**뇌를 알고 가르치자** | 서유헌	354
03.31	**각뿔의 부피는 얼마일까?** | 박부성	362
	저자 소개	368
	찾아보기	370
	도판 저작권	381

1월

01.01 다윈 탄생 200주년! 01.02 우주의 지배자, 암흑 물질 01.03 꽃가루의 신비 01.04 위대하고 위대하신 물리학자 아이작 뉴턴 01.05 너의 뇌를 알라 01.06 0.999…는 1인가? 01.08 진흙 인형과 세포 01.09 신의 입자를 찾아서 01.10 천문학자들의 성운 작명 센스 01.12 침, 소화의 제1관문 01.15 농익은 김치의 과학 01.16 우주의 진짜 지배자, 암흑 에너지 01.17 키를리안 사진의 미스터리 01.19 돼지 회충, 사람 회충 01.20 왜 1+1은 2인가? 01.21 우주의 어둠을 밝히는 별 01.23 신의 입자를 때릴 LHC 01.26 뇌가 젊어야 오래 산다 01.27 동양 수학은 왜 없나? 01.30 변화의 방향계, 엔트로피

1월의 과학 사건들

1월 1일   **45년** 율리우스력 도입 **1801년** 이탈리아 천문학자 주세페 피아치 왜행성 1 세레스 발견 **1894년** 독일 물리학자 히인리히 루돌프 헤르츠 죽음 **1935년** 한국 물리학자 이휘소 태어남

1월 2일   **1822년** 독일의 물리학자 루돌프 클라우지우스 태어남 **1959년** 소련의 최초의 달 탐사선 루나 1호 발사

1월 3일   **1999년** 화성 탐사선 마르스 폴라 랜더 발사

1월 4일   **1643년** 영국 과학자 아이작 뉴턴 태어남 **1958년** 스푸트니크 1호 지구 궤도에서 이탈해 추락 **1961년** 오스트리아 물리학자 에어빈 슈뢰딩거 죽음 **2004년** 화상 탐사 로버 스피릿 화성 표면에 착륙 성공

1월 5일   **1838년** 프랑스 수학자 카미유 조르당 태어남 **1904년** 독일 고생물학자 카를 알프레트 폰 지텔 태어남 **2005년** 태양계 최대 왜해성인 에리스 발견

1월 6일   **1665년** 야코프 베르누이 태어남 **1884년** 오스트리아 생물학자 그레고르 요한 멘델 죽음 **1918년** 독일 수학자 게오르크 칸토어 죽음

1월 7일   **1610년** 갈릴레오 갈릴레이 목성의 위성들 발견 **1952년** 미국 대통령 트루먼 수소 폭탄 개발 성공 발표

1월 8일   **1642년** 이탈리아 과학자 갈릴레오 갈릴레이 죽음 **1997년** 미국 화학자 멜빈 켈빈 죽음

1월 9일   **1838년** 프랑스 과학원 다게르의 은판 사진 기술 발명을 발표

1월 10일   **1638년** 네덜란드 지리학자 니콜라스 스테노 태어남 **1778년** 스웨덴 식물학자 칼 폰 린네 죽음

1월 11일   **1895년** 미국 발명가 로런스 해먼드 태어남 **1988년** 미국 물리학자 이시도어 아이작 라비 죽음 **1991년** 미국 물리학자 칼 데이비드 앤더슨 죽음

1월 12일   **1665년** 프랑스 수학자 피에르 드 페르마 죽음 **1909년** 독일 수학자 헤르만 민코프스키 죽음

1월 13일   **1864년** 독일 물리학자 빌헬름 빈 태어남 **1882년** 독일 무기 개발자 빌헬름 마우저 죽음

1월 14일   **1742년** 영국 과학자 에드먼드 핼리 죽음 **1966년** 러시아 로켓 과학자 세르게이 코롤레프 죽음 **1978년** 오스트리아 수학자 쿠르트 괴델 죽음 **2005년** 하위헌스 탐사선 타이탄에 착륙

1월 15일   **1759년** 대영 박물관 개관 **1908년** 미국 물리학자 에드워드 텔러 태어남 **2005년** ESA의 달 탐사선 월면에서 칼슘, 알루미늄, 규소 등의 원소 발견

1월 16일   **1969년** (구)소련의 우주선 소유즈 4호와 5호 우주 도킹 성공

1월 17일   **1773년** 영국 탐험가 제임스 쿡 남극권 도달 **1955년** 최초의 원자력 잠극함 노틸러스 호 항해 시작

1월 18일   **1825년** 영국 발명가 조지 스티븐슨 세계 최초의 증기 기관차 운전 **1880년** 오스트리아 파울 물리학자 에렌페스트 태어남 **1896년** 엑스선 발생 장치가 처음으로 공개됨

1월 19일   **1954년** 독일 수학자 테오도어 칼루자 죽음 **1983년** 애플 사 마우스와 그래픽 사용자 인터페이스를 깃춘 최초의 개인용 컴퓨터인 애플 리사 발표 **2006년** 명왕성 탐사선 뉴 호라이즌스 발사

1월 20일   **1775년** 프랑스 물리학자 앙드레마리 앙페르 태어남 **1907년** 러시아 화학자 드미트리 멘델레예프 죽음

1월 21일   **1901년** 미국 발명가 일라이셔 그레이 죽음

1월 22일   **1796년** 러시아 화학자 카를 클라우스 태어남 **1926년** 이탈리아 생리학자 카밀로 골지 죽음

1월 23일   **1862년** 독일 수학자 다비트 힐베르트 태어남 **1907년** 일본 물리학자 유카와 히데키 태어남

1월 24일   **1986년** 보이저 2호 천왕성 8만 1500킬로미터 지점 통과

1월 25일   **1627년** 아일랜드 화학자 로버트 보일 태어남 **1736년** 프랑스 수학자 조제프 루이 라그랑주 태어남 **2004년** 화성 탐사 로버 오퍼튜니티 화성 착륙 성공

1월 26일   **1823년** 영국 의사 에드워드 제너 죽음

1월 27일   **1832년** 영국 수학자 루이스 캐럴 태어남 **1967년** 아폴로 1호 화재 사고 **1967년** 미국과 (구)소련을 비롯한 16개국 우주 조약에 서명

1월 28일   **1958년** 레고 사 레고 블럭의 특허권 획득 **1986년** 우주 왕복선 챌린저 호 폭발 사고

1월 29일   **1926년** 파키스탄 물리학자 압두스 살람 태어남 **1934년** 독일 화학자 프리츠 하버 죽음

1월 30일   **1991년** 미국의 물리학자 존 바딘 죽음 **2001년** 미국 신경 외과의 조지프 랜소호프 죽음

1월 31일   **1958년** 미국 인공 위성 익스플로러 1호 발사 성공, 밴앨런대 발견 **1966년** (구)소련 루나 9호 발사 **1971년** 아폴로 14호 발사

다윈 탄생 200주년!

2009년은 영국의 생물학자 찰스 로버트 다윈(1809~1882년)이 탄생한 지 200년이 되는 해였다. 다윈, 그가 얼마나 대단하기에 그의 탄생 200주년이 의미가 있을까? 사실 다윈과 같은 해에 태어난 위대한 사람들도 많다.

1809년의 위대한 탄생들

먼저 미국의 40대 대통령 에이브러햄 링컨(1809~1865년)을 들 수 있다. 링컨은 마침 1809년 2월 12일에 태어나 다윈과 생일도 같다. 작곡가 펠릭스 멘델스존(1809~1847년)도 1809년에 태어났다. 그는 부유한 가정에서 태어났다는 점에서 다윈과 공통점을 가진다. 소설가 에드거 엘런 포(1809~1849년) 역시 1809년생이다. 그는 베스트셀러 작가라는 점에서 다윈과 같다. 이들 모두 위대한 사람들이다. 그 외에도 많은 사람들이 1809년에 태어났다. 그들보다 다윈이 더 위대하다고 주장할 생각은 없다. 그러나 다윈이라는 사람을 우리가 왜 탄생 200주년이라고 굳이 기억해야 되는지는 말하고 싶다.

생명이란 무엇인가?

그것은 그가 '생명이란 무엇인가?'라는 질문을 해결하는 데 중요하는 역할을 했기 때문이다. '생명이란 무엇인가?'는 과학의 본질과 맞닿아 있는 거대한 질문이다.

누구나 어린 시절에 '죽음'이라는 것을 알게 되는 순간이 있을 것이다. 방식과 형태 그 내용은 다르겠지만 '죽음'이라는 것을 알고 공포에 빠졌던 추억이 있을 것이다. 그리고 그 공포에서 살짝 벗어났을 때 '생명이란 무엇인가?'라는 의문이 바로 생긴 경험이 있을 것이다.

생명이 무엇인지는 누구나 대강은 알고 있다. 지금 당장 눈앞에 보이는 사물 중에서 어떤 것이 살아 있는 것이고 어떤 것이 죽어 있는지는 척 보면 안다. 책상도 무생물이요, 책도 무생물이다. 컴퓨터도 살아 있지 않고 마우스도 마찬가지다. 하지만 쥐는 살아 있고, 쥐를 잡아먹는 고양이도 살아 있

영국 화가 헨리 드 라 베시가 그린 「태곳적의 도싯」(1830년경쯤) 속에 19세기 유럽인이 상상했던 옛 동물들이 그려져 있다. 이 옛 동물들은 '자연의 법칙에 따라' 먹고 먹혔다.

다. 고양이와 원수지간인 개도 살아 있고, 개를 먹는 것을 싫어한다는 브리 짓 바르도(프랑스 여배우)도 살아 있다. 그러면 나는? 나도 당연히 살아 있는 생명이다. 생물과 무생물을 구분하기는 아주 쉬워 보인다.

그러면 어떤 것들을 우리는 살아 있는 생물이라고 여기는가? 먹이를 먹고, 자라고, 새끼를 치면 생물인 것 같다. 그렇지 못하면 무생물인 것 같다. 이 정도로도 대강은 맞다. 그러나 이것만으로는 충분하지 않다. 불이라는 것에 대해서 생각해 보자. 사람은 불이 없으면 못 산다. 평소에는 잘 못 느낄 수 있어도, 만약 집에 가스가 떨어진 경험을 해 본 사람은 불이 없으면 어떻게 되는지 잘 알 것이다. 아마도 옛날 사람들은 매일 초나 램프에서 타오르는 불을 보았을 것이다. 지금도 타오르는 불을 보고 있으면 누구나 신비로운 경외감을 느낀다. 자세히 불을 쳐다보면, 마치 불은 살아 있는 것처럼 느껴진다.

불은 살아 있을까? 불도 따뜻하고 건드리면 움직이고 커지고 번져서 새끼를 친다. 그러면 불도 생명일까? 그러나 불은 살아 있는 것이 아니라는 것은 누구나 안다. 그러면 왜 불은 살아 있는 것이 아닐까? 무엇이 빠져서, 즉 어떤 요인이 부족해서 불은 살아 있는 생명이 아닌 것인가?

오랜 옛날부터 지금까지 수많은 사람이 생명이 무엇인지 고민해 보았지만, 생명을 명확히 정의하는 것은 사실은 어렵다. 대체로 지금까지의 결과는 생명은 어떠한 특징들이 있다는 정도를 밝힌 수준이다. 앞서 이야기한 것들이 그런 특징에 포함된다. 이런 고민 중에 생명의 가장 중요한 특징 중의 하나를 명쾌하게 제시한 사람이 바로 다윈이다. 다윈은 그의 위대한 책 『종의 기원』을 통해 말했다. 생명의 종은 진화한다고!

다윈은 천천히 진화해 왔다

다윈이 진화를 연구하기 시작한 계기가 갈라파고스 탐험을 포함한 비글 호 탐사라는 것은 널리 알려진 사실이다. 하지만 그가 비글 호를 타고 세계를 도는 여행을 시작한 나이가 불과 만 22세라는 젊디젊은 나이였고, 또 그 여행이 5년이나 걸렸다는 점은 잘 모르는 이가 많다. 그런데 더욱 놀라운 점은 비글 호 여행을 통해 시작된 다윈의 진화 탐구의 여정이 『종의 기원』 출판으로 결실 맺기까지 자그마치 30년 가까이 걸렸다는 것이다. 종의 기원이 출판된 것은 다윈이 만 50세 되던 1859년의 일이다.

왜 20년이라는 긴 시간이 걸렸을까? 다윈이 남긴 노트를 보면 적어도 1837년 정도에는 '진화(evolution)'라는 개념으로 이어지는 아이디어를 가지고 있었을 것으로 짐작된다. 그리고 1840년대에 그의 학설은 완성 단계에 있었을 것으로 생각된다. 다윈이 발표를 미룬 것은 그 학설이 미치게 될 파장을 두려워했던 점도 있지만, 더 확실한 증거를 수집할 시간이 필요했기 때문이기도 했다. 그는 개인적으로 따개비를 기르면서 연구했고 많은 학자들에게 편지를 보내 자료를 보내 달라고 부탁했다. 또한 가까운 친구들에게 의견을 묻기도 했다.

이 오랜 노력의 결정체가 『종의 기원』과 그 이후의 책들이다. 또한 『종의 기원』이라는 책 자체도 1872년 6판을 낼 때까지 계속 수정을 거듭했다. 지금이야 누구나 다윈의 이론을 '진화론'이라고 부르지만, '진화'라는 말에 다윈은 거부감을 가지고 있었던 것 같다. 그 말을 다윈이 쓴 것은 『종의 기원』 6판이 처음이었다.

이 쉬운 것도 모르고

그럼 진화론은 무엇인가? 진화론을 자세하게 설명하는 어렵지만 그 핵심은 아주 단순하다. 생물에는 다양한 변이가 존재하고, 그 변이 중 적절한 것이 자연 선택되어, 더욱 다양성이 증대되는 방향으로 뻗어나간다는 것이다. 그래서 마치 나무가 가지를 쳐 가듯 새로운 종들이 출연한다는 것이다. 그래서 진화론의 전도사로 중요한 활동을 한 생물학자 토머스 헉슬리(1825~1895년)는 "이 쉬운 것을 생각하지 못했다니……."라고 한탄 섞인 평을 했다고 한

다윈은 『종의 기원』에 대해 이렇게 말했다. "나는 이 견해가 왜 사람들의 종교적 감정을 건드리는지 알 수 없다."

다. 진화론은 이렇든 단순한 논리로 구성되어 있다.

다윈의 진화론은 생물학 이론이지만, 그의 진화 개념은 그 후 사회 과학, 철학 등 다양한 분야에도 큰 영향을 미쳤다. 이제 진화는 천체의 진화, 항성의 진화, 지형의 진화 등 자연 현상에도 쓰이고, 사회의 진화, 조직의 진화, 드라마의 진화 등 다양한 분야에 광범위하게 쓰이는 말이 되었다. 심지어 대한민국 걸그룹도 카피 문구로 '진화'라는 단어를 쓸 정도다.

우리는 거대한 진화의 흐름 속에 있다

이렇게 광범위하게 쓰이는 진화라는 개념을 만든 다윈이야 우리가 기억해야 될 사람, 사실 잊어버리기도 힘든 사람인 것이다. 그는 어떻게 이런 위대한 업적을 이루게 되었을까? 그 동력은 멈추지 않은 호기심이다. 젊었을 때 세계 곳곳을 탐험하면서 신기한 생물군의 다양한 모습을 보고, 그 생물들이 어떻게 그렇게 다양하게 변했는지 궁금하게 여겼던 탐구 정신을 나이가 들고 노년이 될 때까지 잃지 않았기 때문이다.

다윈은 인류의 정신 세계에 가장 큰 진화를 이루어낸 사람 중 하나다. 세상을 살아가게 되면서 누구나 하게 되는 질문이 있다. "도대체 왜 사는 것일까?" 특히 어렵고 힘든 일을 겪을 때 흔히 하게 된다. 도대체 왜 이리 힘들게 살아가야 되나. 다윈이 우리에게 무겁고 큰 비밀을 하나 알려준 것이다. 우리는 거대한 진화의 흐름 속에 있다고.

우주의 지배자, 암흑 물질

우주를 이루는 물질의 대부분은 아무런 빛을 내지도 않고 빛을 반사시키지도 않는 암흑 물질이다. 우주는 우리가 생각했던 것보다 훨씬 검은 것이다. 예쁜 꽃, 아름다운 산과 강, 빛나는 별, 그 별들로 이루어진 은하, 은하들로 이루어진 은하단. 이것이 우리가 바라보고 있는 우주의 모습이다. 그러나 과학자들은 우리가 바라보고 있는 우주가 전체 우주의 아주 작은 일부분에 지나지 않는다고 주장한다. 이것은 과연 사실인가?

천재인가 기인인가?

프리츠 츠비키(1898~1974년)라는 과학자의 이름을 기억하는 사람은 그리 많지 않을 것이다. 불가리아에서 스위스 인 부모의 아들로 태어난 츠비키는 1930년대에 취리히에 있는 연방 공과 대학을 졸업한 후 미국의 윌슨 산 천문대에서 천문학을 연구했고, 미국 캘리포니아 공과 대학 교수를 역임했다.

츠비키는 보통의 별보다 훨씬 큰 별이 엄청난 폭발과 함께 붕괴해 밀도가 높은 별이 만들어진다고 주장했다. 그는 폭발하는 동안 짧게 빛나는 이 별

ABELL1689 은하단. 우리 은하로부터 20억 광년 떨어져 있는 거대한 은하단이다.

을 '초신성(super nova)'이라고 불렀고 초신성 폭발로 만들어지는 밀도가 높은 별이 중성자별이라는 것을 밝혀냈다.

그러나 츠비키는 뛰어난 과학적 업적에도 불구하고 그에 걸맞은 대우를 받지 못했다. 그것은 우주가 팽창하고 있다는 사실을 받아들이려 하지 않는 고집스러움과 다른 사람과 잘 어울리지 못했던 그의 괴팍한 성격 때문이었을 것이다. 츠비키는 다른 과학자들을 모욕하는 말을 서슴없이 한 사람으로 유명하다. 그는 툭하면 동료들을 "둥근 잡종"이라고 욕했다. 어떤 방향에서 보아도 같은 모양으로 보이는 공처럼 어디로 보나 잡종이라는 뜻이었다.

은하단의 운동을 지배하는 보이지 않는 물질들

살아 있는 동안에는 츠비키에 대한 평가가 천재와 기인 사이를 오갔지만 그가 죽은 후에는 그가 뛰어난 과학자였다는 쪽으로 급격하게 기울고 있다. 그가 1933년에 처음으로 주장했던 암흑 물질의 존재가 점점 더 확실해졌기 때문이다.

츠비키는 은하단을 이루고 있는 은하들의 운동을 관측하다가 암흑 물질이 존재해야 한다는 것을 알게 되었다. 우리 은하에는 태양과 같은 별들이 2000억 개 정도 포함되어 있다. 우주에는 우리 은하와 같은 은하가 적어도 수천 억 개나 존재한다. 이 은하들은 여기저기 아무렇게나 흩어져 있는 것이 아니라 중력으로 상호 작용하는 집단을 이루고 있다. 은하들로 이루어진 이런 집단을 은하단이라고 한다. 은하단에는 몇 개의 은하로 이루어진 작은 은하단에서부터 수천 개의 은하로 이루어진 큰 은하단에 이르기까지 다양한 크기의 은하단이 있다. 은하단에 속한 은하들은 공통의 질량 중심 주위를 회전하고 있다. 은하단을 이루고 있는 은하들의 운동을 관측하던 츠비키는 은하들의 운동 속도가 관측되는 질량으로는 설명할 수 없을 정도로 빠르다는 것을 알게 되었다.

다시 말해 은하 내에서 관측되는 질량이 만들어 내는 중력만으로는 이런 빠른 운동을 설명할 수 없었다. 그래서 그는 은하에는 관측되지 않는 물질이 있어야 한다고 생각하고 관측할 수 없는 이 물질을 '암흑 물질(dark matter)'이라고 불렀다. 그러나 그의 주장은 처음에는 많은 사람들의 관심을 끌지 못했다.

중력 법칙이 틀리지 않다면 암흑 물질이 있어야 한다!

암흑 물질을 과학자들의 연구 목록에 본격적으로 올려놓은 사람은 미국의 천문학자였던 베라 쿠퍼 루빈이었다. 루빈은 세계적 과학자들인 한스 베테와 리처드 파인만, 조지 가모브로부터 배웠다. 베테는 코넬 대학교에서 별 내부 핵융합 연구로 세계적 명성을 얻은 과학자였고, 파인만은 양자 전기 역학에 대한 연구로 노벨상을 수상한 과학자였고, 가모브는 조지타운 대학교에서 대폭발 이론(빅뱅 이론)을 창시한 이였다. 루빈은 1950년대에 애리조나 주에 있는 키트피크 천문대에서 은하 내의 별들의 회전 속도를 측정하기 시작했다.

은하를 이루고 있는 별들은 가만히 있는 것이 아니라 은하 중심을 돌고 있다. 중력 법칙에 따르면 별들의 속도는 중심에서부터 멀어질수록 느려져야 한다. 그러나 루빈이 은하 내의 별들의 속도를 관측했을 때 놀라운 사실을 알게 되었다. 은하 중심에서 가까운 곳에 있는 별들과 먼 곳에 있는 별들이 거의 같은 속도로 회전하고 있었던 것이다. 이것은 우리가 알고 있는 중력 법칙이 옳다면 은하에는 우리가 관측할 수 있는 질량 외에도 훨씬 더 많은 질량이 있어야 한다는 것을 뜻했다.

과학자들 중에는 중력 법칙을 수정해 이런 현상을 설명하려고 시도하는 사람들도 있었다. 그러나 그들은 성공하지 못했다. 우리가 아는 중력 법칙이 옳지 않다는 증거는 어디에서도 찾을 수 없었다. 중력 법칙이 틀리지 않았다면 암흑 물질이 있어야 했다.

중력 렌즈 효과로 확인된 암흑 물질

빛이 중력으로 인해 휘어져 진행한다는 것은 아인슈타인의 일반 상대성 이론을 통해 예측되었고, 1919년 아서 스탠리 에딩턴의 일식 관측으로 증명되었다. 즉 질량이 큰 천체는 빛을 휘게 해서 렌즈와 같은 역할을 할 수 있다. 이러면 은하 뒤에 있는 별이나 은하의 상을 만들어 낼 수 있다. 중력이 빛을 휘게 해 뒤에 있는 천체의 상을 만드는 현상이 중력 렌즈 현상이다.

20세기 말 관측 기술이 발달하면서 은하나 은하단에 의한 중력 렌즈 효과가 속속 관측되었다. 은하에 의한 중력 렌즈 효과를 관측한 과학자들은 관측된 정도의 중력 렌즈 효과가 나타나려면 은하에는 관측된 질량보다 훨씬 많은 질량이 분포되어 있어야 한다는 것을 다시 확인했다. 중력 렌즈 효과가 다시 한번 암흑 물질의 존재를 확인한 것이다.

최근에는 중력 렌즈 효과를 정밀하게 측정해 은하나 은하단에 암흑 물질이 어떻게 분포되어 있는지를 알아낼 수 있는 단계에 이르렀다. 두 개의 은하가 충돌할 때 암흑 물질이 보통의 물질과 어떻게 다르게 상호 작용하는지를 보여 주는 자료가 공개되기도 했다.

2007년 5월 19일에는 미국 존스 홉킨스 대학교의 지명국 박사(미국 이름은 제임스 지(James Jee)) 연구팀이 허블 우주 망원경을 이용해 태양계로부터 50억 광년 정도 떨어진 Cl 0024+17 은하단에 분포하는 암흑 물질 고리를 발견했다고 발표했다. 지명국 박사는 연세 대학교 천문기상학과에서 석사 학위를 받은 후 2005년에 존스 홉킨스 대학교에서 천체 물리학 박사 학위를 받았다.

암흑 물질의 정체는 무엇일까?

이제 암흑 물질의 존재는 거의 확실해졌다. 암흑 물질은 보통 물질보다 6배 정도 더 많이 존재하고 있는 것으로 믿어진다. 그렇다면 암흑 물질의 정체는 무엇일까?

과학자들은 처음에 많은 물질이 숨겨져 있을 것으로 믿어지는 블랙홀, 아주 작은 질량을 가지고 있지만 우주에 수없이 많이 존재할 것으로 믿어지는 중성미자, 스스로 빛을 내지 못하는 작은 천체들, 우주 공간에 퍼져 있는 성간 물질과 같이 보통의 물질이지만 빛을 내지 않아서 우리가 관측할 수 없는 물체들이 암흑 물질의 정체가 아닐까 하고 생각했다. 그러나 마초(MACHO, Massive Compact Halo Object)라고 불리는 이런 물질들로는 암흑 물질을 설명할 수 없다는 것을 알게 되었다.

따라서 최근에는 대부분의 과학자들이 무거운 입자지만 전자기적 상호 작용을 하지 않아 우리가 관측할 수 없는 새로운 입자가 암흑 물질의 정체일 것이라고 생각하고 있다. 이런 입자를 과학자들은 윔프(WIMP)라고 부른다. 윔프는 약하게 상호 작용하는 무거운 입자라고 번역할 수 있는 Weakly Interacting Massive Particles의 머리글자를 따서 만든 단어이다. 초대칭 이론에서는 이런 입자의 존재를 이미 예측했었다. 그러나 이런 입자가 존재

김선기 교수팀의 윔프 검출기.

한다는 것이 아직 실험을 통해 확인된 것은 아니다.

윔프 입자를 찾아내기 위한 실험은 현재 전 세계 많은 과학자들에 의해 진행되고 있다. 우리나라에서는 서울 대학교 김선기 교수가 윔프 입자 탐색 연구 프로젝트인 한국 암흑 물질 연구 프로젝트(Korea Invisible Mass Search, KIMS)를 이끌고 있다. 김 교수는 독자적으로 윔프 검출기를 개발하고 강원도 양양의 양수 발전소 지하 700미터에 실험실을 설치해 윔프를 검출하기 위한 실험을 수행하고 있으며 세계 최고 수준의 연구 결과를 학계에 보고했다. 김선기 교수는 이 연구로 2006년에 일본의 고시바 상을 수상했고, 2008년 2월에는 과학기술부와 한국과학재단이 선정하는 '이달의 과학 기술자상' 수상자로 선정됐다.

아직 우리는 모르는 것이 너무 많다

예쁜 꽃, 아름다운 산과 강, 빛나는 별, 그 별들로 이루어진 은하, 은하들로 이루어진 은하단. 이것이 우리가 바라보고 있는 우주의 모습이다. 그러나 과학자들은 우리가 바라보고 있는 우주가 전체 우주의 아주 작은 일부분에 지나지 않는다는 것을 밝혀냈다. 우주의 대부분은 아무런 빛을 내지도 않고 빛을 반사시키지도 않는 암흑 물질이라는 것이다. 우주는 우리가 생각했던 것보다 훨씬 검다는 것이다.

인류는 자연 현상을 지배하는 자연 법칙을 찾아내기 위해 노력해 왔다. 그리고 어느 정도 성공했다고 자부하고 있다. 하지만 우리가 알아낸 자연 법칙이 우리가 관측할 수도 없고, 아직 정체도 알지 못하고 있는 검은 우주에도 적용될 수 있을까? 밝은 우주에 적용되는 자연 법칙으로 어두운 부분의 우주를 설명하려는 우리의 시도는 과연 성공할 수 있을까? 관측되는 물질보다 6배 정도 더 많이 분포한다는 암흑 물질이 과연 우주의 끝일까? 아직 우리는 모르는 것이 너무 많다.

꽃가루의 신비

현미경을 통해서만 볼 수 있는 마이크로 세계는 직접 연구하고 본 사람이 아니면 느낄 수 없는 신비로움을 줍니다. 너무 작아 알지 못했던 마이크로의 세계 속에는 우리 실생활에서 볼 수 있는 다양한 모습이 또다시 담겨 있습니다. 너무 커서 알지 못하는 우주처럼 마이크로의 세계도 그 끝을 알 수 없을 만큼 무한한 세계입니다. 인간이 우주에 도전하듯 우리도 마이크로 세계에 도전해 봅시다.

오늘은 많은 생명 과학의 영역 중에서 식물, 그 안에서도 식물들의 수술에 붙어 있는 꽃가루들의 모습을 살펴보겠습니다. 그 다양한 모습에 신비로움을 느낄 수 있습니다. 동시에 각각의 식물의 꽃가루가 수정에 유리하도록 환경에 적응해 온 것을 알 수 있습니다. 가볍고 쉽게 잘 붙을 수 있도록 오랜 세월 동안 여러 종류로 변한 것입니다. 식물도 번식을 위해 최선을 다해 왔습니다.

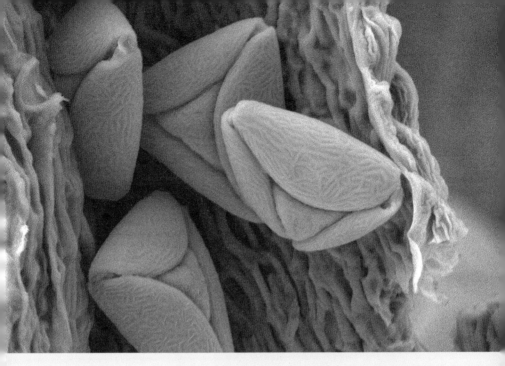

▲ 바람떡

노랑어리연꽃은 용담과에 속하며 우리나라의 늪이나 연못에서 흔하게 볼 수 있다. 꽃은 노란색으로 7월에서 8월 중에 핀다. 이 사진은 노랑어리연꽃을 책갈피에 넣어서 말린 다음 꽃가루를 1,000배 확대한 것이다. 꽃가루의 모양이 마치 먹음직스러운 '바람떡' 같다.

◀ 지압볼

벌개미취는 국화과의 식물로 '별개미취'라고도 불린다. 다른 나라에서 보기 힘든 한국 특산종 식물이다. 꽃은 6월에서 10월까지 피고, 색은 연한 자줏빛이나 흰색이다. 이 사진은 1,500배로 확대한 벌개미취의 꽃가루인데, 그 모습이 손으로 만지는 지압볼을 닮았다.

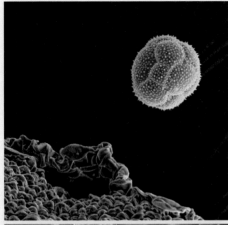

◀ 탈출

채송화는 남아메리카가 원산지이고, 우리나라에서도 마당에 흔히 심는 식물이다. 꽃은 가지 끝에 한두 송이가 달린다. 꽃잎은 5개이고 붉은색, 노란색, 흰색 등 색깔이 다양하다. 이 사진은 채송화 꽃가루가 수술을 뚫고 탈출의 기쁨을 만끽하는 모습을 담았다.

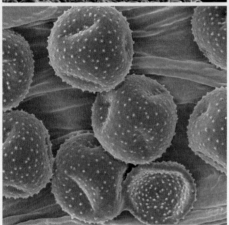

◀ 찹쌀 도넛

게발선인장은 브라질이 원산지이다. 잎은 마디마디가 있고 사방으로 뻗어서 그 모습이 게의 발을 닮았다고 해서 지어진 이름이다. 잎의 가장자리 마디마다 다양한 색의 꽃이 핀다. 암술을 600배로 확대해 살펴보니 찹쌀 도넛 모양의 꽃가루가 붙어 있다.

◀ 원두 커피의 향기

밤나무는 참나뭇과에 속하고, 우리나라에서 산기슭이나 밭둑에서 잘 자란다. 꽃은 암수한그루로 주로 6월에 핀다. 수꽃은 꼬리 모양의 긴 꽃이삭이 달리고, 암꽃은 그 밑에 두세 송이가 핀다. 꽃가루를 2,000배로 확대하니, 마치 막 뜯은 커피 원두처럼 보인다.

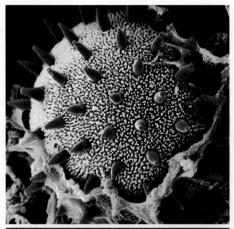

◀ 구름에 둘러싸인 외계 행성

호박은 원산지가 열대 및 남아메리카로 알려져 있다. 호박꽃의 수꽃은 대가 긴 편이나 암꽃은 대가 짧다. 화관은 끝이 5개로 갈라지고 황색이며 하위 씨방이다. 1,200배로 본 호박의 꽃가루는 구름에 싸인 외계 행성 같은 신기한 모습이다.

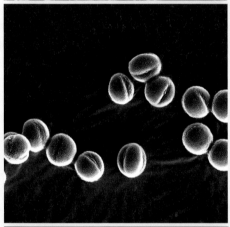

◀ 춤추는 포도알

양귀비는 아편의 원료로 잘 알려진 꽃이다. 우리나라에서는 법으로 재배가 금지되어 있다. 꽃은 5~6월에 피고, 타원형의 배 모양으로 꽃잎이 4개이다. 양귀비의 꽃가루를 1,000배 확대하니 다닥다닥 붙어 있는 포도알 같아 보인다.

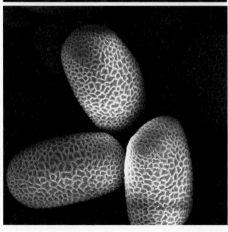

◀ 누에고치

봉선화는 인도, 동남아시아가 원산지이다. 꽃은 2~3개씩 잎겨드랑이에 달리고, 꽃대가 있어 밑으로 처진다. 꽃 색은 빨간색, 주홍색, 보라색, 흰색 등 다양하고 수술은 5개로 꽃밥이 서로 연결되어 있다. 꽃가루를 2,900배로 확대하니 마치 명주실을 뽑기 전의 누에고치와 같다.

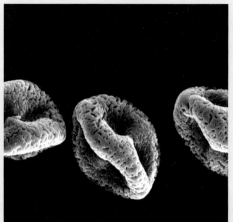

◀ 못생긴 메주

배롱나무는 부처꽃과의 낙엽 소교목이다. 중국이 원산지이며 꽃이 오랫동안 피어 있어서 '백일홍나무'라고도 불린다. 여름철에 붉은색 꽃이 피고 가지 끝에 달린다. 꽃가루를 1,200배로 확대하니 전통 메주와 아주 흡사하다.

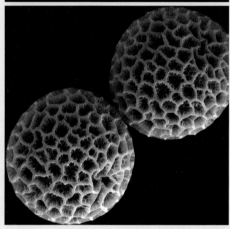

◀ 빨래공

풀협죽도는 꽃고비과의 식물이며, 북아메리카가 원산지이다. 꽃은 6~9월에 피고 흰색, 분홍색, 자주색 등 여러가지 색이다. 내한성이 강해 늦가을에 공원이나 화단에 많이 심는다. 꽃가루를 2,400배로 확대하니 마치 빨래공처럼 보인다.

위대하고도 위대하신 물리학자, 아이작 뉴턴

뉴턴의 사과!

부유한 집안에서 태어난 아이작 뉴턴(1642~1727년)은 과학에 대한 재능을 일찍부터 발견한 삼촌의 도움으로 케임브리지 대학교에서 물리학에 대한 공부를 했다. 뉴턴은 케임브리지에서 연구를 하면서 이항정리를 발견했다. 그리고 흑사병이 대대적으로 유행한 1665년에는 고향으로 내려가 2년간 안정된 환경에서 연구에 몰두할 수 있는 시간을 가졌다. 이 시기는 뉴턴 스스로도 인정할 만큼, 뉴턴의 생애에 있어서 매우 중요한 기간이었다. 이 기간 동안 뉴턴은 스펙트럼을 발견해 빛의 성질에 대한 탐구를 했으며, 흔히 '뉴턴의 사과'로 이야기되고는 하는 '만유인력의 법칙'에 대한 연구도 진행했다.

런던에서 발생한 흑사병이 진정된 후, 학교로 돌아온 뉴턴은 모교인 케임브리지의 수학 교수가 되어, 새로운 수학적 방법인 미적분학에 대한 연구를 했다. 이후 뉴턴은 케플러의 행성 법칙, 갈릴레이의 역학 그리고 하위헌스의 파동론을 모두 통합해, 역학을 집대성하게 된다. 이 결과는 헬리 혜성으로 유명한 천문학자 에드먼드 헬리의 도움을 받아서 책으로 출판되

뉴턴이 『프린키피아』를 쓴 집의 서재. 뉴턴의 흉상과 『프린키피아』의 속표지가 펼쳐져 있으며 벽에는 프리즘을 통과한 빛의 스펙트럼이 비치고 있다. 뉴턴은 빛의 스펙트럼 일곱 가지 색이 음악의 일곱 음정과 관계가 있다고 생각했다.

는데, 그 책이 바로『자연 철학의 수학적 원리(*Philosophiae Naturalis Principia Mathematica*)』(일명『프린키피아』)이다.

『프린키피아』에는 근대 과학의 성립에 있어서 중요한 세 가지 내용이 담겨 있다. 그 첫 번째는 갈릴레오 갈릴레이의 연구에서 출발한 '물체의 위치와 운동'에 대한 법칙들이다. 흔히 뉴턴의 세 가지 법칙이라고도 부르는 다음의 법칙들이 그것이다.

1. **관성의 법칙** 외부의 영향을 받지 않는 물체는 자신의 운동 상태를 그대로 유지하려는 '관성'을 갖는다. 관성이라는 개념은 현대 물리학에서는 질량과 매우 밀접한 관련이 있는 물리량으로 해석하고 있으며, 주로 '관성 질량'이라고 표현하기도 한다.

2. **질량-가속도의 법칙** 물체에 가해진 힘은 그 물체의 질량과 가속도의 곱에 비례한다. 뉴턴이 제시한 초기 법칙은 힘과 질량-가속도 사이에 비례 상수(k)가 있었으나, 현재는 이 비례 상수가 1이 되도록 단위를 조절해 사용하고 있다.

3. **작용-반작용의 법칙** 한 물체가 다른 물체에 힘을 가하면(작용), 힘을 받은 물체는 힘을 가한 물체에게 그 즉시, 받은 힘과 같은 크기의 힘을 반대 방향으로 가한다(반작용).

세상 만물은 서로를 끌어당긴다!

뉴턴의『프린키피아』에 담긴 두 번째 내용은 바로 '만유인력의 법칙'이다. 만유인력의 법칙은 질량을 가진 모든 두 물체에는 각각의 질량의 곱에 비례하고, 두 물체의 질량 중심 간의 거리의 제곱에 반비례하는 끌어당기는 힘이 작용한다는 법칙이다.

이 만유인력의 법칙은 뉴턴 이전에 행성의 운동에 대해 연구를 한 요하네스 케플러(1571~1630년)가 발표한 행성 운동에 대한 세 가지 법칙을 완벽하게 보완했다. 케플러는 자신의 스승인 튀코 브라헤(1546~1601년)가 남긴 엄청난 관측 데이터를 바탕으로 행성의 움직임에 대한 세 가지 법칙을 도출할 수 있었는데, 그런 행성의 움직임을 일으키는 근본적인 힘에 대한 설명이 부족했다. 뉴턴은 만유인력의 법칙을 통해 이 문제를 깨끗하게 해결했으며, 수학적으로도 케플러의 법칙이 옳음을 깔끔하게 증명했다. 이로써 니콜라우스 코페르니쿠스(1473~1543년)부터 시작된 천동설과 지동설의 논란은 지동설의 승리로 일단락 지어지게 되었다.

미적분학과 광학의 창시자

『프린키피아』에는 물리학적 업적만 담겨 있지 않다. 엄청난 수학적 업적도 함께 발표되었다. 바로 수학의 꽃이라고도 불리는 미적분학에 대한 발견이었다. 사실 미적분학은 독일의 철학자이자 수학자인 고트프리트 빌헬름 라이프니츠(1646~1716년)가 뉴턴과는 별도로 발견해 먼저 발표했지만, 뉴턴도 이와는 별도로 미적분학에 대한 체계를 세우고, 이를 통해 뉴턴의 세 가지 법칙과 만유인력의 법칙을 증명했다. 미적분학의 발견은 수학적인 기반이 약한 다른 과학자들에게 수학에 좀 더 쉽게 접근할 수 있게 해 주었고, 이를 통해 현재까지 수없이 많은 과학적인 업적들이 수학이라는 언어로 정리될 수 있는 기반을 마련해 주었다.

1704년에 발표한 뉴턴의 또 다른 저서인 『광학』은 빛의 성질에 대한 내용을 담고 있다. 어린 시절, 고향으로 돌아간 시기에 프리즘을 가지고 한 실험에서 발견한 스펙트럼에서 시작해 빛이 왜 '입자'의 성질을 갖는지를 설명했고, 이를 통해 크리스티안 하위헌스(1629~1695년)가 주장한 빛의 파동설을 반박했다. 이 논쟁은 후에 제임스 클러크 맥스웰(1831~1879년)의 전자기파 이론이 나오기 전까지 이어졌고, 20세기 초 양자 역학의 발전에 단초를 제공했다. 뉴턴의 광학 이론은 현재에도 기하 광학이라는 분야에서 사용되고

코페르니쿠스의 우주 체계. 1660년에 만들어진 이 판화는 태양이 태양계의 중심에 있다는 것을 잘 보여 주며, 밤과 낮이 바뀌는 것과 태양의 황도 운행을 멋지게 설명한다.

있을 정도로 매우 정교하게 잘 정리되어 있다.

물리학과 수학과 같은 자연 과학 이외에도, 뉴턴은 철학에도 큰 영향을 끼쳤다. 근대 영국의 철학 사조 중 하나인 기계론적 철학은 뉴턴의 역학을 모티브로 삼고 있다. 초기 속도와 위치를 아는 경우, 원하는 시점에서의 물체의 속도와 위치를 정확하게 알 수 있다는 뉴턴의 역학은 철학에도 영향을 주어 기계론적 철학이라고 불리는 독특한 철학 사조를 낳았다.

천재와 괴짜는 종이 한 장 차이?

눈부신 업적을 쌓은 뉴턴은 국회 의원, 영국의 왕립 학회 회장을 지내고, 후에 기사 작위를 받기도 한다. 그러나 그는 괴짜로도 이름이 높았다. 어린 시절부터 금을 만드는 연금술에 관심을 계속 가져서 연금술 연구에 심취했고 관련된 저작도 많이 남겼다고 한다. 특히 만유인력의 법칙에서 힘이 아무 매개체 없이 무한대의 거리에서 작용한다는 것은 그의 연금술적인 사고 방식에서 나온 것이다.

뉴턴의 이력 중에서 특이한 점은 뉴턴이 영국 조폐국의 책임자를 역임했다는 점이며, 많은 화폐 위조범을 잡아서 처형하는 것을 즐겼다고 한다. 뉴턴은 강의도 재미있게 하지 못했으며, 대인 관계도 좋지 못하여 일생 동안 많은 사람들과 학문적으로, 그리고 일상에서 싸움을 반복했다. 뉴턴이 평생 독실하게 믿었던 신(神)은 뉴턴에게 과학적인 재능을 주는 대신, 인간 관계를 부드럽게 하는 능력은 주지 않은 듯하다.

뉴턴 역학의 한계

물리학에서 뉴턴에 대한 평가는 가히 절대적이다. 물리학에서 가장 중요하게 다루는 세 가지 영역 중 하나인 고전 역학은 주로 뉴턴의 역학을 배우고, 연구하는 분야이다. 비록 현대 물리학에 와서 뉴턴 역학의 한계가 알려졌지만, 미시 세계나 아주 빠르게 운동하는 상황이 아니라면 뉴턴의 물리학은 여전히 유용하다. 심지어 NASA에서 로켓을 달에 보낼 때 아마 뉴턴의 역학만 가지고도 충분했다.

하지만 뉴턴 역학은 완성된 '최종 이론'이 아니다. 제한된 속도 영역, 제한된 크기 영역에서 물리 현상을 설명하는 제한된 이론일 뿐이다. 예를 들어 우리가 뉴턴 역학만 가지고 있다면 우리 차에 달린 GPS는 우리를 엉뚱한 곳으로 안내할 것이다. 인류를 달나라에 보내는 뉴턴 역학도 아인슈타인의 상대성 이론의 보정 없이는 우리를 집으로도 돌려보내지 못하는 것이다.

너의 뇌를 알라

나는 뇌이며 뇌가 나다

"너 자신을 알라."라는 소크라테스의 격언을 뇌과학자인 나는 "너의 뇌를 알라."로 바꾸고 싶다. 나는 뇌이며 뇌가 나이기 때문이다. 그러나 뇌에 관해 아는 것이 별로 없었기 때문에 최근까지 뇌를 알고 나를 아는 일은 불가능했다. 또한 뇌에 관한 지식은 우리의 생활과는 관계없는 것처럼 여겨졌다.

그러나 과거 20년 동안에 밝혀진 뇌에 관한 지식은 지난 200년 동안에 이루어진 지식을 훨씬 능가한다. 뇌 연구학자의 70퍼센트 이상이 현재 생존하고 있을 정도로 뇌 연구는 최근에 들어와서 급속한 발전을 하는 신생 학문이다. 인간이 도전해야 하는 미래 과학 연구의 마지막 프론티어가 되고 있는 것이다.

우리는 사고, 감정, 기억, 인식, 마음의 표현, 공부 등과 같은 친숙한 과정들이 뇌 없이는 결코 일어날 수 없다는 사실을 인식하게 되었다. 뇌는 인간 실체를 표현하는 유일한 기관이며 모든 창조물들은 뇌를 통해서만 정체성을 나타낼 수 있다. 뇌는 창조물과 창조물, 인간과 인간에 따라 다르다. 뇌의 차이에 따라서 지능, 이성, 적성, 감성 등이 달라진다. 내가 뇌이며 뇌가 나인 것이다. 뇌가 바로 공부하는 '주체'인 것이다.

뇌를 알아야 잘 가르칠 수 있다!

20세기 최대의 천재인 알베르트 아인슈타인은 '과학의 천재', '두정엽의 천재'라고 불리고는 한다. 입체 공간적 과학적 사고 기능을 하는 두정엽(마루엽)이 보통 사람보다 15퍼센트 이상 크고 잘 발달되어 있었기 때문이다. 그러나 3세 때 처음 말문을 연 아인슈타인이 우리나라에서 강제적 조기 교육을 받았다면 범재나 둔재로 전락해 인생의 낙오자가 되었을지도 모른다. 따라서 뇌 발달에 최적화된 교육을 실시해야 한다. 그러기 위해서는 뇌를 알고 가르치는 게 아주 중요하다.

자라는 아이들의 뇌는 한꺼번에 모든 부위가 같이 발달하는 것이 아니라 나이에 따라서, 부위에 따라서 발달하는 속도가 다르다. 아이들의 뇌는 아직도 각 부위가 성숙되어 있지 않아 회로가 엉성하고 가늘게 연결되어 있다. 모든 뇌 부위가 다 성숙되어 회로가 치밀하게 잘 만들어진 어른의 뇌처럼 가르쳐 주기만 하면 어떤 내용이라도 모두 잘 받아들일 수 있는 것이 아니다.

하지만 우리 어른들은 아무 내용이나 무차별적으로 강제적으로 어릴 때부터 교육을 시키고 있다. 초등학생들이 고등학생들이나 보는 『수학 정석』을 공부하고 있다. 이것은 정말 '반(反)뇌과학적 교육'이라고 하지 않을 수 없다.

가느다란 전선에 과도한 전류를 흘려 보내면 과부하 때문에 불이 일어나게 된다. 마찬가지로 신경 세포 회로가 가늘게 연결되어 있는데도 과도한 조기 교육을 시키게 되면 과잉 학습 장애 증후군과 같은 스트레스 증세가 나타나 뇌 발달에 큰 장애를 일으키게 된다.

최근 연구를 통해 뇌 부위별 최적 발달 시기가 언제쯤인가를 알 수 있게 되었다. 뇌 발달 시기에 맞는 '적기 교육'을 시행해야만 효율적인 학습이 이

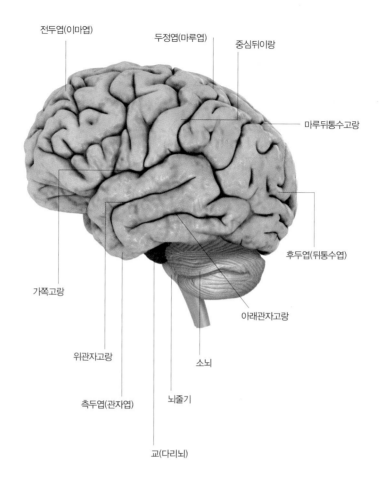

전두엽(이마엽)   두정엽(마루엽)   중심뒤이랑

마루뒤통수고랑

후두엽(뒤통수엽)

가쪽고랑

아래관자고랑

위관자고랑   소뇌

측두엽(관자엽)   뇌줄기

교(다리뇌)

루어진다. 즉 '뇌 기반 교육'을 시행해야 한다. 그래서 우리나라에 만연하고 있는 개인의 적성과 감정을 고려하지 않는 무모한 '선행 교육', '강제 교육'을 개편해야 한다.

뇌를 들여다볼 수 있는 시대가 온다

인간의 뇌는 소우주라 불릴 정도로 복잡해 신비의 베일에 깊게 쌓여 있다. 미래에는 우주의 신비를 밝히는 연구와 소우주인 뇌의 신비를 밝히는 연구

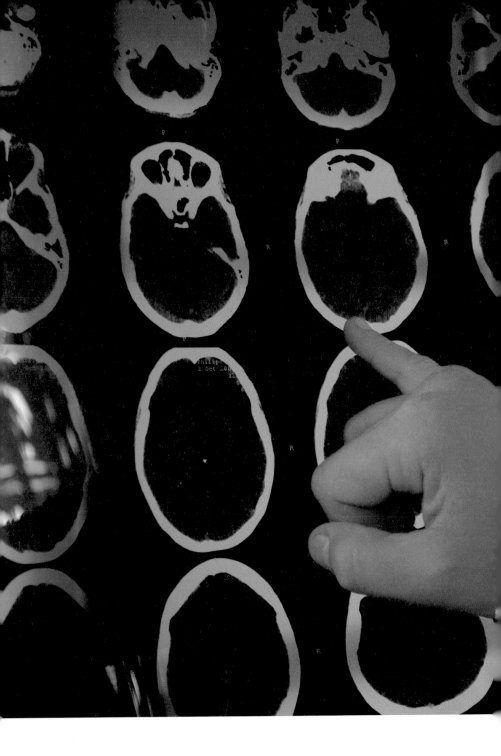

가 과학 연구의 핵심을 이룰 것이다. 복잡한 뇌기능 연구를 위해서는 고전적으로 사용되던 의학, 생명 과학뿐만 아니라 심리학 등의 인문 사회 과학과 공학 등의 상호 연계 연구, 즉 융합 연구가 필수적이다.

최근 유전자를 연구하는 분자 생물학과 공학 기술의 발전으로 인간 개인 유전자의 전체 염기 서열과 뇌 기능 유전자와 뇌 질환 관련 유전자를 포함한 유전자 특성이 상당 부분 알려졌다. 성격이나 행동, 질병 예측이 어느 정도 가능해진 것이다. 또한 자기 공명 촬영 기법(MRI)과 양전자 방출 단층 촬영술(PET)의 발전으로 신비한 뇌 기능을 직접 볼 수 있는 뇌 영상 시대가 다가오고 있다. 앞으로 우리는 자기 뇌의 활동을 모니터를 통해 볼 수 있게 될 것이다. 예를 들어, 우울증이 있을 때 신경 전달 물질계의 이상이 나타나게 되는데, 이를 영상으로 확실히 알 수 있다면 자살을 상당 부분 막을 수도 있게 될 것이다.

또한 줄기 세포를 다른 사람의 뇌에 이식해 오랫동안 생존하면서 기능을 유지하게 하는 기술도 혁명적으로 진보해 뇌 질환 치료에 크게 이바지하게 될 것이다. 기억과 같은 뇌기능을 향상시킬 수 있는 방법도 개발되어 영화에서나 볼 수 있는 일도 현실에서 가능하게 될 것이다. 언젠가는 인간의 두 뇌를 닮은 '인조 뇌'나 '신경 컴퓨터'를 제조할 수 있게 될 것이다. 이런 인조 로봇은 제한적이나마 사고 능력을 갖게 되어 복잡한 환경에 적응해 어느 정도 자율적 행동이 가능하게 될 것이다.

뇌과학에 대한 투자야말로 진정한 가치 투자

이런 로봇이나 신경 컴퓨터의 등장으로 우리 생활은 혁명적으로 변화하게 될 것이다. 영화 「터미네이터」에서 인조 인간으로 분했던 배우는 실제 주지사를 하고 있다. 만일 앞으로 실제 인조 인간이 대통령 선거에 출마한다면 우리는 어떻게 할 것인가? 인간의 정체성 및 윤리에 크나큰 혼란이 일어날 수 있기 때문에 지금부터 슬기롭게 대처해야 할 것이다.

미래 뇌 과학 연구를 더욱 촉진하기 위해 미국은 '뇌의 10년(Decade of Brain)' 법안, EU에서는 '유럽 뇌 연구 10년' 법안, G7 국가는 공동으로 '인간 프론티어 과학 프로그램(Human Frontier Science Program)'을 입안·제정했다. 일본 또한 '뇌의 세기(Century of the Brain)'를 선언하며 뇌과학 연구에 집중 투자하고 있다. 일본 정부에서는 향후 20년 동안 뇌 연구에 30조 원, 즉 매년 1조 5000억 원이 넘는 연구비를 투자한다는 야심 찬 계획을 세우고 있다.

우리도 세계의 흐름에 뒤처지지 않기 위해 노력하고 있다. 우리 정부에서도 뇌 연구의 중요성을 인식하고, 1998년도에 세계 최초의 구체적인 법인 '뇌 연구 촉진법'을 제정·공포해 지난 10년간 뇌 연구에 많은 투자를 했다. 또한 2008년부터 시작되는 '2단계 뇌 연구 촉진 계획'을 세우고 국가적인 뇌 연구원 설립 계획을 세워 미래 사회를 향한 도약을 준비하고 있다. 무한 경쟁 시대에서의 국가적 생존, 더 나아가 선진국 진입의 국가적 목표들을 달성하는 데 뇌 과학 연구의 발전은 필수적이다. 뇌의 연구는 인류에게 남겨진 최후의 프런티어일지도 모르기 때문이다.

0.999…는 1인가?

'무한(無限)'이 관련된 문제는 사람들의 호기심을 자극하면서 한편으론 사람들을 무척 혼란스럽게 만든다. 무한 소수와 관련된 $0.999\cdots = 1$이 대표적인 예이다. 유한의 사고 방식에 익숙한 사람에게는 이상해 보일 수도 있고 이해가 어렵기도 하다. 그러다 보니, 이상한 논리를 내세우고 자기 주장이 옳다고 싸우기까지 하는 일이 많아, 수학 분야의 영원한 '떡밥'이라고 할 만하다. $0.999\cdots = 1$인 이유를 설명하기에 앞서 왜 $0.999\cdots$가 1이 아닌 것처럼 느껴지는지 두 가지 이유를 살펴보자.

착각의 이유 1: 무한에 대해서는 착각하기 쉽다
첫 번째 착각의 이유는 귀납적인 방식을 잘못 사용해, 유한한 것을 다룰 때의 사고 방식을 무한의 상황에도 비판 없이 적용하기 때문이다.

0.9는 1보다 작고, 0.99도 1보다 작고, 0.999도 1보다 작다. 이런 식으로 9를 아무리 반복해도 1보다 작으니, $0.999\cdots$ 또한 1보다 작아야 한다고 생각하는 것이다. 그러나 이 생각은 사실, 9가 유한하게 이어지는 $0.999\cdots9$는 1

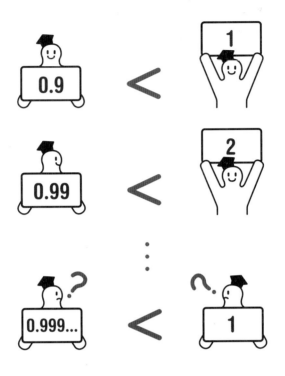

보다 작고, 이런 경우가 무한히 많다는 것을 관찰한 것에 불과하다. 이것을 근거로 9가 무한 개인 0.999…마저 1보다 작다고 말하는 것은 오류이다. 이해를 돕기 위해 다음과 같은 예를 생각해 보자.

집합 $\{1\}$은 유한 집합.

집합 $\{1, 2\}$는 유합 집합.

집합 $\{1, 2, 3\}$은 유합 집합.

……

자연수 전체의 집합 $\{1, 2, 3, 4, \cdots\}$은 유합 집합?

이와 같이 '무한히 많은 유한한 상황'에 대해 어떤 성질이 성립한다고 해서, 일반적으로 상황 자체가 무한한 경우까지 그 성질이 그대로 유지되는 것은 아니다. 0.999…가 1보다 작은지 그렇지 않은지도 마찬가지이다.

착각의 이유 2: 움직이는 수라는 착각

두 번째 이유로는, 수에 대해 모호한 개념을 가지고 있기 때문이다. 달리 표현하면 무한 소수의 정의를 정확히 모르기 때문이다. 그렇다 보니, 0.999… 를 1에 한없이 다가가며 움직이는 그 무엇으로 생각하는 경우가 많다. 0.999…는 수냐고 물어보면 "수는 아니고, 수와 비슷한 것"과 같은 이상한 답변을 하는 일도 있다. 혹은 "0.999…는 1이 아니지만, 그 차이가 아주 작으므로 편의상 0.999…＝1이라고 둔다."라는 식의 잘못된 설명을 하기도 한다.

0.999…=1인 이유 1: 0.999…와 1사이의 수를 찾아라

0.999…＝1인 이유를 설명하는 방법도 대단히 많은데 그중 하나가 실수의 대소 관계를 이용하는 설명이다. 0.999…≠1이라고 주장하는 사람은 0.999… < 1이라고 주장하는 셈이다. 그런데, 두 실수 a, b에 대해 '$a < b$라는 것'과 '$a < c < b$인 실수 c를 찾을 수 있다는 것'은 똑같은 이야기이다. 특히, $c = (a+b)/2$가 그런 성질을 만족하기 때문이다. (예를 들어 2가 3보다 작으므로, 두 수의 평균 2.5는 2보다 크고 3보다 작다.) 따라서 0.999… ≠1이라는 주장은 0.999…보다 크고, 1보다 작은 수 c를 찾을 수 있다는 주장과 똑같은 주장이다.

그렇다면 이런 수를 찾을 수 있을까? 당연히 찾을 수 없다. 0.999…와 1의 평균 $c = (0.999… + 1)/2$를 구하면 되지 않느냐고 생각할 수도 있겠지만, 그렇다면 c를 소수로 나타내면 어떤 수가 될까? 0.999…5일까? '끝자리가 없는' 수 0.999…
의 '끝자리'에 수를 붙일 수가 있을까?

불행히도 그런 것은 수가 아니다. 0.999…는 소수점 아래로 9가 끝이 없
이 이어지는 수라고 해 놓고, 맨 '끝'에 숫자를 더 붙인다는 것은 반칙이다. 백
번 양보해서 그런 것도 수라고 인정해 주더라도, 이 수가 0.999…보다 클 것
같지도 않다.

똑같은 말이지만, 1에서 0.999…를 빼 보기로 하자. 뺄셈 결과는 소수점
아래에 0이 무한히 반복되므로 그냥 0과 같다! 누군가 이 뺄셈의 결과를
0.000…1이라고 주장한다면 역시 반칙을 저지르는 것이다.

0.999…=1인 이유 2: 10을 곱해서 빼 보자

순환 소수를 분수로 고치는 방법을 이용해 보자.

$x=0.999…$라고 두고 양변을 10배 하면, $10x=9.999…$이다. 따라서, 두
식의 양변을 각각 빼면,

$$
\begin{array}{r}
10x = 9.999… \\
-\quad x = 0.999… \\
\hline
9x = 9
\end{array}
$$

이므로 양변을 9로 나누어 $x=1$을 얻는 것이다.

이 계산을 보고도 마음이 불편한 사람이 많다. $10x$의 소수점 아래의 9의
개수가, x의 소수점 아래의 9의 '개수'보다 하나 적어 보인다는 주장이다.
따라서 뺄셈을 한 결과는 9가 아니라 8.999… 혹은 8.999…1이라고 주장하
기도 한다.

뒤쪽 계산 결과가 나온다는 주장은 '끝자리가 없는' 수 0.899… 의 '끝자
리'에 수를 붙인 것이니 앞서 말한 대로 반칙이다. 첫 번째 계산 결과를 주
장하는 사람은 소수점 이하의 9의 개수에 민감한 사람인 것 같다. 그러니

$9x=8.999\cdots$에서 소수점 이하의 9의 개수가, $x=0.999\cdots$의 소수점 이하의 9의 개수와 같은지 분명히 해 두면 된다. 아니면 $10x=9.999\cdots$의 소수점 이하의 9의 개수와 같은지 분명히 해 두자. (둘 다 아니라면? 먼저 개수가 무엇인지부터 제대로 정의하길 바란다.) x의 소수점 이하의 9의 개수와 같다면, $9x=8.999\cdots$의 양변에서 x를 빼 주어 $8x=8$, 즉 $x=1$에 아무런 불만이 없을 것이다. $10x$의 소수점 이하의 9의 개수와 같다면, $10x=9.999\cdots$에서 $9x=8.999\cdots$를 변끼리 빼 주면 $x=1$을 얻게 되는 것에 불만이 없을 것이다.

0.999⋯=1인 이유 3: 0.333⋯을 생각하자

$\frac{1}{3}=0.333\cdots$는 대부분 인정할 것이다. (이것마저 인정하지 않는다는 것은, 무한 소수를 자기 맘대로 이해하고 있다는 뜻일 것이다.) 양변에 3을 곱하면, 오른쪽과 같으므로 깔끔하다.

$$\frac{1}{3}\times 3=0.333\cdots\times 3=0.999\cdots$$

이에 대해 무한 소수를 3배 하는 것이 불가능하다거나 무한 소수는 수가 아니라는 식의 주장을 하기도 한다. $\frac{1}{3}$이나 원주율 π 등의 무한 소수를 수로 생각하고 연산해 온 것이 벌써 누천년이고, 그동안 이런 수를 더하고, 곱하고, 빼고, 0이 아닌 것으로 나누는 일은 아무 문제없이 인류가 해 온 일이다. 물론 수학적으로도 무한 소수에 대한 이론은 잘 정립되어 있다. 무한 소수를 두려운 대상으로 생각한 나머지 연산이 잘못됐다든지, 수가 아니라는 주장은 번지수를 확실히 잘못 짚은 것이다.

더 생각해 볼 문제 1

이제 좀 더 수학적인 설명을 하는 동시에 $0.999\cdots$가 도대체 무엇인지, 더 나아가 수학자들은 무한 소수를 어떻게 정의하는지 알아보자. 어떤 수열 a_n이

L이라는 숫자로 다가간다는 것은 n이 클수록 L과 a_n의 오차가 0에 가까워진다는 것이다. 이때, $\lim\limits_{n \to \infty} a_n$을 L이라고 쓰기로 약속한다. b_1, b_2, $\cdots$가 0부터 9까지의 정수일 때 대응하는 다음과 같은 수열을 생각해 보자.

$$a_1 = \frac{b_1}{10}, \ a_2 = \frac{b_1}{10} + \frac{b_2}{100}, \ a_3 = \frac{b_1}{10} + \frac{b_2}{100} + \frac{b_3}{1000}, \ \cdots$$

이 수열이 다가가는 숫자 L을 무한 소수 $0.b_1 b_2 b_3 \cdots$로 쓰기로 약속한다. 즉, $L = 0.b_1 b_2 b_3 \cdots$이다. $b_1 = b_2 = b_3 = \cdots = 9$일 때, 대응하는 수열은 $a_1 = 0.9$, $a_2 = 0.99$, $a_3 = 0.999$, $a_4 = 0.9999$, $\cdots$이다. 이제 이 수열 a_n이 L로 다가가면, $L = 0.999 \cdots$일 것이다. 그런데 이 수열은 1로 다가가는 것을 쉽게 알 수 있다. 왜냐하면, 1과 a_n의 오차는 $0.1, 0.01, 0.001, \cdots$인데 이 값이 0에 가까워지기 때문이다. 따라서 $1 = 0.999 \cdots$이다.

더 생각해 볼 문제 2

$0.999 \cdots = 1$에 꼭 따라 나오는 질문이 있다. 주어진 수 x에 대하여 x보다 크지 않은 정수 중 가장 큰 정수를 $[x]$라고 쓸 때, $[0.999 \cdots]$의 값이 얼마인지를 묻는 것이다. $0.999 \cdots = 1$이므로 당연히 $[0.999 \cdots] = [1] = 1$이다. 이 질문은 1보다 작은 쪽에서 1에 무한히 가까이 다가갈 때의 값을 묻는 셈이니까, 고등학교에서 배우는 좌극한 기호를 이용하면 이렇게 생각할 수 있다.

$$\left[\lim_{x \to 1-0} x \right] = ?$$

그렇다면, 극한과 [ ]의 순서를 바꾼다면 어떨까?

$$\lim_{x \to 1-0} [x] = \ ?$$

첫 번째 식은 0.9, 0.99, 0.999, …가 다가가는 수보다 크지 않은, 즉 1보다 크지 않은 가장 큰 정수가 되므로 그 값이 1인 반면, 두 번째 식은 [0.9] = 0, [0.99] = 0, [0.999] = 0, …이 다가가는 수니까 그 값은 0이다. [0.999…]를 0이라고 착각하는 것은, 앞의 두 식을 같은 것으로 혼동하기 때문이다.

일반적으로 '극한값을 구한 다음의 함숫값'과 '함숫값을 구한 다음의 극한값'은 다르다. 이 두 값이 같을 때, 우리는 그 함수를 '연속 함수'라고 부른다. 즉 연속 함수는 함수와 극한의 위치를 바꿀 수 있는 함수라고 할 수 있다. 이 질문의 경우 $f(x) = [x]$라는 함수의 그래프를 생각하면, 함수 $f(x)$는 x가 정수일 때 언제나 불연속이 됨을 알 수 있다. 그러므로 아래와 같다.

$$\lim_{x \to 1-0} [x] \ \neq \ \left[\lim_{x \to 1-0} x \right]$$

진흙 인형과 세포

어떤 현상에 대해 잘 알지 못할 때 사람들은 이를 이해하고자 다양한 방법을 시도합니다. 누군가는 드러난 사실들을 기존의 상식으로 이해할 수 있는 범위 내에서 상상의 나래를 붙여 이야기를 꾸미곤 합니다. 또 누군가는 이 현상을 가능하게 하는 과학적 개념을 밝히는 방법으로 궁금증을 해소하려고 하지요. 두 방법 모두 상황에 대한 이해를 이끌어 낼 수는 있지만 전자는 믿음을, 후자는 논증을 바탕으로 하는 것이 다릅니다. 같은 상황이라고 어떤 방식으로 접근하느냐에 따라 같은 이야기를 설명하고 이해하는 과정이 달라지기 때문이죠.

오랫동안 우리는 자연 현상을 설명할 때, 전자의 방식을 이용해 왔습니다. 그것은 우리의 오감이 인지할 수 있는 부분적인 사실만으로 심오한 자연의 이치를 모두 이해하기에는 역부족이었기 때문입니다. 그래서인지 예부터 전해 내려오는 각종 신화나 전설, 설화 등은 이런 방식으로 자연을 설명하는 내용이 담긴 경우가 많습니다. 그러나 현대에 와서는 이런 옛 이야기들이 설명하던 자연의 이치를 과학의 방식으로 이해하는 경우가 많아졌습니다. 앞으로 제가 쓰는 글에서는 이야기로 상상하던 자연을 현대 과학이 어떤 방식으로 설명하는지를 비교해 보며, 같은 현상에 대한 두 가지 시각의 차이를 즐겨 보도록 하지요.

신화: 진흙으로 빚은 인간

거인족 출신으로 손재주가 뛰어났던 프로메테우스는 어느 날 진흙을 빚어 하나의 형상을 만들었다. 이 진흙 형상에 아테나 여신이 생명을 불어넣자, 생명이 없던 진흙덩어리는 스스로 움직이며 살아가는 존재로 탈바꿈되었다. 다른 동물들과 달리 두 발로 걷고 머리를 들어 똑바로 하늘을 바라볼 수 있는 존재, 이들의 이름은 인간이었다.

하지만 인간은 다른 동물들을 공격할 만한 날카로운 발톱이나 이빨도 없었고 위험에서 자신을 보호할 단단한 갑옷이나 등딱지도 없어 매우 약한 존재였다. 프로메테우스는 자신이 만들어 낸 인간의 연약함을 불쌍히 여겨, 몰래 신들만이 사용할 수 있었던 불을 훔쳐내 인간에게 주었다. 이후로 인간은 이 땅에 사는 동물 중 가장 강력한 힘을 가지게 되었다. (그리스 신화「프로메테우스와 인간」에서)

인간이 어떻게 만들어졌는지, 무엇으로 구성되었는지는 인간이 스스로를 자각하기 시작했을 때부터 알고 싶어 했던 의문입니다. 그리스 신화뿐 아니라, 많은 부족들의 신화에서 인간은 '신이 자신의 형상을 본떠 만든 진흙 피조물'로부터 출발했다고 하는 부분들이 보입니다. 그러나 인간이 단지 진흙덩어리에만 머물지 않을 수 있었던 것은 신이 부여한 생명, 혹은 생기(生氣), 영혼 등이 더해졌기 때문이라고 말이죠. 인간이 무엇으로 구성되어 있는지 알지 못했던 시절에는 인간을 '진흙을 빚어 만든 토기'에 비유해서 이해할 수밖에 없었을 것입니다. 하지만 현대 과학은 인간이 무엇으로 만들어져 있는지를 다른 방식으로 설명하고 있지요.

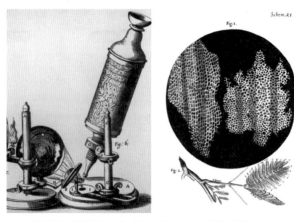

로버트 훅의 현미경(왼쪽)과 로버트 훅이 그린 세포의 스케치(오른쪽).

세포를 처음 본 사람들

예전 사람들이 인간을 구성하는 가장 기본적인 단위가 무엇인지 알지 못했던 것은 어쩌면 당연합니다. 왜냐하면 인간을 비롯한 생물을 구성하는 기본 단위는 '세포(細胞)'인데, 세포는 매우 작아서 육안으로는 구별할 수 없으니까요.

사람들이 세포의 존재를 알아채는 데는 광학적 발전이 선행되어야 했습니다. 렌즈 가공 기술의 발달로 배율이 높은 현미경이 만들어진 이후에야 사람들은 세포를 볼 수 있었지요.

처음 코르크 조각에서 벌집처럼 생긴 구조물을 발견하고, 이에 '다다 닥 붙은 작은 방'이라는 뜻의 '셀(cell)'이라는 이름을 처음 붙여 준 이는 영국인 로버트 훅(1635~1703년)으로 알려져 있습니다. 영어의 cell이 우리말로는 '세포'를 뜻하기에 최초로 세포를 발견한 이를 훅이라고 말하고는 하지만, 엄밀하게 말하자면 훅은 살아 있는 '진짜 세포'가 아닌 죽은 식물 세포의 세포벽만을 보았을 뿐입니다. 살아 있는 세포는 텅 빈 방이 아니라, 오히려 내부가 꽉 찬 주머니를 닮았습니다.

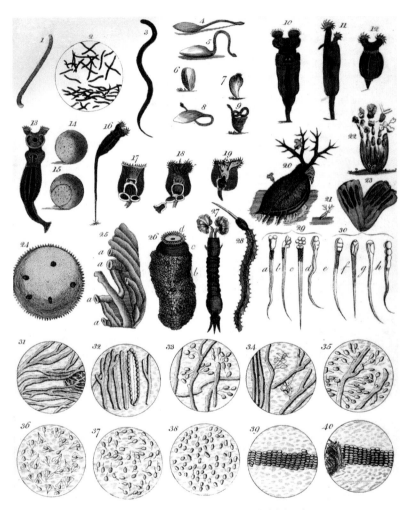

살아 있는 세포를 처음 본 레벤후크가 그린 그림을 기초로 한 미생물과 정자의 그림.

살아 움직이는 세포를 처음 본 사람은 안톤 반 레벤후크(1632~1723년)로, 그는 현미경 관찰을 통해 우리 주변은 단지 '너무 작아 눈에 보이지 않는 생물'들로 가득 차 있으며, 인간의 몸 역시 예외가 아니라는 사실을 알아냅니다. 특히 레벤후크는 정액 속에 작지만 재빠르게 움직이는 정자가 들어 있음을 알아낸 사람이기도 합니다.

레벤후크 이후 현미경을 열심히 들여다본 많은 사람들에 의해 지구상에 살아 있는 생명체를 구성하는 기본 단위는 세포라는 것을 알게 됩니다. 각각의 생명체를 이루는 세포의 개수와 특성들은 저마다 달랐지만, 세포질을 둘러싼 원형질막을 가진 작은 주머니가 생명체의 기본 구성 단위라는 사실은 동일했습니다. 세포는 처음 지구상에 생명체란 것이 처음 등장하던 시기부터 생명체를 구성하는 기본이었습니다. 하지만 그 크기가 너무 작았기에 오랫동안 사람들에게 인식되지 못했던 것이죠.

세포가 주먹만큼 크지 않은 이유

그렇다면 여기서 의문이 듭니다. 도대체 세포는 왜 이렇게 작은 것일까요? 몇몇 예외는 있지만, 대개 세포의 크기는 겨우 20~30마이크로미터(μm, 100만분의 1미터)에 불과합니다. 과학자들은 세포가 이렇게 작은 크기로 존재하는 것은 세포가 생존하기 위해서 끊임없이 외부와 소통해야 할 필요성이 있기 때문으로 파악합니다.

세포는 생명 활동을 수행하기 위해 지속적으로 외부와 소통합니다. 간단히 말하자면, 세포는 생명 활동을 수행하기 위해 영양분과 산소 등의 물질을 외부에서 받아들이고 노폐물을 배출하면서 살아갑니다. 세포에서 외부와의 소통은 세포막에서 일어나기 때문에, 세포막의 면적이 매우 중요합니다.

이 경우, 세포가 작으면 작을수록 세포의 단위 체적당 표면적의 비율이 커지게 됩니다. 예를 들어, 부피 8세제곱미터인 정육면체는 가로·세로·높이가 모두 2미터인 정육면체 하나로 만들 수도 있지만, 가로세로높이 1미터짜리 정육면체 8개를 모아서 만들 수도 있습니다. 이때 전자의 표면적은 $2 \times 2 \times 6 = 24$제곱미터인 반면에, 후자는 $1 \times 1 \times 6 \times 8 = 48$제곱미터로 전자에 비해 두 배나 넓습니다. 체적이 같은 경우, 이를 구성하는 단위들의 크기가 작을수록 동일 체적에 비해 표면적이 넓어지고, 표면적이 넓으면 그만큼 외부와의 소통이 수월해지고 생명 활동에 필요한 물질의 교환 역시 좀 더 수월하게 일어날 수 있습니다.

또 하나 세포가 작아야 하는 이유는 세포는 외부의 충격이나 질병 등에 의해 사멸할 수 있는 존재이기 때문입니다. 특히 이는 다세포 생물에게 중요한데, 만약 세포가 주먹만큼 크다면, 사고나 질병 등으로 인해 세포 하나가 죽을 경우 우리 신체는 주먹만 한 부위의 손실을 입게 됩니다. 때문에 세포 한두 개를 잃는 것만으로도 생존에 큰 타격을 입을 수 있습니다. 이 경우, 세포의 크기가 작으면 작을수록 손실 부위를 줄일 수 있어서 생존하는 데 더욱 유리합니다. 이런 이유 등이 합쳐져 세포는 눈에 보이지 않을 정도로 작게 진화해 왔고, 우리는 세포로 이루어져 있으면서도 그 존재를 눈치채지 못했던 것이죠.

세포도, 인간도 영원할 수 없다

세포는 이처럼 작아야 생존에 유리하기 때문에 육안으로는 대개 확인이 불가능할 정도로 작습니다. 그래서 우리 몸에 있는 세포의 수는 조 단위를 넘나들기 마련이지요. 이 엄청난 수의 세포가 모두 처음에는 단 한 개의 세포에 불과했던 수정란에서 시작되었다는 사실을 생각해 보면, 세포가 지닌 엄청난 분열 능력에 새삼 놀라게 됩니다.

보통의 세포들은 분열 방식을 통해 숫자를 늘립니다. 세포의 분열 능력은 매우 왕성하기는 하지만, 그렇다고 무한하지는 않습니다. 레너드 헤이플릭이 발견한 것처럼, 인간의 세포는 70~100회 정도 분열한 뒤에는 더 이상 분열하지 못하고 스스로 사멸하고는 합니다. 이는 인간의 세포 속에 들어 있는 DNA의 구조와 DNA 복제 효소의 방향성 때문입니다.

세포가 분열할 때마다 세포 안에 든 DNA도 나뉘어야 합니다. 따라서 세포는 분열 전에 원래 가지고 있던 DNA를 주형으로 삼아 같은 DNA를 복제해서 세포 분열 시 한 세트씩 나눠 가지기 마련이죠. 인간의 DNA는 막대 모양이고, DNA 복제 효소의 특성상 한 번 복제할 때마다 DNA의 끝 부분이 조금씩 닳게 됩니다. 한 두 번 분열했을 때야 DNA의 끝이 조금 닳는 것 정도는 문제되지 않지만, 분열을 거듭하다 보면 DNA의 끝 부분의 소실량은 점점 많아지게 됩니다.

물론 인간의 DNA에는 이렇게 세포 분열 시마다 DNA가 닳아서 생존에 영향을 미치는 것을 방지하고자 DNA 양쪽 끝에 '텔로미어(telomere)'라는 DNA 보호용 구간을 두기 마련이지만, 세포 분열이 반복되면 텔로미어가 더 이상 DNA를 보호할 수 없는 지경에 이르게 되고, 이 순간이 되면 세포는 이를 감지해서 스스로 사멸해 DNA 손상으로 인한 발생 이상으로 개체 전체에 이상을 미치는 것을 방지합니다. 아무리 세포 성장에 완벽한 조건을 갖추더라도 세포는 이처럼 내적인 한계로 인해 분열에 일정한 한계를 갖습니다. 그리고 이는 인간의 육체가 모든 환경 변수들을 완벽하게 통제하더라도 영원 불멸할 수 없는지를 설명해 주기도 합니다. 인체를 구성하는 세포들의 수명에 한계가 있으니, 그 세포들로 이루어진 인체 역시 생의 한계를 가질 수밖에 없습니다.

진흙 인형에서 세포로

예전 사람들은 최초의 인간이란 고운 진흙으로 만들어진 인형에 생기를 불어넣은 존재라고 생각했습니다. 그러나 현대인들은 인간이란 세포로 이루어진 존재이며, 세포의 여러 가지 특성이 인간을 구성하는 몇몇 특징들을 만들어 냄을 알고 있습니다.

옛사람들이나 현대인들이나 인간이 무엇으로 만들어져 있는지에 대해

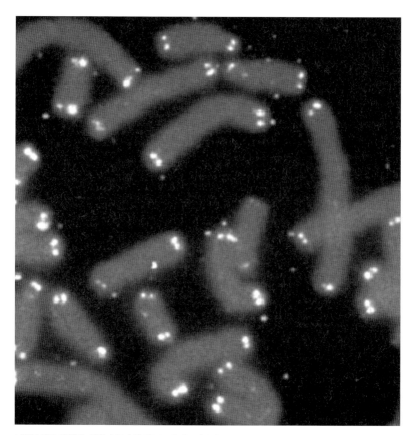
사진은 인간 염색체. 염색체 끝의 흰색 부분이 텔로미어이다.

궁금해 했던 것은 마찬가지입니다. 다만 한쪽은 이를 신화로, 다른 쪽은 과학으로 풀어낸 것이 다를 뿐이죠. 이처럼 때로 과학은 신화가 상상만 하던 것들을 설명하고, 때로는 현실화하는 역할을 하기도 한답니다.

신의 입자를 찾아서

영화 「타짜」의 클라이맥스. 아귀는 곤이가 '구라'를 쳤다며 곤이의 손목을 잡아 비튼다. 곤이는 오히려 더 큰 소리로 결백을 주장하며 문제의 화투패를 유리컵으로 덮는다. 곤이는 엎어진 패가 단풍이 아니라는 데에, 아귀는 그 패가 단풍이라는 데에 각자의 모든 돈과 각자의 '손모가지'를 걸었다. 둘의 손목은 바둑판 위에 묶였고, 이제 유리컵 속의 화투패를 확인하는 일만 남았다. 자, 결과는?

영화든 소설이든 스토리의 숨통에 가로놓인 히든카드는 보는 이의 손을 땀으로 적신다. 걸린 판돈이 클수록 긴장감은 그만큼 커진다. 시종 군은 표정으로 이 상황을 지켜보던 정마담이 실제 영화와는 달리 생글생글 웃으며 "난 곤이에게 1억 걸겠어요."라고 했다면 훨씬 더 재미있지 않았을까.

2009년을 맞이하는 전 세계 과학자들의 심정은 자신의 손모가지를 묶어 놓고 유리컵 안에 뒤엎어진 화투패를 노려보는 곤이나 아귀의 심정과 똑같다. 기원전 600년 고대 그리스의 탈레스가 만물의 근원은 물이라고 선언한 이래 "세상은 무엇으로 만들어졌을까?"라는, 더 이상 근원적일 수 없는 이

영화 타짜(감독 최동훈, 2006)의 한 장면.

질문에 대한 답을 이제 막 펴 보려는 순간이기 때문이다.

입자 물리학의 성배를 찾아서

수천 년의 기다림……. 때론 암흑기도 있었지만 현대 과학의 눈부신 성공은 20세기에도 혁혁한 전과를 쌓아올렸다. 그리고 마침내 1960년대와 1970년대에 걸쳐 과학자들은 그 수천 년 묵은 질문에 대한 모범 답안을 내놓았다. 입자 물리학의 표준 모형(standard model)이 그것이다.

그러나 우리 앞에 가로놓인 유리 장벽은 너무나 두껍고도 무겁다. 그 한가운데 우리가 아직 근접할 수 없는 곳에 표준 모형의 마지막 패가 하나 엎어져 있다. 이 유리벽 속에 있는 것이 영화 「인디애나 존스」에 나올 법한 성배는 아니지만, 그 뒤집어진 패에는 성배가 어디 있는지에 대한 핵심적인 정보가 담겨 있으리라고 사람들은 굳게 믿고 있다.

우주의 섭리와 자연의 기본 질서를 이해하려는 과학자들의 노력은 흔히 호사가들 사이에서 이처럼 성배 찾기나 신에 대한 도전으로 묘사되기도 한

표준 모형의 구축자 스티븐 와인버그.

다. 이러한 종교적인 수사(修辭)는 스피노자식 범신론을 신봉했던 아인슈타인 같은 위대한 과학자의 언명과 뒤섞이면 그 위력이 더 커진다. 실제로 아인슈타인 자신은 "신의 마음을 알고 싶을 뿐"이라거나 "신은 주사위 놀이 따위는 하지 않는다."(이 말들은 양자 역학의 확률론적 해석에 반대하며 했던 것이다.) 등의 명언을 남겼다. 때로는 이런 말들이 과학의 임무와 종교적 목적 사이에 혼란을 가중시킨다. 하지만 표준 모형을 구축했던 스티븐 와인버그의 말마따나 "자연의 최종 법칙들을 신의 마음이라는 말로 표현하는 것은 참을 수 없을 만큼 매력적인 은유이다." 신의 마음이 참을 수 없을 만큼 매력적인 은유인 까닭은, 과학이 지금까지 인간 지성과 인류 문명의 최첨단에서 그 경계를 넓혀 온 덕분에 그 바깥 세상을 지배하는 절대자에게 가장 강력한 위협이 되어 왔기 때문일 것이다.

신의 입자, 힉스

두터운 유리 장벽 속에 뒤집어져 있는 표준 모형의 마지막 패는 '참을 수 없는 은유'의 절정이다. 대다수의 과학자들은 그 패가 '신(神)의 입자'라고 굳게 믿고 있다. 신의 입자는 표준 모형에서 발견되지 않은 최후의 기본 입자(소립자)인 힉스(Higgs) 입자의 별칭이다. 힉스 입자는 다른 모든 기본 입자들에게 질량을 부여하는 막중한 임무를 수행한다. 한편으로 생각해 보자면 현대 과학이 해결해야 할 최대의 미스터리가 신의 입자라니, 수백 년 동안 종교의 대척점에 서 왔던 과학의 역사를 되돌아보았을 때 신의 입자라는 작명은 일종의 아이러니라고 할 만하다.

신의 입자라는 말은 새로운 종류의 중성미자를 발견한 공로로 1988년 노벨상을 수상한 미국의 물리학자 리온 레이더먼이 1993년『신의 입자(God Particle)』라는 책을 쓰면서 붙여진 이름이다. 그러나 원래 레이더먼이 원했던 제목은『빌어먹을 입자(Goddamn Particle)』였다. 그만큼 힉스 입자를 실험적으로 발견하기가 무척 어려웠기 때문이었다. 하지만 책을 내는 출판사 발행인은 도저히 이런 제목으로 책을 낼 수 없었다. 그래서 그는 '빌어먹을 입자'를 졸지에 '신의 입자'로 둔갑시켜 버렸다. 물론 신이라는 말이 제목에 들어가면 판매량이 훨씬 높아질 것이라는 예상과 함께. 그러나 모든 기본 입자에 질량을 부여하는 힉스 입자의 역할을 생각해 본다면 그 발행인의 기지가 전혀 엉뚱했던 것만 같지는 않다.

신의 입자를 찾으려는 미국의 담대한 계획

안타깝게도 40년이 넘는 세월 동안 여러 가지 정황과 간접적인 증거로 인한 믿음만 있을 뿐 누구도 아직 이 패에 다가가지 못했다. 그래서 과학자들은 오랜 세월에 걸쳐 우리 앞을 가로막는 유리벽을 깨뜨리기 위한 방법을 강구해 왔다. 그 시도 가운데 가장 담대했던 계획은 1980년대 중반 미국에서 있었다.

당시 미국 과학계는 초전도 초대형 충돌기(Superconducting Super Collider, SSC)라는 원형 입자 가속기 건설을 추진했다. SSC는 그 둘레만 84킬로미터에 이른다. 이는 서울 지하철 2호선(약45km)의 두 배 가까운 크기다. 예산도 슈퍼 헤비급이라 당시 물가로 약 8조 원이 소요될 예정이었다.

SSC와 관련된 수많은 과학자들은 수시로 워싱턴을 드나들며 의회를 설득했다. 아직 살아 있는 이들 중에서 최고의 이론 물리학자로 꼽히는 스티븐 와인버그도 예외는 아니었다. 와인버그는 1987년 과학, 우주 및 기술에 관한 의회 위원회에서 과학자들이 어떻게 자연의 보편 법칙들을 발견하는지, 그 법칙들이 존재하는 것이 우연이 아닌 이유가 무엇인지, 그 속에 내재된 아름다움이 무엇이며 어떻게 우주의 구조 속에 구축된 심오한 뭔가를 반

초전도 초대형 충돌기 터널의 건설 당시 모습.

영하는지를 증언했다. 와인버그는 SSC가 이 위대한 과업을 수행할 것이라고 주장했다.

와인버그의 증언 이후, SSC를 지지하는 해리스 파월 의원과 반대하는 돈 리터 의원의 대화가 이어졌다. 파월은 이렇게 말했다. "박사님께서는 물질을 지배하는 규칙들이 존재한다는 것이 우연이 아니라고 말씀하셨습니다. 그런데 그 때문에 우리가 신(神)을 발견하게 될까요? 확실히 박사님은 그렇게 주장하지는 않았지만, 그건 분명히 우리가 우주에 대해 훨씬 더 많이 이해할 수 있게 해 주지 않겠습니까?" 그러자 리터는 파월과 약간의 실랑이 끝에 다음과 같이 말했다. "만약 이 기계가 그런 일을 한다면 저는 입장을 바꿔 (SSC 건설을) 지지할까 합니다."

와인버그 자신은 강경한 무신론자였지만 이들의 논쟁에 끼어들지 않았다. 그는 자신의 과학적 신념과 다른 사람들의 신앙적 믿음 사이를 오가며 최선의 결과를 이끌어 냈다. 마음을 바꾸었다는 리터 의원이 정말로 SSC가 신의 존재를 직접 증명해 주리라고 기대하지는 않았을 것이다. 아마도 그는 SSC가 인간 지성의 가장자리에서 그 경계를 한 발짝 넓힐 것이라는 점을 깨달았던 것 같다.

미국 클린턴 정부, SSC의 취소로 20억 달러를 날리다

한동안 SSC 계획은 순조롭게 진행되었다. 의회에서 실제 건설에 필요한 예산이 집행되었고 지하 터널도 파기 시작했고 일부 설비들이 들어서기도 했다. 그러나 SSC는 의회에서 해마다 그 타당성과 경제성 논란에 휘말렸다. 레이건 시절의 전략 방위 구상(SDI, 소위 '스타 워즈' 계획) 등과 함께 냉전 시대의 이른바 거대 과학(big science)의 대표 주자로 지목되어 반대자들의 지탄을 받았다.

게다가 새롭게 들어선 클린턴 1기 행정부는 이전의 레이건이나 부시 행정부보다 미온적이었다. 결국 미국 과학자들의 야심 찬 계획은 1993년 수포로 돌아갔다. 미국 하원이 그해 10월 SSC와 관련된 예산을 최종적으로 중단했기 때문이다. 이미 약 20억 달러나 예산이 집행된 뒤였다.

지난 2007년 와인버그의 저서 『최종 이론의 꿈(Dreams of Fainal Theory)』을 번역한 것을 계기로 그를 직접 인터뷰했을 때 그는 이렇게 회고했다. "부통령이었던 앨 고어는 저에게 클린턴 행정부가 SSC를 아주 적극적으로 지원할 것이라고 말했지만 그들은 그러지 않았습니다. 반대하지는 않았지만 그것을 위해 많은 일을 하지도 않았어요. 물론 그 계획을 죽여 버린 것은 민주당이 지배하던 의회, 특히 하원이었습니다." 24킬로미터나 파다 만 터널은

건설 중인 LHC의 입자 검출기 ATLAS의 위용. 2007년 6월의 모습이다.

한때 버섯 등을 키우는 자연 학습장으로 사용되었다고 한다.

희망은 아직 꺼지지 않았다

SSC의 꿈은 지금 유럽 원자핵 공동 연구소(CERN)의 대형 강입자 충돌기(Large Hadron Collider, LHC)가 이어받았다. LHC는 2008년 9월 10일 공식 가동에 들어갔다. 적지 않은 세월이 흘렀지만 SSC의 핵심적인 임무는 여전히 성취되지 않고 LHC로 이어졌다. 그 임무란 바로 표준 모형의 마지막 패를 펴보는 것이다. LHC는 설비의 규모와 가속되는 입자의 에너지 면에서 SSC보다 못하지만 숨겨진 패를 가로막은 유리 장벽은 충분히 제거할 수 있을 것으로 생각된다. 이를 위해 14년에 걸쳐 약 10조 원의 돈과 함께 전 세계 수많은 과학자들의 땀방울이 필요했다. 패 하나 보는 가격 치고는 꽤나 비싼 편이다. (물론 LHC의 임무가 이것만은 아니다.)

불행하게도 LHC는 지금 뜻하지 않은 불의의 사고로 가동이 잠깐 중단되었다. 그러나 우리가 연속된 불행의 늪에 빠지지만 않는다면 2010년 중에, 드디어 인류 역사상 처음으로 신의 히든카드를 엿보게 될 것이다.

호킹은 실패에 100달러를 걸었다

40년에 걸쳐 10조 원을 훨씬 웃도는 판돈이 들어간 이 게임에는 영화 「타짜」에서와는 달리 패의 결과를 놓고 베팅을 하는 구경꾼들도 꽤 있다. 영국의 유명한 물리학자 스티븐 호킹은 LHC가 신의 입자를 발견하지 못할 것이라는 데에 100달러를 걸었다. LHC가 기술적으로 신의 입자를 찾기에 충분하지만 그런 기계가 신의 입자를 찾지 못한다면 "훨씬 더 신나는 일이 될 수도 있다."라는 것이 그 이유였다.

물론 대다수의 과학자들은 그와 반대로 베팅한다. 설령 표준 모형에서 예측한 바로 그 입자가 정확하게는 아니더라도, 기본 입자들이 질량을 가지기 위해서는 어떤 형태로든 힉스 입자의 역할을 수행하는, 그와 비슷한 입자가 꼭 있어야 하기 때문이다.

수천 년을 이어 내려 온 우주의 비밀이 40년도 넘는 예측과 준비, 천문학적인 비용을 소요하고 온갖 우여곡절을 겪은 끝에 이제 곧 밝혀지려 하고 있다. 나의 글들은 여러분이 이 세기의 '빅 이벤트'에서 어디에다 베팅을 할 것인지에 조금이라도 도움을 주기 위한 가이드이다. 솔직하게 말하자면, 나도 어디에 얼마를 걸 것인지 아직 결정하지 못했다.

천문가들의 성운 작명 센스

우주에는 별 이외에도 수많은 가스와 먼지 들이 분포한다. 이런 가스와 먼지가 구름처럼 모여 있으면 성운(별구름)이라고 부른다. 성운은 새로운 별이 태어나는 장소가 되기도 한다. 성운은 그 특성에 따라 별빛을 흡수한 후 스스로 빛을 내는 발광 성운과 주변 별빛을 반사하는 반사 성운 그리고 배경의 밝은 성운이나 별빛을 차단해 자신의 존재를 알리는 암흑 성운 등으로 구분된다. 성운의 정식 명칭은 영문과 숫자로 표현되어 기억하기 어렵다. 그래서 천문가들은 성운에 친숙한 동물이나 사물의 이름을 따서 재미있는 별명을 붙이기도 한다.

▲ 장미 성운

장미 성운은 중심의 별들과 4개의 발광 성운, 그리고 먼지와 티끌에 의해 배경 빛을 가려 생긴 어두운 부분이 함께 어우러져 한 송이 아름다운 장미꽃 모습을 하고 있다. 성운 중심에 있는 별들은 태양보다 약 20배 이상 무거우며 강한 자외선을 방출한다. 성운은 그 자외선을 흡수해 강렬한 붉은색 빛을 낸다. 외뿔소자리에 있다.

◀ 독수리 성운

독수리 성운은 유명한 혜성 사냥꾼인 프랑스의 샤를 메시에가 1764년에 발견했다. 이 성운은 여름철 별자리인 뱀자리에 있고 붉은색을 띄고 있다. 성운의 폭은 빛의 속도로도 70년을 가야 될 정도로 드넓다. 허블 망원경은 독수리 성운 중심부의 기둥 모양으로 생긴 부분에서 활발하게 별이 탄생하고 있는 장면을 포착했다. 이를 창조의 기둥이라고 부른다.

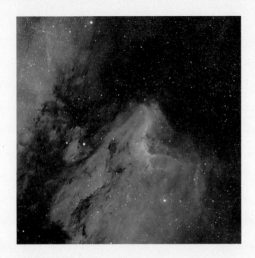

펠리컨 성운은 은하수를 날고 있는 백조자리의 꼬리별, 데네브 근처에 있다. 왼쪽으로 뻗은 큰 부리와 날개짓 하는 듯한 모습이 펠리컨 새를 닮았다. 사진의 성운은 밝아 보이지만 실제로는 아주 어둡다. 구경 200밀리미터 이상의 큰 망원경을 이용하여야 관측이 가능할 정도이다. 성운의 복잡한 구조를 확인하기 위해서는 사진 관측을 해야 한다.

▼ 올챙이 성운

마차부자리에는 산개 성단과 그 주변을 둘러싼 성운이 있다. 성운의 왼쪽 부분을 자세히 보면, 올챙이가 꼬리를 흔들며 우주를 헤엄치는 듯한 모습이 보인다. 이 올챙이 성운은 별이 되지 못한 가스와 먼지덩어리가 뭉쳐 있는 것이다. 즉, 새로운 별을 탄생시킬 준비를 하고 있는 것이다. 올챙이의 꼬리 같은 모양은 주변의 별들에서 나오는 항성풍에 의해 생긴 것이다.

▲ 말머리 성운

말머리 성운은 대표적인 암흑 성운이다. 우주 저 먼 곳에서 오는 발광 성운의 붉은색 빛을, 상대적으로 가까운 먼지 구름이 가로막아 생긴 검은 실루엣이 말의 머리 모양을 하고 있다. 오리온 사냥꾼의 허리에 해당하는 3개의 별들 중 가장 동쪽별 근처에 위치한다. 성운 아래에 있는 푸른색의 반사 성운과 함께 거대한 오리온 대성운에 포함된다.

◀ 태아 성운

태아 성운의 모습은 커다란 머리와 통통한 몸통이 엄마 뱃속에 잠들어 있는 태아와 흡사하다. 상상하기에 따라 아기 코끼리나 코뿔소 같기도 하며, 어찌 보면 돼지나 곰 같은 모습을 하고 있다. 성운의 생긴 모습이 탄생을 상징하듯 이 성운에서는 새로운 별이 많이 탄생하고 있다. 태아 성운은 카시오페이아 자리의 동쪽에 있다.

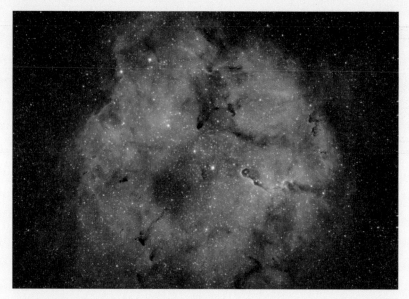

▲ 코끼리코 성운

세페우스자리의 아름다운 발광 성운 속에는 많은 암흑 성운이 자리 잡고 있다. 이 성운은 배경 빛을 차단하는 먼지 기둥이 코끼리의 코처럼 길쭉하게 보인다. 코끼리코 성운에는 먼지와 가스가 많이 뭉쳐져 있다. 그래서 새로운 별이 태어나는 곳이기도 하다.

▶ 마귀할멈 성운

마귀할멈 성운은 동화 속 못된 마귀할멈의 옆모습처럼 생겼다. 뭥한 눈과 매부리코, 주걱턱이 잘 드러나 있다. 마귀할멈이 바라보는 쪽에는 겨울철 밤하늘의 대표적 별자리인 오리온자리의 리겔이 위치한다. 이 별로부터 뿜어 나오는 강한 빛을 반사하여 푸르게 빛난다. (사진은 부분)

침, 소화의 제1관문

    침을 더럽게 생각하지 마라. 침은 음식물의 맛을 느끼게 해 주고, 세균을 막아 주는 성분이 들어 있다. "왜 그렇게 침을 질질 흘리는 거야?"라는 표현은 자기 몸을 제대로 가누지 못할 정도로 아직 어린 아기, 혹은 먹이를 눈앞에 두고 다가올 즐거운 식사를 미리부터 단단히 채비하는 동물을 떠올리게 한다. 그러나 누구나 맛있는 음식을 앞에 두면 침을 흘리기 마련이다.

침 흘리는 코모도왕도마뱀.

코모도왕도마뱀의 침

침 흘리는 모습이 인상적인(?) 동물로는 인도네시아 코모도 섬에만 존재하는 코모노왕도마뱀을 들 수 있다. 이들은 침을 질질 흘리며 먹잇감을 노려보다 기회가 오면 먹잇감을 물어 버린다. 특이하게도 아주 심하게 물지는 않으므로 먹잇감이 물린 상처로 인해 급히 죽는 일은 흔치 않다.

코모도왕도마뱀에 물린 동물은 도마뱀의 꼬리에 맞은 충격이나 출혈이 심해서 죽는 수도 있지만 이보다는 도마뱀의 침 속에 들어 있는 세균 때문에 죽는다고 하는 것이 더 적절하다. 먹잇감을 발견한 코모도왕도마뱀은 먹이를 한번 물고는 끈기 있게 이 동물이 쓰러질 때를 기다린다. 도마뱀으로부터 전해진 세균이 증식하면서 물린 동물은 서서히 쇠약해진다. 더 시간이 지나 이 동물이 세균 감염으로 인해 쓰러지게 되면 주위를 어슬렁거리고 있던 코모도왕도마뱀은 쓰러진 먹잇감을 처리하고는 한다.

파블로프 개의 침

왜 평소에는 침이 나오지 않다가 음식이 구강에 들어올 때는 물론이고 음식을 보기만 해도 침이 나오기 시작하는 걸까? 약 100년 전에 러시아의 이반 페트로비치 파블로프(1849~1936년)는 소화 과정에서 인체로부터 어떤 액체가 어떻게 분비되는지를 연구했다. 그는 음식이 입에 들어올 때는 물론이고, 개를 이용한 실험에서 주인이 발자국 소리나 종소리만 내는 경우에도 이미 음식을 받을 것을 기대한 개가 침을 흘리는 것을 관찰할 수 있었다. 그리하여 외부에서 발자국소리나 종소리와 같은 정보가 입력될 때 이 정보가 대뇌로 전달되면 대뇌의 기능에 따라 침을 분비한다는 사실을 알아냈다.

그의 연구 결과는 조건 반사라는 개념을 낳았으며, 뇌 신경 계통과 소화 계통이 연결되어 있음을 잘 보여 주었다. 그는 소화가 일어나는 생리 작용에 대한 연구 업적을 인정받아 1904년 노벨 생리·의학상을 수상했다.

구강에서 침을 분비하는 침샘은 세 종류가 있다. 귀밑샘(이하선, 耳下腺), 턱밑 샘(악하선, 顎下腺), 혀밑샘(설하선, 舌下腺)이 그것이며, 모두 구강 양쪽에 쌍으로 존재한다. 귀밑샘은 이중에서 가장 크고 찾기 쉬운 장소에 있다. 맛깔스러 운 음식을 앞에 놓은 후 좌우의 빰 안쪽 부분을 혀로 더듬어 보면 침이 나오 는 구멍을 쉽게 찾을 수 있다. 세 쌍의 침샘에서 분비되는 침의 양은 하루에 약 1리터나 된다. 침의 구성은 물이 약99.4퍼센트를 차지하고, 그 외에 점액 소(뮤신, mucin), 전해질, 노폐물, 완충제, 대사 산물, 효소 등이 소량 포함되어 있다. 이중에서 소화에 가장 중요한 기능을 하는 것은 점액소와 효소다. 점 액소는 소량의 당(탄수화물)이 단백질에 결합된 당단백질로 이루어져 있으 며, 물과 혼합되면 점액을 형성한다. 점액은 음식물을 감싸 주어 침이 윤활 작용을 하게 해 주며, 구강에 노출된 점막을 보호해 준다.

침은 음식물에 포함된 화학 물질을 녹여서 혀 위에 돌출되어 있는 미뢰(맛봉 오리)를 자극하고, 음식물을 점액으로 뒤덮게 해 준다. 침이 음식물을 삼키 기 쉽게 해 주는 것이다. 또한 침에는 외부로부터 들어오는 병원성 세균과 대항해 싸울 수 있는 면역 글로불린 A(免疫 globulin A)와 리소자임(lysozyme) 이라는 단백질이 포함되어 있어서 세균의 침입을 막아 준다. 그러므로 방사 선 치료에 의해 침샘이 파괴되거나 스트레스 과다로 인해 침 분비가 감소되 면 구강에 존재하는 세균이 증식해 각종 질병을 일으킬 수 있다.

　세 쌍의 침샘에서 분비하는 침의 성분은 약간씩 차이가 있다. 아밀라아 제(amylase)는 귀밑샘에서 분비된다. 아밀라아제는 탄수화물 성분인 녹말을 분해해 설탕, 젖당, 갈락토오스 등을 형성한다. 음식물에 포함된 녹말 중 침 으로 인해 소화되는 양은 50퍼센트가 채 못 된다. 미처 덜 분해된 녹말은 위를 거쳐 소장(작은창자)에 도달했을 때 이자(췌장)에서 분비된 아밀라아제를 통해 완전히 분해된다. 다음 소장벽을 통해 몸으로 흡수되는 것이다. 턱밑샘과 혀밑샘에는 아밀라아제가 포함되어 있지 않다. 대신 이들은 점액소를 분비해 소화를 도와준다. 식사를 하는 경우 세 침샘에서 분비되는 침의 양은 모두 증가한다. 이중 턱밑샘에서 분비되는 침의 양이 70퍼센트에 이를 정도로 많다.

침샘에 생기는 질병

이처럼 침은 세균을 막아 인체를 보호하는 기능을 한다. 그러나 이 침을 만드는 침샘에 질병이 생기는 경우가 있다. 대표적인 것이 구강 건조증과 볼거리라고 흔히들 부르는 유행성 이하선염이다.

침이 마르는 병인 구강 건조증은 침 분비량이 1분당 0.1밀리리터 이하인 경우를 가리킨다. 이것은 정상적인 분비량의 약 6분의 1에 불과한 것이다. 입이 마르는 이유는 침샘에 이상이 생기는 경우와 그렇지 않은 경우로 나눌 수 있다. 화가 난 경우에 입이 마르는 경험을 할 수 있는데 이것은 자율 신경계 중 교감 신경이 활성화되었기 때문이다. 교감 신경이 활성화하면 아드레날린(에피네프린이라고도 한다.)이라는 물질이 분비되어 심장 박동수를 증가시킨다. 또한 혈관이 수축되어 혈압이 올라가며, 동공이 넓어지고, 침이 마르는 등의 신체 변화도 일어난다.

이외에도 류머티즘 관절염 혹은 쇼그렌 증후군(Sjogren's syndrome)과 같은 면역 이상 질환이 있는 경우, 스트레스나 긴장이 쌓일 때, 약물에 의한 부작용, 기타 여러 가지 질병에 동반되는 경우 등이 있다. 구강 건조증을 방치하면 치과 질환이 생길수 있으므로 예방과 치료가 중요하다. 입안을 깨끗이 할 수 있도록 양치질을 자주 하고, 침 분비가 잘 되도록 단단한 음식을 씹어 먹으면 도움이 된다.

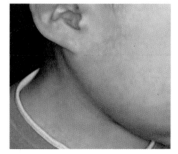

볼거리의 증상. 이하선(귀밑샘)이 부어 있다.

아기가 태어나면 엄마는 소아과에 다니며 예방 접종을 한다. 소아과에서는 엄마가 예방 접종을 빠뜨리지 않고 잘 기억할 수 있도록 예방 접종 계획표를 준다. 이 예방 접종 항목 중에 MMR이라는 것이 있다. 이것은 홍역(measles), 볼거리(mumps), 풍진(rubella)의 첫 글자를 딴 것이다. 볼거리는 과거에 유행성 이하선염이라고 하던 것이다. 문자 그대로 침샘의 하나인 이하선(귀밑샘)에 염증이 생긴 병이 유행하는 것을 가리킨다. 파라믹소군에 속하는 바이러스를 통해 전파된다.

일반적으로 5~9세의 어린이에게서 잘 발생하며, 사춘기가 지난 남성에게 발병하는 경우에는 고환에 감염되어 불임을 초래하기도 한다. 드물게 바이러스가 이자에 감염되는 경우 당뇨병이 생길 수도 있고, 심한 경우에는 중추 신경계를 침범하기도 한다. 특별한 치료법이 없으므로 대증 요법으로 치료한다. 다행히 일반적으로 잘 낫는 편이며, 한 번의 예방 접종으로 평생 예방이 가능하다.

볼거리 백신의 개발자 힐만

현재 예방 접종에 이용되고 있는 볼거리 백신을 개발한 모리스 랠프 힐만 (1919~2005년)은 미국의 바이러스 학자로 인류 역사상 가장 많은 백신을 개발한 사람이다. 그는 홍역, A형 간염, B형 간염 등 모두 30가지가 넘는 백신을 개발했다. 20세기에 탄생한 모든 사람을 통틀어 가장 많은 생명을 구한 인물이라는 평가를 받고 있다.

모리스 랠프 힐만.

힐만의 딸의 인후에 통증이 생긴 것은 5세 때인 1963년 3월이었다. 딸의 부어 있는 침샘을 관찰한 힐만은 볼거리라는 진단을 내리고, 딸을 연구실로 데려갔다. 다음날 남아메리카로 떠날 계획이었던 힐만은 늦은 밤에 딸을 치료했다. 약한 달 후 여행에서 돌아온 힐만은 딸에게서 얻은 시료에서 바이러스를 분리했으며, 이를 이용해 볼거리용 백신을 제조하는 데 성공했다. 그가 개발한 백신은 1967년에 미국 식품 의약품 안전청(FDA)의 승인을 얻어 널리 이용되었다.

농익은 김치의 과학

농익은 김치 인생을 살아라

여태 후텁지근한 여름기가 감도는 팔월 초순경에, 텃밭에다 무와 배추를 심었더니 하루가 다르게 무럭무럭 자라 어느새 김장감이 되더라. 참 장하다! 통배추엔 샛노란 고갱이가 그득 차고, 무는 미끈한 게 장딴지만큼 컸으니! 바로 옆에는 나중에 김치 만들 때 친구가 될 고추가 연신 익어 가고 있다. 햇볕에 바짝 말리고 곱게 빻으면 매콤하니 맛있는 고춧가루가 될 거다. 잎사귀에다 나비와 나방이가 하도 알을 슬어대 농부는 애벌레 녀석들 잡느라 곱사등이가 되었지. 새~끼들! 농약을 확 뿌려 버리고 싶었지만……, 우리가 먹는 곡식과 채소, 과일엔 농부의 뼈아픔이 배어 있는 것……. 스님들은 한 톨의 알곡을 사리골(舍利骨, 석가모니나 성자의 유골)로 여긴다고 하지 않는가. 자고로 음식의 고마움을 모르면 천벌을 받는다.

무청 말린 것이 시래기다

농사를 지으면서 밑에는 무가, 위에는 배추가 떡 하니 자라는 상상의 채소를 꿈꾼다. 밑에는 감자가 열리고 위에는 토마토가 대롱대롱 달리는 그런 식물처럼 말이지. 아무래도 자연의 섭리를 벗어나는 일이라 마음이 꺼림칙하지만. 그런데 무를 심는 뜻이 두 가지가 있다는 것을 독자들은 안다. 그렇다. 무도 먹고 무청도 먹겠다는 것이다. 늦가을 서리 내릴 무렵 무 머리에서 자른 통통하고 때깔 좋은 푸른 무청을 새끼로 엮어 그늘에 널어 말린 것이 시래기다. 시래기는 소죽 삶듯이 오래 푹 삶아 물에 우렸다가 시래기나물, 시래기찌개, 시래기 국 등 여러 반찬을 만들어 먹는다. 그중에서도 시래기 국은 시래기에 쌀뜨물과 된장을 걸러 붓고 통 멸치를 넣어 끓인 국이다. 국에다 밥을 통째로 말고 익은 김치를 턱턱 걸쳐 먹었으니, 먹을 것이란 사실 그것이 모두였다.

한국인의 자존심을 이 김치에서 찾아도 좋다

김장은 '침장(沈藏)'에서 유래했다 하고, 김치도 침채(沈菜)에서 나왔는데 딤채→김채→김치로 바뀌었다고 한다. 김치는 누가 뭐래도 우리 고유의 음식이다. 금강초롱이나 열목어는 우리나라에만 나는 고유종이라 하지 않는가. 말할 필요 없이 김치 발효의 주인공은 미생물로, 발효 식품에는 김치를 비롯해 간장, 된장, 고추장, 청국장, 젓갈류, 술, 식초 등등 헤아릴 수 없이 많다. 우리에게 해를 끼치는 미생물들도 있지만 알고 보면 거의 모두 유익하다.

김칫거리는 배추나 무가 주지만 열무, 부추, 양배추, 갓, 파, 고들빼기, 씀바귀 등 일흔 가지가 넘는다. 어디 김치를 배추 하나만으로 만드는가? 무를 숭덩숭덩 잘라 채를 치고, 마늘, 생강, 고춧가루, 소금, 간장, 식초, 설탕, 조미료 등 갖은 양념은 기본. 아미노산이 그득한 멸치젓, 어리굴젓, 새우젓에다 호두, 은행, 잣 등의 과일류는 물론. 생고기인 북어, 대구, 생태, 가자미들까지 넣는다. 생선 단백질이 발효된 것이 젓갈이고, 김치에서도 그런 과정이 일어난다. 김치를 마냥 절인 푸성귀 정도로 여기지 말지어다. 여러 비타민에다 고른 영양소, 유산(젖산)까지 그득 들어 있는 종합 영양 식품인 것. 게

다양한 김치의 세계. 한국인의 자존심을 이 김치들에서 찾아볼 수 있다.

다가 김치가 사스(SARS), 조류 독감 바이러스(AI)까지 잡는지라 세상 사람들이 홀딱 반해 난리들을 피운다.

　한국인의 자존심을 이 김치에서 찾아도 좋다. 힘 줘 말하지만 김치를 먹지 않으면 한국인이 못 된다. 우리가 꿀릴 게 뭐가 그리 있는가. 몸에서 마늘, 김치 냄새 좀 나면 어때…… 쓸데없이 뻐기는 자만심을 말하는 것이 아니다. 자긍심, 자기를 아끼는 사람이라야 남도 사랑한다는 것.

김치의 발효는 유산균이 맡는다

이제 김장을 할 차례다. 배추에 소금을 듬뿍 뿌려 착착 포개 밤샘을 하고 나면 적당히 절여지면서 숨이 죽는다. 농도가 짙은 바깥으로 물이 빠져 나오니 세포에 '원형질 분리'가 일어나는 것이다. 소금 먹은 배추를 일일이 맹물로 깨끗이 씻는다. 앞의 여러 김장거리를 매매 버무려서, 배춧잎 한 장 한 장 들쳐 사이사이에 척척 집어넣어 예쁘게 오므린 다음 독에다 차곡차곡 눌러 담는다.

　대부분의 미생물은 소금에 절일 때 죽어 버리지만 염분에 잘 견디는 내염성 세균인 유산균(乳酸菌, 젖산균, lactic acid bacteria)들만 남아서 김치를 익힌다. 두말할 필요 없이 채소에 묻어 있던 미생물들이 발효의 주인공들이다. 김치를 김칫독에 넣고 김칫돌로 꼭꼭 눌러 공기를 빼낸다. 김치에 사는 유산균들은 산소가 있으면 되레 죽어 버리는 혐기성 세균이기에 산소를 다 없애 버린다. 즉 염분에 견디면서 산소를 싫어하고, 낮은 온도를 좋아하는 유산균들만이 살아남는다. 참고로, 여행 가서 김치를 며칠 먹지 못하면 그것 생각이 무척 난다. 그럴 때는 유산균이 많이 든 요구르트를 먹으면 욕구를 덜게 된다. 김치 국물에 든 젖산과 요구르트의 것이 비슷한 탓이다.

김치가 시면 묵은지가 된다

독 안의 유산균들이 천천히 번식을 하게 되니, 이게 '김치 발효'다. 그렇지 못 하고 세균들이 재료를 썩힐 때 '부패'라고 한다. 채소나 양념에 든 양분을 이용해 유산균이 번식하면서 유기산을 많이 내 놓으니 이것이 침을 나오게 하고, 김치의 특유한 맛과 향을 낸다. 이때는 다른 미생물들은 힘을 못 쓰고 유산균들만 판을 치니 말 그대로 유산균 세상이다. 물론 한 종의 유산균이 아니고 여러 가지 유산균들이 득실거린다.

그러나 제행무상(諸行無常), 세상에 영원히 변하지 않는 것은 없는 법. 이런 상태가 얼마 지나다 보면 산도(pH)가 떨어지면서(시면서) 어느 순간 이 유산균들이 맥을 못 추고 시들시들해지는 때가 온다.

아주 잘 익은 김치에는 유익한 유산균이 99퍼센트요 다른 세균이나 곰팡이가 1퍼센트 정도 들어 있다고 한다. 그러나 김치가 시면서 유산균이 점점 죽어서 줄어들고, 따라서 여태 꼼짝 못하고 숨어 지내던 곰팡이 무리(효모)들이 득세하면서 김치에서 군내가 나고 국물이 초가 되어 간다. 일종의 부패다. 그러므로 아주 신 묵은 김치, 묵은지(漬,김치)에서는 유산균이 다 죽는다.

이제는 한국 사람들의 반 정도, 아니 그 이상이 아파트에 살지 않을까? 큰 탈났다, 겨울에 김칫독을 어디에 묻는단 말인가? 앞에서 유산균은 온도에 민감하다 했다. 그래서 온도를 낮고 일정하게 유지해 유산균들이 죽지 않게 하는 것을 개발했으니, 세상에 없는 '한국 고유종'인 김치 냉장고다. 김칫독을 응달에 묻었을 때 겨우내 독 속의 온도가 거의 변하지 않고, 섭씨 -1도 근방을 유지한다는 것을 알아차리고 흉내를 낸 것이 김치 냉장고라는 발명품 아닌가! 하긴 여느 발명품치고 필요의 산물 아닌 것 없고, 자연을 모방하지 않은 것 없다!

김치 유전자는 대물림된다

그렇다, 묵은지에 침이 동하는 것은 한국인의 특유한 김치 유전자가 발현한 탓이다. 그 유전 물질을 갖지 못한 다른 나라 사람들은 그 냄새에 코를 막고 구역질을 한다. 아무튼 이렇게 김치 하나에도 푹 익은 발효 과학이 들어 있

김장 모습. 배추를 절이고, 김치 속을 만들어 배추에 버무린다.

다. 그런데 불행하게도 아직은 김치에 살고 있는 미생물을 세세히 다 알지 못하고 있다. 오묘한 미생물의 세계라, 김칫독 안의 생태를 속속들이 알지 못한다. 그것을 다 알아낸다면 그 세균들을 순수 분리하고, 잘 키워서 김치 담글 때 넣어 주면 더 맛있는 김치, 시지 않는 김치 맛을 볼 수도 있을 텐데. 김치의 비밀 하나도 제대로 밝히기 어렵다 하니 '자연에 숨어 있는 비밀'은 정말 신비롭다.

우주의 진짜 지배자,
암흑 에너지

아인슈타인은 1915년에 일반 상대성 이론을 발표한 후에 우주 구조에 대해
더욱 연구했다. 그 결과 우주는 정적인 우주가 아니라 팽창하거나 수축하는
동적인 우주여야 함을 깨달았다. 우주는 공간적으로 무한하고 시간적으로
영원해야 한다고 믿고 있던 아인슈타인은 자신의 이론이 말해 주는 우주를
받아들일 수가 없었다. 그래서 우주가 정적인 상태로 존재하게 하는 요소
를 그의 우주 방정식에 삽입했다. 그가 삽입한 항은 중력에 대항해 우주를
안정한 상태로 유지하게 하는 척력(미는 힘)을 나타내는 것이었다. 이를 우주
상수(또는 우주항)라고 한다. 아인슈타인은 우주 공간이 중력 때문에 줄어드
는 것을 막는 에너지를 지녔다고 생각했던 것이다.

아인슈타인, 자기 이론에 말해 주는 우주를 거부하다

그러나 그의 생각은 1929년 이후 의미가 없어졌다. 그해 에드윈 파월 허블
(1889~1953년)이 우주가 팽창하고 있다는 걸 밝혔기 때문이다. 허블은 다른
은하에서 지구로 오는 빛의 적색 이동(적색 편이)을 조사했다. 적색 이동은 한

은하가 지구로부터 멀어지면 스펙트럼이 파장이 긴 쪽으로 이동하는 현상이다. 허블은 이 현상을 조사해서 은하들이 지구로부터 멀어지는 속도가 지구와 은하 사이의 거리에 비례한다는 깃을 밝혀냈다. 다시 말해 우주는 팽창하고 있는 것이다. 아인슈타인은 1931년 2월 3일 부인과 함께 허블이 연구하고 있던 윌슨 산 천문대를 방문했다. 거기서 그는 천문대 도서관에서 기자 회견을 가졌다. 그는 우주가 팽창하고 있음을 인정하고 자기가 도입했던 우주 상수를 폐기한다고 발표했다.

빅뱅 우주론의 증거는 우주적 잡음

그 후 우주의 팽창을 전제로 하는 우주론들이 제기되었다. 이런 이론들 중에서 가장 폭넓은 지지를 받고 있는 이론은 러시아 출신의 물리학자 조지 가모브와 랠프 앨퍼가 1948년 4월 1일에 제안한 대폭발 이론(빅뱅 이론)이다. 그들은 150억 년 전과 200억 년 전 사이의 어느 시점에 한 점에 모여 있던 질량과 에너지가 폭발적으로 팽창해 우주가 시작되었다고 주장했다. 많은 논쟁을 불러 왔던 이 이론이 받아들여진 것은 미국 벨 연구소의 연구원인 아노 펜지어스와 로버트 윌슨이 대폭발 이론에서 예측했던 우주 배경 복사를 발견한 후의 일이다. 그들은 초단파 통신을 위한 안테나를 정비하다가 우주의 모든 방향에서 오고 있는 잡음이 있다는 것을 알게 되었다. 그들은 이 잡음을 제거하기 위해 온갖 노력을 다했지만 없앨 수 없었다. 이 이야기를 전해들은 천문학자들은 이 잡음이 대폭발의 흔적이라고 할 수 있는 우주 배경 복사임을 확인했다. 우주 배경 복사의 발견으로 대폭발 이론은 널리 받아들여지는 우주론이 될 수 있었다.

우주의 종말은 어떻게 될까?

이제 과학자들은 우주가 과거에 어떤 속도로 팽창해 왔고 앞으로 어떻게 팽창해 우주의 종말이 어떻게 될 것인지에 대해 관심을 가지게 되었다. 우주

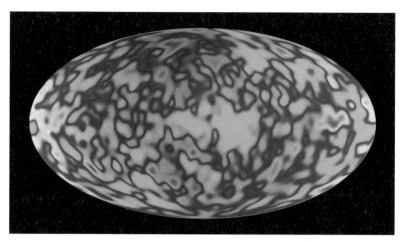

1992년에 COBE 위성이 발견한 우주의 '잔 물결'들. 태초의 우주가 부분부분 균일하지 않았음을 보여 준다. 하늘 전체를 나타내는 이 영상에서 차가운 곳(파란색)의 기체들이 뭉쳐 첫 은하의 맹아가 되었다.

가 팽창하는 동안 팽창에 영향을 주는 힘은 중력뿐이다. 자연에는 중력을 포함해서 네 가지 힘이 존재한다. 그런데 전자기력은 전기적으로 중성인 천체의 운동에는 영향을 주지 못한다. 약한 핵력과 강한 핵력과 힘이 미치는 거리가 극히 짧아(원자핵 영역 안이다.) 역시 천체의 운동에는 영향을 주지 못한다. 중력은 잡아 끄는 힘, 즉 인력으로만 작용한다. 따라서 중력은 우주의 팽창을 방해만 할 수 있다.

만약 우주에 존재하는 물질의 질량이 충분히 많다면 우주의 팽창은 어떻게 될까? 큰 중력에 의해 팽창 속도는 급격히 줄어들고 언젠가는 멈추었다가 다시 수축할 것이다. 이것은 공중으로 던져 올린 공이 올라가다가 다시 떨어지는 것과 마찬가지다. 그러나 우주에 존재하는 질량이 충분히 크지 않다면 우주는 속도가 줄어들더라도 팽창을 계속할 것이다. 이것은 탈출 속도 이상의 속도로 던져 올린 공은 속도가 줄어들면서도 지구를 영원히 떠날 수 있는 것과 마찬가지다.

과학자들은 우주의 팽창을 멈추게 하는 데 필요한 임계 질량이 얼마인지 계산해 보았다. 임계 질량은 우리가 측정한 우주의 평균 밀도보다 훨씬 컸다. 다시 말해 우주의 질량은 우주의 팽창을 저지할 만큼 충분하지 않다는 것을 나타낸다. 그러나 최근 암흑 물질이 우주에 존재한다는 사실이 발견되면서 사정이 달라졌다. 관측할 수 있는 보통의 물질은 임계 질량보다 적다고 해도 암흑 물질이 충분히 많으면 우주 전체의 무게가 늘어나 팽창을 멈출 수 있기 때문이다.

우주의 미래를 알기 위한 과학자들의 경쟁

얼마전부터 과학자들은 우주의 팽창 속도가 어떻게 변하고 있는지 알아보기 위한 관측을 하고 있다. 우주에 암흑 물질이 얼마나 존재하는지 알아낼 수 있는 방법을 발견한 것이다. 그들은 Ia형 초신성을 이용했다. Ia형 초신성이란 다른 별에서 날아온 물질이 백색 왜성에 쌓이다가, 이 백색 왜성이 일정한 질량에 이르러 폭발한 상태의 초신성이다. (질량이 원래 아주 큰 별이 마지막 단계에서 폭발하는 초신성을 II형 초신성이라고 부른다. 그 외에도 몇 가지 다른 초신성 분류가 있다).

과학자들은 Ia형 초신성의 밝기는 모두 같다는 것을 알아냈다. 따라서 Ia형 초신성의 겉보기 밝기만 측정하면 이 초신성까지의 거리를 계산할 수 있다. 초신성은 아주 밝아 아주 멀리 있어도 관측이 가능하다. 이 때문에 초신성은 수십 억 광년 떨어져 있는 천체까지의 거리도 잴 수 있는 강력한 자가 될 수 있다. 멀리 있는 Ia형 초신성에서 오는 빛은 우리에게 도달하기까지 오랜 시간이 걸린다. 이렇게 오랜 시간이 걸려 우리에게 도착한 빛의 스펙트럼을 분석하면 과거 우주의 팽창 속도를 알 수 있다.

알래스카 출신으로 하버드 대학교에서 천문학을 공부한 후 오스트레일리아의 스트롬로 산 천문대에서 연구하고 있던 브리언 슈미트와 하버드 대학교 시절 슈미트의 지도 교수였던 로버트 크리슈너가 주축이 된 High-Z 연구팀이 1990년대에 Ia형 초신성을 이용해 우주의 팽창 속도 변화에 대해 연구하기 시작했다. 이들이 연구를 시작하던 것과 비슷한 시기에 미국 로런스 버클리 국립 연구소에서 사울 펄뮤터를 주축으로 하는 SCP 연구팀도 같은 연구를 시작했다. 1996년에 미국 프린스턴에서 열렸던 학술 회의에서 펄뮤터는 8개의 초신성을 분석한 자료를 근거로 우주의 팽창 속도는 예상했던 대로 느려지고 있는 것 같다고 발표했다. 그러나 High-Z와 SCP 연구팀은 더 확실한 결과를 얻기 위해 연구를 계속했다.

우주의 팽창 속도는 더 빨라지고 있다!

1998년에 그들의 관측 결과가 나왔다. 그들의 관측 결과는 누구도 예상하지 못했던 것이었다. 그 결과에 따르면 우주의 팽창 속도는 느려지는 것이 아니라 빨라지고 있었다. 그들은 한동안 관측 결과를 믿을 수 없었다. 관측

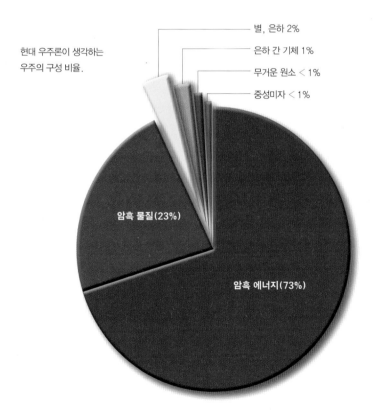

현대 우주론이 생각하는
우주의 구성 비율.

별, 은하 2%
은하 간 기체 1%
무거운 원소 < 1%
중성미자 < 1%

암흑 물질(23%)

암흑 에너지(73%)

게 성운의 초신성 잔해. 중심부는 펄서가 된다(중앙에서 왼쪽 위에 있는 밝은 두 별 아래). 펄서의 회전 때문에
주위의 기체가 가열되어 푸르게 빛난다.

결과를 수없이 재확인했고, 두 연구팀은 서로 상대방의 관측 결과를 분석해 보았다. 결과는 마찬가지였다. 그들이 얻은 결과에 따르면 오늘날 우주는 70억 년 전 우주에 비해 15퍼센트나 빨라진 속도로 팽창하고 있다. 그것은 질량에 작용하는 중력보다 더 큰 힘이 우주를 부풀리고 있음을 뜻한다. 이것은 우주 공간이 에너지를 가지고 있다는 것이다. 공간이 가지고 있는 이에너지는 우리가 지금까지 알고 있던 에너지가 아니었다.

과학자들은 이 에너지를 암흑 에너지라고 부르기 시작했다. 앞에서 썼듯이 아인슈타인은 중력에 의한 우주의 수축을 저지하기 위해 우주 상수를 도입했다 폐기했다. 그러나 이제는 우주 팽창을 가속시키는 암흑 에너지를 설명하기 위해 새로운 우주 상수를 도입해야만 했다.

암흑 에너지는 우주의 73퍼센트

더 놀라운 것은 암흑 에너지의 양이 우리가 관측할 수 있는 질량과 관측할 수 없는 암흑 물질을 합한 것보다도 훨씬 많다는 것이다. (물질과 에너지는 상호 변환이 가능한 양이어서 물질은 에너지로, 에너지는 물질로 환산해 비교하는 것이 가능하다.) 자료를 분석해 보면 존재하는 총 에너지의 73퍼센트가 암흑 에너지이고 23퍼센트가 암흑 물질이다. 우리가 관측할 수 있는 보통의 물질은 4퍼센트에 지나지 않는다. 이 4퍼센트의 대부분은 우주 공간에 흩어져 있는 성간 먼지나 기체이다. 지구와 태양 그리고 별과 은하를 구성하고 있는 물질은 전체 에너지의 0.4퍼센트에 지나지 않는다.

암흑 물질의 발견으로 우주는 충분히 검게 되었다. 그러나 이제 다시 암흑 에너지가 발견되었다. 우리는 이제 겨우 0.4퍼센트에 지나지 않은 희미한 불빛에 의존해 칠흑같이 검은 우주를 탐사해야만 되게 되었다.

키를리안 사진의 미스터리

키를리안 사진은 1939년 러시아의 전기공이었던 세묜 키를리안(1900~1980년)
이 우연히 발견했습니다. 키를리안 사진으로 인체나 어떤 물체를 촬영해 보
면 우리가 눈으로 볼 때는 없었던 빛이나 파장 등이 사물 주변에 나타나게
됩니다. 사람들은 이런 빛들이 촬영된 물체의 기(氣)나 아우라(Aura)가 아닌
가 생각했습니다. 하지만 키를리안 사진은 어떤 초자연적인 미스터리 현상
이 아닙니다. 살짝 떨어진 두 전극 사이에 고전압을 걸었을 때 생기는 코로
나 방전 현상을 이용한 사진입니다.

　키를리안 사진을 찍는 방법은 이렇습니다. 먼저 구리판을 놓고 그 위에
얇은 비닐 등을 깔아 절연시킵니다. 그 위에 필름을 놓고, 다시 찍고 싶은 물
체를 올립니다. 그런 다음 구리판과 물체에 순간적으로 고전압을 걸면 소위
‘스파크’가 튀게 됩니다. 이것이 필름에 감광되어 나타나는 것이 키를리안
사진입니다. 많은 사람들이 사진 촬영의 필수 요소로 카메라와 렌즈, 빛을
떠올립니다. 그러나 키를리안 사진처럼 카메라와 렌즈가 없어도 촬영이 가
능한 특수 촬영 분야도 많이 있습니다.

▲ 동전의 힘

요즘은 동전 하나로 할 수 있는 것이 많지 않아졌습니다. 하지만 아무리 적은 액수의 동전이라고 해도 경우에 따라 필요할 때가 있습니다. 이것은 키를리안 사진에서도 마찬가지입니다. 동전을 키를리안 사진으로 촬영하면 동전에서만 나타나는 특유의 전기 방전 모양을 볼 수 있습니다.

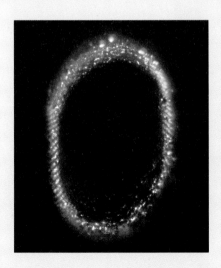

◀ 눈에 보이지 않는 손끝의 기운

손가락을 찍은 키를리안 사진. 손끝 주변의 묘한 빛을 두고 많은 사람들은 기와 같은 어떤 기운이 방출되는 모습으로 생각했습니다. 하지만 이것은 고주파 고전압의 전류가 사람의 손끝 주변에서 방전되며 나타나는 현상입니다. 즉 어떤 특별한 능력을 가진 사람들에게만 나타나는 것이 아닙니다. 여러분 모두의 손끝에서 나타날 수 있는 과학 현상입니다.

▲ 유령 나뭇잎?

키를리안 사진이 유명해진 결정적인 이유는 유령 나뭇잎(Phantom Leaf) 효과 때문입니다. 유령 나뭇잎 효과란, 잎사귀를 따다가 일부분을 잘라 낸 후에 키를리안 사진을 촬영해도 잘리기 이전의 완전한 모습대로 잎사귀의 아우라가 사진에 찍힌다는 것입니다. 아마도 사람들은 이 사진처럼 잎사귀 주변을 은은하게 감싸고 있는 빛이 잎사귀에 남아 있는 생명력의 모습이라고 생각했던 것 같습니다. 하지만 아쉽게도 그러한 주장은 과학적으로 증명되지는 못했습니다.

◀ 아기 솜털

솜다리라는 정겨운 이름의 이 꽃은 주로 높은 산에 사는 희귀종입니다. 사실 이 꽃은 영화 「사운드 오브 뮤직」의 노래에 나오는 '에델바이스'라는 이름으로 더 널리 알려져 있습니다. 알프스의 높은 산에 쌓인 눈 속에서 피어난다는 에델바이스는 인내와 용기의 상징으로 여겨집니다. 보송보송한 솜털이 많고 그 자그마한 모습이 마치 순수한 어린아이를 보는 것 같습니다.

▶ 단풍잎 별자리

사진 속 단풍잎은 마치 밤하늘에 떠 있는 은하수와 그 속의 별자리를 보는 것 같은 느낌을 줍니다. 같은 단풍잎이라도 수분을 머금고 있는 양에 따라 키를리안 촬영을 할 때 전기가 방전되는 형태가 달라집니다. 이 성질을 잘 이용하면 같은 대상을 촬영하더라도 다양한 모습을 담아낼 수 있습니다.

▼ 들꽃의 생명력

날씨가 따뜻해질 무렵 들판에 피어나는 이름 모를 꽃들은 익숙한 그 모습 때문에 사람들의 시선을 잘 끌지 못하곤 합니다. 하지만 그런 들꽃들도 키를리안 사진에서는 독특한 자신만의 아름다움을 보여 줍니다. 마치 겉으로는 보이지 않던 내면의 진정한 모습이 보이는 듯합니다.

돼지 회충, 사람 회충

아버지는 당뇨병이었다. 내가 어릴 적부터 아버지는 아침마다 인슐린 주사를 맞았는데, 인슐린이 담긴 약병에는 'porcine insulin'이라는 딱지가 붙어 있었다. 당시만 해도 난 지적 호기심이 왕성한 아이였기에 사전을 찾아보았다. 아니 이럴 수가. 'porcine'은 '돼지의', '돼지 같은'이란 의미였다. 그러니까 아버지는 돼지의 인슐린을 맞고 있었던 거다.

삼겹살 덕분에 지금은 돼지에게 고마운 마음을 갖게 됐지만, 그 시절 난 돼지에 대해 강한 편견을 갖고 있었기에, 잠깐 동안이었지만 아버지를 멀리하려 했던 기억이 난다. 유전 공학의 발달로 사람 인슐린의 DNA 서열이 밝혀졌고, 그것과 동일한 서열을 갖는 인슐린을 만들어 내게 되면서 돼지 인슐린을 맞는 일은 없어졌다. 그렇다고 하더라도 돼지 인슐린을 사람에게 써도 큰 부작용이 없다는 건 아무리 생각해도 놀라운 일이다. 대체 돼지는 사람과 어떤 관계가 있을까?

최초의 여성은 돼지?

프랑스 소설가 베르나르 베르베르가 쓴 『아버지들의 아버지』는 '최초의 인간'의 정체를 발견한 고생물학자가 살해당하는 것에서 시작된다. 여기에 의문을 품은 잡지사의 미녀 기자가 전직 기자와 더불어 이 사건을 파헤치는데, 그들이 알아낸 실체적 진실은 '이브'가 돼지였다는 것, 즉 영장류와 돼지가 같은 구덩이에 빠졌다가 첫 인간을 낳았지만, 돼지가 인간의 조상이라는 걸 역겨워한 학계에서 돼지 부분을 지우고 그냥 '원숭이에서 진화되었다.'라고만 주장해 왔다는 게 이 소설의 요지다.

갑자기 진화론을 반대하는 어떤 분의 말씀이 생각난다. "사람이 원숭이에서 진화된 거라는데, 동물원에 가 보세요. 사람으로 되는 원숭이가 한 마리라도 있나." 베르베르 식 세상이 가능하다면, 돼지와 원숭이를 같은 우리에 놓아둘 경우, 어쩌면 인간 비슷한 생물이 한 마리쯤은 태어날지 모르겠다.

돼지와 사람의 밀접한 관계는 기생충에서도 확인된다. 모든 동물은 자신만의 고유한 회충을 갖는다. 사람은 사람 회충, 개는 개 회충, 고래는 고래 회충 이런 식이다. 그런데 사람이 고래 회충알을 먹으면 알이 부화되어 유충이 위를 물어뜯을지언정 사람 안에서는 절대 성충으로 자라지 않는다. 사람에서 성충이 되어 알을 낳는 건 오로지 사람 회충 알뿐이다. 돼지 회충은 예외일까?

이에 궁금증을 가진 일본의 형제 기생충학자가 있었다. 형은 사람 회충 50알을, 동생은 돼지 회충 50알을 각각 먹었는데, 형이 회충 감염으로 인한 각종 증상에 시달린 반면 동생은 시종 멀쩡했다. 이들은 이 실험을 근거로 "돼지 회충 알은 사람에게 감염력이 없다."라고 주장했다. 비슷한 시기에 버클리란 사람이 돼지 회충의 유충을 빵에 싸서 돼지 두 마리와 나눠 먹기도 했다. 이때 돼지는 두 마리 다 돼지 회충에 걸린 반면 버클리 자신은 전혀 감염되지 않아 그 주장이 맞는다는 걸 재확인했다.

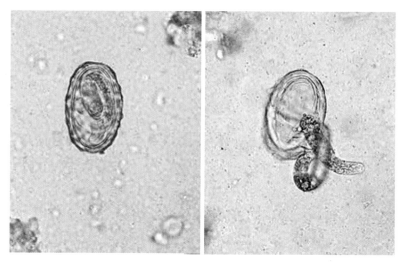
부화되고 있는 사람 회충의 알.

사람이 돼지 회충 알을 먹으면 어떻게 되니?

하지만 그와 반대되는 사례들이 나오기 시작했다. 다카타라는 일본 학자가 돼지 회충의 알을 사람한테 먹여서 감염시키는 실험에 성공한 것을 필두로 비슷한 사례가 여기저기서 나왔다. 앤더슨이라는 학자는 DNA 염기 서열을 근거로 북아메리카 지역의 회충 감염자 9명이 돼지 회충 때문임을 입증한 바 있다. 또 네이섬이라는 학자는 덴마크 학술지에 실린 논문에서 다음과 같은 주장을 폈다.

덴마크에서 회충에 걸린 사람은 죄다 회충 유행지에 다녀온 사람이었는데, 비보그 주(덴마크 지명)를 조사해 봤더니 지난번에 회충에 걸린 사람은 돼지에게서 감염된 것이었다. 우리 같은 선진국에서는 이렇게 돼지에서 사람으로 회충이 전파될 수 있으니 돼지 똥과 접촉하는 걸 조심해야 한다. 특히 어린이들!

과연 누구 말이 맞는 걸까? 여기에 대해 아직도 논쟁이 계속되고 있지만,

기생충학계는 "회충의 유행지에서 돼지 회충과 사람 회충의 교차 감염이 일어나고 있다."라는 크롬턴 박사의 손을 들어 주는 분위기고, 우리나라 역시 사람에서 나온 회충의 일부가 돼지 회충이라는 게 밝혀진 바 있다.

그렇다고 해서 너무 돼지를 두려워할 일만은 아니다. 중국의 펑이라는 학자는 돼지에게 사람 회충의 알을 감염시켜 봤는데, 47마리의 돼지 중 단 한 마리에서만 감염이 이루어졌단다. 그는 이 실험을 토대로 "둘 사이에 교차 감염이 일어난다 할지라도 매우 낮은 수준일 것"이란 결론을 내렸다. 연구 윤리 기준의 강화로 인해 이제 돼지 회충을 사람에게 먹이는 실험을 할 수는 없지만, 펑의 실험 결과로 추측하건대 사람이 돼지 회충에 걸리는 건 극히 드문 경우가 아닐까 싶다. 돼지 회충 알을 50개나 먹었던 일본 학자에서 아무런 증상이 없었던 이유도 거기 있으리라.

원래 나쁜 건 다 돼지 탓을 하기 마련

드물지만 교차 감염이 일어나고, 형태학적으로 구별이 안 가는 데다가, DNA 서열도 아주 비슷한 돼지 회충과 사람 회충, 이 둘의 조상이 같다는 데 생각이 미치는 건 지극히 당연한 추론일 거다. 그렇다면 최초의 숙주는 무엇이었을까? 사람의 회충이 돼지로 간 것일까, 아니면 돼지 회충이 사람으로 간 것일까? 사람들은 원래 나쁜 건 다 돼지 탓을 하기 마련, 클릭스란 학자가 이에 대해 명쾌하게 답했다.

원래 돼지 회충이 있었는데, 신석기 시대인가 구석기 시대인가 사람이 돼지를 기르게 되면서 돼지 회충이 사람에게 전파된 거다. 멧돼지를 봐. 전부 돼지 회충에 걸려 있잖아? 이건 돼지를 사육하기 전부터 돼지 회충이 있었다는 얘기야.

인간이 돼지를 기르기 시작한 것은 대략 9,000년 전이라고 한다. 실제로 2만 5000년 전 유적을 보면 사람들이 멧돼지를 사냥하러 다니는 벽화가 있으니, 그 전에는 돼지를 기르지 않았던 게 확실해 보인다. 만일 멧돼지가 회충의 기원이 되는 숙주라면, 그래서 돼지를 기르면서 돼지 회충이 사람에게 넘어온 것이라면 9,000년 이전의 화석에선 회충알이 발견되어선 안 된다.

미안하다 돼지야

하지만 클릭스에게는 무척이나 안타까운 일이 생겼다. 프랑스의 부르고뉴란 곳에서 옛 동굴이 발굴되었는데, 거기서 사람 회충의 알이 발견된 것이다. 벽화 몇 점이 남아 있는 그 동굴은 대략 3만 년 전의 유적으로 추정되었고, 돼지의 흔적은 전혀 발견되지 않았다.

그렇다면 진실은 명백하다. 사람이 원래 회충을 가지고 있었고, 그러다 돼지를 키우게 됐다. 먹성이 좋은 그 돼지는 사람의 변을 먹었을 테고, 사람과 비슷한 환경을 가진 돼지의 장에서 회충 알이 부화되어 성충으로 자랐을 것이다. 그렇게 오랜 세월이 흐르면서 돼지 회충과 사람 회충은 각각 다른 종으로 독립한 것이었다. 돼지를 기르지 않았던 아프리카 누비아 유적의 미라에서도 회충 알이 발견되었다는 사실은 돼지 회충을 전파한 이가 인간이었음을 말해 준다.

그래, 돼지와 사람이 밀접한 관계가 있고, 돼지에게 회충을 전파한 게 사람이라고 치자. 그게 뭐 어쨌다고? 이런 밀접한 관계 덕분에 돼지가 인간에게 장기를 이식할 가장 좋은 모델로 꼽힌다는 거다. 인공 장기는 말은 그럴 듯하지만 실용화가 요원하고, 다른 사람의 장기는 언제나 수요보다 공급이 부족한지라, 현재 가장 실용성 있는 모델은 여러 모로 인간과 비슷한 돼지일 수밖에 없다.

실제로 '돼지와 장기 이식'으로 검색을 해 보면 꽤 많은 기사가 뜨는데, 《더 타임스》기사에 따르면 앞으로 10년 이내에 돼지 장기가 인간에게 이식될 수 있단다. 꼭 돼지가 우리와 밀접해서가 아니라 앞으로 올지도 모를 그 시대를 대비해서라도 돼지에 대한 편견을 교정해 나갈 필요가 있다. 지금처

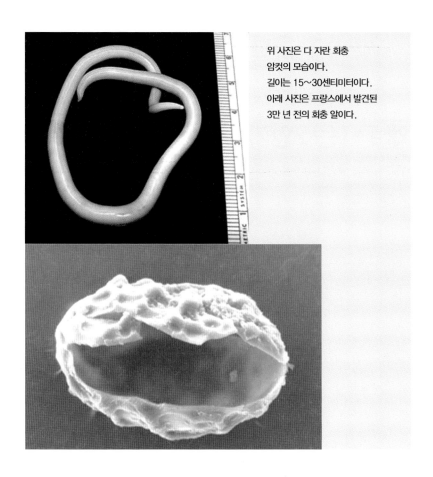

위 사진은 다 자란 회충
암컷의 모습이다.
길이는 15~30센티미터이다.
아래 사진은 프랑스에서 발견된
3만 년 전의 회충 알이다.

럼 "이 돼지야!"란 말이 욕으로 통용되는 추세가 계속된다면, "돼지의 심장을 가진 사람과는 사귀지 않겠다."라고 말하는 사람이 있을 것 같아 심히 걱정스러우니 말이다.

왜 1+1은 2인가?

발명왕 토머스 에디슨이, "찰흙 한 덩이에 찰흙 한 덩이를 더하면 여전히 한 덩이이므로 1＋1＝1일 수도 있다."라고 질문해서 선생님의 말문을 막은 적이 있다는 일화가 있다. 많은 사람들이 이 일화에 공감하는 것을 볼 수 있다. 에디슨은 오른손에 한 덩이를 들고, 왼손에 한 덩이를 든 다음, 두 덩이를 합쳐서 한 덩이라고 말을 했다는데 과연 에디슨의 말은 옳은 것일까? 곰곰이 생각해 보자.

찰흙 두 덩이를 더하면 한 덩이다?

에디슨이 오른손에 든 한 덩이와 왼손에 든 한 덩이는 같은 한 덩이일까? 정확히 무게를 재 보고 부피를 재 보거나 모양을 보면 틀림없이 다를 것이다. 양쪽이 다른데도 같은 '한 덩이'라는 말을 쓴 것을 보면, 에디슨에게는 '한 덩이'란 '한 손으로 쥘 수 있는 양' 정도의 뜻이었을 것이다. 그럼 양손에 든 한 덩이씩을 합친 것은 한손으로 쥘 수 있는 양일까? 아닐 것이다.

즉 에디슨의 주장 1＋1＝1에서 등호(＝) 뒤에 나오는 1은 등호 앞에 나오

는 2개의 1에서와 뜻이 달라진 것이다. 따라서 에디슨의 주장은 사실이 아니다. 더구나 '한 덩이'는 사람마다 기준이 달라지는 '애매모호한' 단위라는 사실을 지적할 수 있다. 애매모호하지 않은 단위인 그램(g) 같은 것을 썼더라면 이런 잘못을 범하지는 않았을 것이다.

왜 1+1＝2인가를 누군가 물어본다면?

대부분의 사람은 1+1＝2라는 사실을 알고 있고, 아마도 사람이 태어나서 가장 처음 배우는 '공식'일 것이다. 그런데 막상 이 공식이 왜 성립하는지 이유를 아느냐, 혹은 증명을 어떻게 하느냐고 물어보면 대부분의 반응은 두 가지로 나눌 수 있다.

　1. 당연하잖아. 증명할 필요조차 없다.
　2. 모르겠다. 증명이 어렵다고 들었다.

　하긴 '3. 난 수학이 싫어.'나 '4. 그걸 왜 나한테 물어?'가 더 많을 것 같다. 어떻게 보면 아주 상반되는 반응인데 왜 이런 일이 생긴 것일까? 사실 1번의 반응을 보이는 사람이 많고, 실제로도 1+1＝2인 이유는 당연하다고 말해도 무방할 정도로 간단하지만 그 '당연'한 얘기를 잠시 써 보자.

　1, 2, 3, …과 같은 자연수는 사람이 돌멩이 같은 사물의 개수를 세면서 자연스럽게 배우는 수이다. (동물 중에 오직 사람만이 자연수의 개념을 안다.) 개수를 알고 난 뒤, 사람이 가장 먼저 배우는 연산이 '덧셈'이다. 예를 들어 돌멩이

버트런드 러셀(왼쪽) 앨프리드 화이트헤드(오른쪽).

5개가 있는데, 돌멩이 1개를 더 가져다 놓으면 전부 몇 개냐는 종류의 지극히 당연한 질문에서 출발한 연산이기 때문이다. 앞서의 질문을 수식으로 표현한 것이 바로 5 + 1을 구하는 문제이다. 마찬가지로 1 + 1을 구하라는 것은 돌멩이 1개에 돌멩이 1개를 더 가져다 놓을 때 몇 개냐는 질문을 숫자로 쓴 것에 불과하다. 답이 2일 수밖에 없는 것이다.

1+1=2를 증명하려면 무척 어렵다던데요

그런데 왜 1 + 1 = 2를 증명하는 것이 어렵다는 소문이 난 것일까? 이러한 말이 나도는 기원 중 하나로는 버트런드 러셀(1872~1970년)과 앨프리드 노스 화이트헤드(1861~1947년)의 『수학 원리(*Principia Mathematica*)』라는 책이 꼽히고 있다. 이 책은 수학자들이 보기에도 난해하기 짝이 없는 기호를 동원해 1 + 1 = 2를 증명하는데, 그 증명이 360쪽에 나온다고 알려져 있다. (몇 번째 판이냐에 따라 약간의 차이는 있다.)

그렇긴 하지만 여기에서 간과한 점이 하나 있다. 저 책은 1＋1＝2 하나만을 증명하기 위해 쓴 책이 아니므로, 앞쪽에 1＋1＝2의 증명과는 관련이 없는 내용이 아주 많이 들어 있다는 사실이다. 이 책은 이른바 기호 논리학, 집합론을 철저하게 밑바닥부터 구성하기 위해 쓴 책이기 때문에 '논리' 자체와, 집합론, 자연수까지도 최소한의 원리만을 가지고 완벽하게 구성한 다음에야 1＋1＝2와 같은 사실을 '증명'하고 있다. 그러니 그 증명이 한참 뒤에 나올 수밖에 없다. 이 『수학 원리』는 내용이 거의 기호로 설명되어 있어 읽기가 어렵기로 유명하다. 그래서 실제로 『수학 원리』를 다 읽은 사람은 총 세 명, 저자 두 사람과 수학자 쿠르트 괴델(1906~1978년, 불완전성의 정리로 유명하다.)밖에 없다는 전설이 있다.

1+1=2를 증명하는 페아노 공리계

예전에 모 드라마에서 수학 천재인 주인공이 "페아노 공리계를 이용해서 1＋1＝2를 증명한다."라는 말을 해서 잠깐 화제가 된 적이 있는데, 대체 무슨 뜻일까?

앞서 설명한 1＋1＝2인 이유를 다시 살펴보자. 엄밀히 따지면 돌멩이를

$$*54\cdot43. \quad \vdash:. \ \alpha, \beta \ \epsilon \ 1 . \supset : \alpha \cap \beta = \Lambda . \equiv . \alpha \cup \beta \ \epsilon \ 2$$

Dem.

$$\vdash . *54\cdot26 . \supset \vdash:. \ \alpha = \iota'x . \beta = \iota'y . \supset : \alpha \cup \beta \ \epsilon \ 2 . \equiv . x \neq y .$$
$$[*51\cdot231] \qquad\qquad\qquad\qquad\qquad\qquad\qquad\qquad \equiv . \iota'x \cap \iota'y = \Lambda .$$
$$[*13\cdot12] \qquad\qquad\qquad\qquad\qquad\qquad\qquad\qquad \equiv . \alpha \cap \beta = \Lambda \qquad (1)$$
$$\vdash . (1) . *11\cdot11\cdot35 . \supset$$
$$\vdash :. (\exists x, y) . \alpha = \iota'x . \beta = \iota'y . \supset : \alpha \cup \beta \ \epsilon \ 2 . \equiv . \alpha \cap \beta = \Lambda \qquad (2)$$
$$\vdash . (2) . *11\cdot54 . *52\cdot1 . \supset \vdash . \text{Prop}$$

From this proposition it will follow, when arithmetical addition has been defined, that $1 + 1 = 2$.

수학 원리에 나오는 1+1=2의 증명. 기호가 가득하여 알아볼 수 없다.

이용해 '설명'한 것이지 '증명'한 것은 아니라는 반론이 있을 수 있다. 그렇다면 1＋1＝2임을 증명하기 위해 하는 수 없이 『수학 원리』를 매일 한 쪽씩 1년 동안 읽어야 하는 것일까? (그래도 낮새는 남는다.) 그렇지 않다는 것을 보여 주는 대표적인 것이 바로 페아노 공리계이다.

사실 1＋1＝2는 자연수 '1'과 '2'가 무엇인지, 자연수의 덧셈 '＋'가 무엇인지 명확히 해 주는 순간, 어이없을 정도로 당연히 증명돼 버린다. 그래서 "이게 뭐야?"라는 소리가 절로 나오는 증명이다. 그러니까 드라마에서 수학 천재를 보여 주는 장치로는 적절하지 않다는 이야기다. 아래를 더 읽어 보면 알겠지만, 덧셈을 '정의'하기 시작하자마자 증명이 나올 것이다.

'자연수가 무엇이냐', '덧셈이 무엇이냐'를 명확히 정의하는 공리 체계가 여러 개 있는데, 그중에서도 가장 직관적이고 자연스러워 많이 애용되는 공리 체계가 바로 이탈리아 수학자 주세페 페아노(1858~1932년)가 고안한 '페아노 공리계'이다.

페아노 공리계는 무엇인가?

페아노 공리계가 자연스러운 것은, 사실 사람이 자연수를 배우는 방법인 손가락을 꼽는 방법을 그대로 흉내 내었기 때문이다. 누구나 처음 숫자를 배울 때는 손가락을 꼽는다. 이유도 모르면서 그냥 손가락을 하나 꼽으면서 그것을 1이라고 부른다. 이것을 수학적으로는 "1은 자연수이다."라고 말한다.

그럼 1만 자연수일까? 어린아이는 손가락을 더 꼽으면서 1 다음은 2이고, 2 다음은 3이고, 3 다음은 4이고, ……. 이런 식으로 모든 자연수를 다 배웠을 것이다. 이것을 '손가락' 같은 용어를 빼고 수학적으로 표현하자면 "n이 자연수이면, 'n 다음 수'는 자연수이다."가 된다. n 다음 수를 n'이라고 쓰기로 하면, $1'=2, 2'=3, 3'=4, \cdots$ 라고 쓸 수 있다. 한편 1에 대해서는 "$n'=1$인 자연수 n은 없다."가 성립한다.

자연수는 이제 잘 알겠지 싶은 아이에게 숫자를 세어 보라고 물어보면, 1,

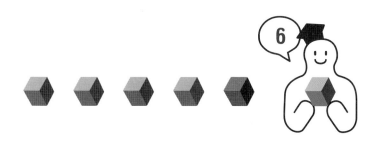

2, 3, 5, … 같은 식으로 숫자를 한두 개쯤 건너뛰는 일은 흔한데, "3 다음은 5 가 아니야."라고 알려 주어야 자연수의 개념을 제대로 알려 주는 게 되는 것 이다. 앞서 나온 '다음 수'의 용어를 써서 표현하면, "3의 다음 수는 4의 다 음 수와 다르다."라고 쓸 수 있다. 이것을 더 일반적으로 표현하면 "m과 n 이 다르면, m'과 n'도 다르다."가 된다.

이 정도만 알면 자연수는 다 안 것이나 다름없다. 즉 위의 네 가지 성질을 갖는 가장 작은 것이 바로 자연수라는 것이 이름도 거창한 '수학적 귀납법 의 원리'이다. 이것을 식으로 표현하면 "$1 \in P$이고, 모든 $n \in P$에 대해 $n' \in$ P가 성립하면 P는 자연수 집합을 포함한다(여기서 $1 \in P$라는 것은 1이 P라는 집합에 속한다는 뜻이다.)."가 된다. 앞의 다섯 가지를 공리로 해 자연수를 정의한 것을 '페아노의 공리계'라고 한다. (참고로 자연수를 0부터 시작하는 경우도 있다. 이 글에서 는 원래대로 1부터 시작했음을 밝혀 둔다.)

    1. 1은 자연수이다.

    2. n이 자연수이면, n 다음 수 n'는 자연수이다.

    3. $n' = 1$인 자연수 n은 없다.

    4. m과 n이 다르면, m'과 n'도 다르다.

    5. $1 \in P$이고, 모든 $n \in P$에 대해 $n' \in P$가 성립하면 P는 자연수 집합을 포함한다.

덧셈의 본질은 무엇인가?

이제 자연수 집합에서 덧셈 $a+b$를 정의해 보는데, 이것 역시 처음 덧셈을 배울 때를 돌이켜보자. 아이들이 머리가 발달하면서 돌멩이 5개에 1개를 더 놓으면, 굳이 처음부터 세지 않고도 다섯의 다음 수가 여섯임을 떠올리고 6개라는 것을 쉽게 알아채는 단계에 이르게 된다. 즉, '1개를 더하면 다음수'라는 얘기인데, 식으로 쓰면 아래와 같다.

$$m+1=m'$$

여기서 $m=1$이면 $1+1=1'$가 된다. 그런데 $1'$을 2라고 부르기로 했으므로 $1+1=2$일 수밖에 없다! 다시 말해, "어떤 수에 1을 더하면 다음 수인데, 1의 다음 수는 2"라는 말이 $1+1=2$라는 공식의 본질을 담고 있다.

원하는 $1+1=2$는 증명했지만, 아쉬운 점이 많다. $m+1=m'$은 자연수에 1을 더하는 방법은 가르쳐 주지만 2나 3 등을 더하는 방법을 가르쳐 주지 않기 때문이다. 그러므로 아직은 $3+4=7$ 같은 것을 증명할 수는 없다. 다시 돌멩이의 비유를 들자. 아직 덧셈을 모르는 아이에게 돌멩이 3개가 있는 곳에 돌멩이 4개를 놓으면서, 개수를 물어보면 곧바로 대답하기가 힘들다. 하지만 돌멩이 4개를 놓을 때 하나씩 천천히 놓으면 이야기가 달라진다. 돌멩이를 1개 놓으면 개수가 4개이고, 1개 더 놓으면 개수가 5개이고 하는 식으로 1개씩 더 놓을 때마다 개수가 전보다 하나 많아진다는 것을 알기 때문이다. 이것을 기호로는 아래와 같이 쓴다.

$$m+n' =(m+n)'$$

이 두 가지 성질만 알면 덧셈은 모두 알게 된다. 좀 더 도전해 보고 싶다면 $1+7$이 8이라는 것을 증명해 보기 바란다. $7+1=8$이라는 것은 이미 설명

했다. 하지만 1＋7은 7＋1과는 약간 다르다. 아직 교환 법칙을 증명하지 않
았기 때문이다.

이미지 사이언스 **01.21**

우주의 어둠을 밝히는 별

차가운 성간에서 태어나 우주를 밝히는 보석 같은 별. 별은 오랜 옛날부터 인간에게 우주를 가르쳐 주었다. 그런데 별이란 무엇일까? 별은 핵융합을 통하여 스스로 빛을 내는 천체로 정의된다. 별은 차갑고 어두운 성간(星間)에서 태어나 우주를 밝히고 또 데운다. 별은 인간에게 우주를 가르쳐 주기도 한다. 태곳적부터 인간은 어두운 밤에 빛나는 별을 보고 우주를 인식하게 되었다. 과학자들은 별이 빛나고 있음으로 인해 우주의 크기를 가늠할 수 있게 되었다. 별은 얼마나 많을까? 천문학자 요하네스 케플러는 별이 무한히 많고 우주가 무한하다면 밤하늘은 어둡지 않을 것이라고 생각했다. 그렇지만 밤하늘은 다 알듯이 밝지 않다. 왜 그럴까? 이런 과학자의 호기심이 우주가 팽창한다는 사실을 발견하게 했고 우주의 기원을 생각하도록 이끌었다. 별은 우주의 바다를 항해하는 인간에게 등대의 역할을 하는 것이다.

▶ 별처럼 많은 별

별처럼 많다는 말이 무슨 뜻일까? 여기 그 답이 있다. 사진은 궁수자리의 한 부분을 허블 우주 망원경이 촬영한 것이다. 셀 수 없을 정도로 많은 별들이 구름처럼 모여 있다. 알고 보면 밤하늘의 별과 별 사이 어두운 공간 너머에도 수많은 별이 숨어 있다. 큰 망원경으로 보면 그 보이지 않던 찬란한 별들이 드러난다.

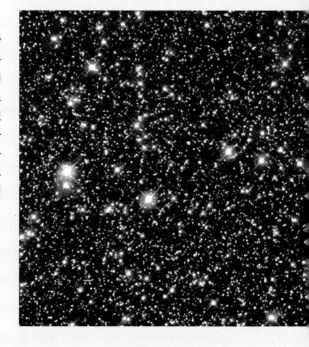

▲ 차고 어두운 별의 요람

소마젤란 은하 안의 NGC 602 성운을 촬영한 것이다. 500만 년 전에 새로운 별들이 태어나 자신들의 요람인 성운을 빛나게 만들고 있다. 별이 태어나는 곳은 절대 온도 10도(섭씨 −263도)의 아주 차갑고 어두운 성운 속이다. 우주를 밝히는 뜨거운 별이 우주에서 가장 차갑고 어두운 곳에서 태어난다는 것은 매우 역설적이다.

▼ 보석처럼 빛나는 별

소마젤란 은하 안의 산개 성단인 NGC 290 별들이다. 보석 상자 속의 보석들보다 더 눈부시게 빛나고 있다. 별들은 각기 다른 색깔을 갖는다. 별의 색깔은 맨눈으로 볼 때보다 사진으로 더 잘 드러난다. 색깔은 별의 표면 온도에 따라 달라진다. 붉은 별은 표면 온도가 3,000도 정도로 낮고, 푸른 별은 1만 도 정도로 높다.

▲ 1000만 대군

남반구 켄타우루스자리의 오메가 별은 맨눈으로 보면 하나의 별처럼 보인다. 그러나 오메가 별은 하나의 별이 아니라 1000만 개의 별이 공처럼 뭉친 구상 성단이다. 이 구상 성단은 1만 5000광년 거리에 있다. 우리 은하 중심을 둘러싸고 있는 160여 개 구상 성단들 중에서 가장 커서 지름이 150광년이나 된다.

▶ 함께 태어나 무리 짓는 별

황소자리 방향으로 430광년 거리에 있는 플레이아데스 성단(M45)의 별들과 그것을 둘러싼 성운의 모습이다. 이 사진은 NASA의 적외선 우주 망원경 스피처로 촬영한 것이다. 스피처 우주 망원경은 성운 속에 숨어 있는 어두운 적외선 별을 볼 수 있게 해 준다. 플레이아데스 성단의 별들은 5000만 년 전에 하나의 성운에서 같이 태어난 한 자매 별들이다. 그리스 신화에서는 이 성단을 아틀라스와 그 딸들인 일곱 자매 별로 부르지만 이 성단에는 무려 3,000개의 별이 있다.

▲ 별의 탄생과 죽음

이 사진에는 별의 일생이 모두 나타나 있다. 오른쪽 아래의 밀도가 높은 기체 덩어리 속에서 새로운 별들이 형성되고 있다. 가운데에는 젊고 밝은 별들이 모여 있는 모습이 보인다. 이들은 자외선을 내뿜어 성간 물질을 날려 보내고 성단으로 모습을 선명하게 드러내고 있다. 왼쪽 위에 있는 큰 별들은 외곽부가 팽창해 빛나는 가스 고리를 만들고 있다. 종말이 가까운 것이다. 별은 성간에서 태어나 다시 성간으로 되돌아간다.

◀ 우주의 어둠을 밝히는 별

별은 성간의 수소 기체와 먼지 덩어리가 중력에 의해 모이면서 만들어진다. 이렇게 모인 물질은 수축하면서 중심의 온도가 점점 올라간다. 온도가 400만 도를 넘어서면 수소가 헬륨으로 바뀌는 핵융합 반응의 불이 붙는다. 별로서 그 존재를 드러내게 되는 것이다. 사진은 전갈자리에 있는 NGC 6357 성운에서 새로 태어난 별들이다. 사진 위쪽의 밝게 빛나는 별들은 모두 태양보다 질량이 크고 밝다. 가장 밝은 별(Pismis 24-1)은 지금까지 발견된 별들 중에서도 가장 질량이 큰 별에 속한다.

신의 입자를 때릴 LHC

조선에서 임진왜란이 일어났던 1592년, 지구의 반대편에서는 이탈리아의 갈릴레오 갈릴레이가 피사 대학교에서 파도바 대학교로 자리를 옮겼다. 전설적인 일화에 따르면 1년 전 갈릴레이는 피사의 사탑에서 그 유명한 낙하 실험을 했다. 여느 전설과 마찬가지로 피사의 일화에는 거짓과 과장이 섞여 있다. 실제로 갈릴레이가 피사의 탑에서 낙하 실험을 하지는 않았지만 이 일화는 갈릴레이에게 근대 과학의 아버지라는 심상을 굳혀 주었다.

갈릴레이가 '지구는 돈다.'라고 확신했던 것은 망원경 덕분

갈릴레이가 남긴 가장 유명한 말은 "그래도 지구는 돈다"이다. 갈릴레이가 지동설을 주장하다가 종교 재판을 받고 나서 중얼거렸다고 널리 알려진 말이다. 역사가들은 갈릴레이가 이 말을 실제로 했는지 확실하지는 않다고 한다. 그러나 갈릴레이가 '그래도 지구는 돈다.'라고 생각했다는 것은 확실하다. 갈릴레이가 그렇게 확신할 수 있었던 것은 자신이 직접 제작한 망원경 덕분이었다. 갈릴레이는 이 8배율 망원경으로 목성의 위성과 금성의 위상

대형 강입자 충돌기(LHC)와 CERN의 항공 사진. 붉은 원을 따라 지하에 LHC가 건설되어 있다.

변화를 관찰해 지동설의 증거를 발견했다. 지금으로부터 400년 전의 일이다.

갈릴레이 이래로 망원경은 천체를 관측하는 가장 중요한 기구였고 이것은 지금 21세기에도 여전히 사실이다. 망원경뿐만 아니라 인간은 유사 이래 수많은 관측 장비를 발전시켜 왔다. 이런 장비들은 인간의 오감을 극적으로 넓혀 천상의 비밀과 자연의 근본 원리를 엿볼 수 있게 해 주고 있다.

관측의 본질은 충돌이다

맨눈으로든 망원경을 통해서든 우리가 사물을 눈으로 본다는 것은 대상물에서 튕겨 나오는 빛을 시신경이 감지해 뇌가 종합적인 영상을 만들어 내는 과정이다. 여기서 가장 중요한 요소는 빛과 대상물의 충돌이다. 충돌은 가장 단순한 물리적 상호 작용의 한 형태이다. 시각에 익숙한 우리는 사물을 '그냥' 볼 뿐이지만 시각이 여의치 않은 경우에는 빛 말고 다른 종류의 충돌이 필요하다.

시각 장애인의 지팡이는 이 역할을 훌륭하게 수행한다. 이분들은 지팡이를 주변에 두들겨 손끝으로 전해 오는 정보를 종합해서 사물을 '본다.' 박쥐같은 동물들은 초음파를 이용하기도 한다. 그깟 신호들이 얼마나 유용할까 하고 고개를 갸웃거리는 사람들도 초음파로 찍은 태아의 영상을 보면 자신의 생각을 아마 바꿀 것이다. 빛이 제 역할을 못하는 바다 속에서 잠수함을 찾으려면 소리를 이용할 수밖에 없다. 수백 킬로미터 밖에서 배나 비행기를 보려면 우리는 눈에 보이지 않는 전파를 쏘아 대상물과의 충돌을 기대한다.

충돌기란 원자 단위 이하의 세계를 관측하는 거대한 현미경

과학자들이 원자 단위 이하의 세계를 관측할 때에도 충돌이 필수적이다. 그 안에서 무슨 일이 벌어지는지, 세상을 구성하고 있는 가장 작은 기본 입자들이 어떻게 작동하고 있는지를 알아보려면 거기에다 뭔가를 두들겨 봐야 한다. 그래서 과학자들이 만든 기계가 바로 '충돌기(collider)'이다.

지난 2008년 9월10일 공식 가동에 들어간 유럽 원자핵 공동 연구소(CERN)의 대형 강입자 충돌기(Large Hadron Collider, LHC)는 미시 세계를 탐구하기 위한 과학자들의 노력의 결정판이다. 강입자(hadron)란 강한 핵력으로 뭉친 입자들을 일컫는다. LHC는 말하자면 갈릴레이의 망원경 이래로 인간이 자연의 근본 원리를 탐색하기 위해 건설한 사상 최대의 과학 설비이다. 원자 이하의 세계를 관찰하는 일종의 현미경이라고도 볼 수 있다. 그러나 역설적이게도 미시 세계를 탐험하는 이 현미경은 그 둘레가 무려 27킬로미터에 이른다.

망원경으로 사물을 보려면 그 사물에 충돌하는 빛이 있어야 한다. LHC 는 빛 대신 주로 원자핵을 이루는 입자인 양성자를 사용한다. 그런데 우리 가 LHC를 이용해서 보고 싶은 것은 양성자 안에 들어 있다. 즉 양성자보다 훨씬 작은 기본 입자를 보고 싶은 것이다. 그래서 LHC에서는 양성자와 양 성자를 정면 충돌시킨 후 나타나는 현상을 살펴본다.

LHC에서 양성자들은 엄청나게 세게 충돌한다. 물리학적으로 표현하면 충돌의 에너지가 크다. 이 충돌 에너지 때문에 양성자는 그 구성 성분들인 쿼크(quark)나 접착자(gluon, 강한 핵력을 매개하는 입자로서 쿼크들을 묶어 주는 역할을 한 다.)들로 부서진다. 충돌 에너지가 커질수록 양성자를 깨뜨려 그 안의 기본 입자들에게 전달할 수 있는 에너지도 커진다. 높은 에너지의 기본 입자들은 지금까지 우리들이 여태 보지 못했던 상호 작용을 통해 새로운 현상을 보여

마무리 공사 중인 LHC의 모습. 2007년 말의 풍경이다.

LHC의 검출기 중 하나인 CMS의 건설 중 모습.

줄 수 있다. 이는 마치 망원경의 해상도가 좋아져서 예전에 흐릿하게 보이던 상을 매우 선명하게 볼 수 있는 것과도 같다. 높은 해상도는 높은 에너지를 요구한다.

빅뱅의 순간을 엿볼 망원경, LHC

과학자들이 LHC에 큰 기대를 거는 이유는 이 기계가 전대미문의 에너지로 양성자를 충돌시키기 때문이다. 아인슈타인의 그 유명한 공식 $E = mc^2$에 따라 에너지는 항상 질량과 등가의 관계에 있다. LHC 이전의 최대 설비였던 미국의 테바트론(Tevatron)은 양성자를 자기 질량의 약 1,000배 정도 되는 에너지로 충돌시켰다. LHC에서는 서로 반대 방향으로 가속하는 양성자가 각각 자기 질량의 7,000배나 되는 에너지로 충돌하기 때문에 전체 충돌 에너지는 양성자 질량의 1만 4000배에 이른다. 이 정도의 에너지면 양성자를 깨뜨림은 물론 그 안의 기본 입자들에게 양성자 질량의 1,000배가 넘는 에너지를 안길 수 있다.

　과학자들은 오랜 세월 연구를 통해 기본 입자들이 양성자 질량의 1,000배가 넘는 에너지로 충돌하면 입지 물리학의 신세계를 열어 주리라고 확신하게 되었다. 이 정도의 에너지는 대폭발 직후 약 1000억분의 1초가 지난 우주의 에너지와도 같다. 그러니까 LHC는 여지껏 흐릿하게 가려져 있었던 우주의 과거를 보다 높은 해상도로 선명하게 보여 주는 망원경인 셈이다.

미시 세계를 보는 눈, 6개의 입자 검출기

LHC는 27킬로미터의 양성자 빔 라인(beam line)을 따라 곳곳에 양성자가 충돌하는 지점이 있다. 충돌 지점에는 엄청난 크기의 입자 검출기가 설치되어 양성자가 정면 충돌한 결과 어떤 입자들이 어떻게 새로이 생겨났는지를 생생하게 알 수 있다. 그래서 검출기는 우리의 눈과도 같다. LHC에는 총 6개의 검출기가 설치되었다. 그중에서 ATLAS(A Toroidal LHC Apparatus)와 CMS(Compact Muon Solenoid)가 다목적의 대규모 검출기이다. ATLAS는 길이가 46미터, 높이 25미터에 무게는 7,000톤이다. CMS는 ATLAS보다 약간 작지만 무게는 두 배 가까이 더 무겁다. 물론 ATLAS는 지금까지 인류가 만든 입자 검출기 중에서 가장 크다. ATLAS는 초당 320메가바이트, CMS는 초당 220메가바이트의 실험 데이터를 양산한다. 이 데이터들은 복잡하게 얽힌 회로(마치 인체의 시신경과도 같다)를 통해 컴퓨터로 처리된다.

LHC의 실험은 초대형 다트 게임

LHC 같은 충돌기에서 또 하나 중요한 요소는 충돌하는 빔의 밝기(luminosity)이다. 대략적으로 말하자면 빔의 밝기는 매초마다 가로 세로 1센터미터의 넓이를 지나가는 양성자의 개수이다. LHC의 빔 밝기는 10^{34}(1조의 1조의 100억 배)로서 사상 최대다. 반면, 과학자들이 LHC의 실험을 통해서 얻고자 하는 기본 입자들의 상호 작용이 일어날 확률은 굉장히 낮다.

LHC의 실험을 비유하자면 얼추 다음과 같다. 지름이 1광년(약 9조 4670억 7782만 킬로미터)인 거대한 원판에다 대고 다트 게임을 한다고 생각해 보자. LHC라는 선수는 지금 이 원판에 초당 10^{34}개의 다트를 던지고 있다. 그러나 과학자들이 원하는 목표 지점은 이 거대한 원판에서 겨우 지름이 1센티미터 혹은 그 이하인 원에 불과하다.

언뜻 보기에 이 게임은 LHC에 무척 불리해 보인다. 사실 LHC 이전의 선수들은 힘(=에너지)이 약해서 다트를 원판에 꽂힐 만큼 세게 던지지도 못했다. LHC에 이르러서야 이제 겨우 확실히 원판에 다트가 꽂힐 만큼의 에너지(양성자 질량의 1만 4000배)를 갖게 되었다. 게다가 LHC는 손놀림도 무척 빨라 초당 던질 수 있는 다트의 개수도 많아졌다. 낮은 확률을 높은 시행 횟수로 커버하는 셈이다. 실제로 어떤 일이 벌어지는 횟수는 그 일이 일어날 확률과 시행 횟수의 곱으로 주어진다. 예컨대 로또 당첨 확률(약 840만분의 1)은 매우 낮지만, 매주 로또 1등 당첨자가 나오는 것은 시행 횟수가 충분히 크기 때문이다.

LHC는 이 게임에서 산술적으로 약 100초에 한 번 꼴로 지름 1센티미터의 목표물을 맞힐 수 있다. 이 게임을 1년(약 3000만 초)간 계속하면 30만 번 정도는 원하는 결과를 얻게 된다. 이 정도면 성공적이다. 실제 과학자들은 입자물리학의 새 장을 열어 줄 신의 입자, 즉 힉스 입자나 초대칭(supersymmetry) 입자를 운이 좋다면 연간 수천 내지 수만 개 정도 발견할 것으로 기대하고 있다. 어느 면으로 보나 LHC의 실험은 인류 지성의 최대 이벤트임에 틀림없다.

뇌가 젊어야 오래 산다

불로초는 우리 뇌 속에 있다

건강한 신체에 건강한 마음이 깃들고 건강한 마음(뇌)에 건강한 신체가 유지된다는 말은 변하지 않는 진리다. 마음(뇌)과 신체의 연결은 일방 통행이 아니라 쌍방 통행이다. 정신적 위기 상황에서 여러 가지 신체적 질병이 생기며 신체적 질병에 걸렸을 때 정신적 위기나 정신적 스트레스가 생길 수 있다. 신체적 질병에 걸렸을 때 극복하고자 하는 정신력이나 신념·의지를 강화하면 암과 같은 불치의 병에서 기적적으로 회복되는 경우도 있다. 노화 과정을 늦출 수도 있다.

최근 뇌가 면역계를 포함한 모든 신체의 기능을 조절하고 있기 때문에 뇌가 건강해야 면역력이 증가하여 만병에 잘 걸리지 않는다는 사실이 알려지게 되었다. 그 결과 '신경 정신 면역학'이 태동해 크게 발전하고 있으며 앞으로 뇌기능 조절을 통한 질병 치료가 어느 정도 가능해지리라 예측되고 있다.

인간의 가장 큰 소망은 건강하게 장수하는 일일 것이다. 모든 생명체는 태어나 성장하고 종국에는 죽음을 맞이한다는 사실은 만고불변의 진리이

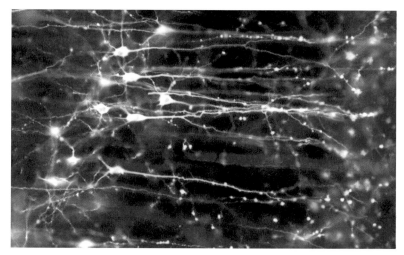

신경 세포의 형광 현미경 사진. 사진 왼쪽에 핵을 포함한 신경 세포체가, 오른쪽에 돌기(축삭)가 보인다.

다. 진시황은 영원히 늙지 않게 하는 불로초를 찾으려고 이 세상 곳곳을 뒤졌지만 결국 찾지 못했다. 과연 불로초는 이 세상 어디에도 없는 것일까? 확실히 말할 수 있는 것은 불로초는 이 세상 어느 곳에도 없으며 바로 우리 뇌에 있다는 사실이다.

뇌가 스트레스를 받으면 암이 생길 수 있다

우리의 정신과 신체 장기는 뇌에 의해 기능이 조절되고 있다. 따라서 뇌의 노화는 뇌의 조절 통제 기능을 약화시켜 우리를 늙게 만든다는 사실이 최근 보고되고 있다. 뇌를 건강하게 잘 유지하는 것이 장수의 비결이다. 쉽게 암으로 변할 수 있는 세포(암화 세포)들은 우리 몸에 계속 생겨나지만 정상 면역계가 작용해 제거하기 때문에 암에 걸리지 않는다. 그러나 어떤 정신적 요인이나 스트레스가 우리 뇌에 작용해 면역계를 억제하면 이런 암화 세포들이 파괴되지 않고 계속 성장해 암을 형성하게 된다.

실제 닥쳐온 위기나 질병을 긍정적으로 적극적으로 극복할 수 있다는 신넘이나 자신감을 가지고 있는 사람은 면역 기능이 높다고 보고되어 있다. 반대로 자신감이 없거나 부정적인 사람은 면역 작용을 하는 백혈구인 임파구와 세균을 잡아먹는 기식 세포의 기능이 떨어지게 된다. 그리하여 여러 가지 질병에 잘 걸리고 질병 진행 속도가 더 빨라져 일찍 죽는다는 보고가 많다. 미국의 학자인 마루카 박사는 839명의 환자를 30년간에 걸쳐 추적 조사했다. 이 결과 부정적이고 비관적인 견해가 심리적·신체적 기능, 특히 면역 기능을 크게 저하시켜 사망률을 증가시킬 수 있음을 보고한 바 있다.

면역 기능 외에 부정적이고 비관적인 견해가 사망률을 증가시키는 메커니즘은 다음과 같다. 첫 번째, 비관적이고 부정적인 사람은 닥쳐오는 위험에 적극적으로 대처하지 못해 상대적으로 불행을 경험하는 기회가 많다. 불행한 일은 수명을 단축시킨다.

두 번째, 비관적인 사람은 자신이 무엇을 해도 소용없다고 생각한다. 그래서 약물 치료에 대한 지시나 금연, 금주 등의 예방법을 지키지 않는다.

세 번째, 비관적인 사람은 낙관적인 사람에 비해 우울증에 걸릴 확률이 매우 높다. 우울증은 자살률은 물론 사망률도 증가시킨다. 따라서 비관적이고 부정적인 경향은 일찍 발견해 교정해야 한다. 매사 긍정적이고 낙관적으로 생각하고 일을 추진하는 것이 건강을 좋게 할 뿐만 아니라 일의 효율도 높일 수 있다.

낙관과 비관의 양극단을 떠올리고 낙관적인 생각을 선택하라

여기서 낙관적 사고라는 것은 단순히 비관적이고 부정적 사고를 하지 않는다는 것이 아니다. 긍정적·낙관적 사고를 적극적으로 하는 것을 의미한다. 어떤 일에 대해서 가장 낙관적인 생각과 가장 비관적인 생각의 양극단을 떠올려 보라. 그중 가장 낙관적인 생각을 선택해 보는 노력을 해 보는 것이 좋다. '힘들다', '안 된다.', '할 수 없다.'는 생각은 시냅스 회로에서의 신경 전달 기능을 떨어뜨려 뇌 활성을 전반적으로 억제한다. '할 수 있다.', '된다.'

는 생각은 시냅스 회로에서의 신경 전달 기능을 증가시켜 일의 성취도를 높여 준다. 명랑하고 밝은 감정을 가진 사람들은 우울하고 어두운 감정을 가진 사람들에 비해 병에 덜 걸리고 장수할 뿐만 아니라 정신 기능을 크게 증가시킨다. 즉 감정은 정신의 사소한 부산물이 아니라 정신과 더불어 건강과 장수를 조절할 수 있는 중요한 양대 축이다.

이성과 감성은 연결되어 있다

이성과 정신은 뇌의 가장 높은 곳에 있는 대뇌 신피질에서 나온다. 감정이나 본능은 신피질 아래쪽에 있는 오래된 고피질인 변연 피질에서 나온다. 이성의 뇌와, 감정과 본능의 뇌는 수많은 회로로 연결되어 있어 쌍방 통행으로 크게 영향을 미친다.

이성의 뇌는 감정과 본능의 뇌를 적절히 조절하고 있기 때문에 이성이 감정 폭발을 잘 제어한다. 또한 즐거운 감정일 때가 우울할 때보다 복잡한 문제 해결과 같은 지적 능력이 더 우수하며 더 건강하고 장수한다. 명랑할 때는 우울할 때보다 시냅스 회로에서의 정보를 전하는 신경 전달 물질의 전도가 더 원활하기 때문에 학습 효과가 더욱 높아지고 면역 기능이 높아져서 건강하게 된다. 따라서 교육을 할 때도 감정을 억누르지 말고 즐거운 자율 교육을 실시하는 것이 좋다. 그래야 어린 학생들의 건강을 조화롭게 유지할 수 있다.

신경 회로도 쓰면 쓸수록 커진다

우리 뇌에는 수천 억 개에 달하는 신경 세포(뉴런)가 있으며 1개의 신경 세포는 다른 신경 세포와 약 1,000~10만 개의 시냅스(회로)로 연결되어 있다. 즉 인간의 뇌에는 100조~1경 개에 달하는 천문학적인 수의 신경 회로가 존재하고 있다.

그러나 20세가 넘으면 매일 5만~10만 개 정도의 신경 세포가 죽어 간다. 그만큼 정보를 전달하고 저장하는 신경 회로가 사라져 가는 것이다. 하지만

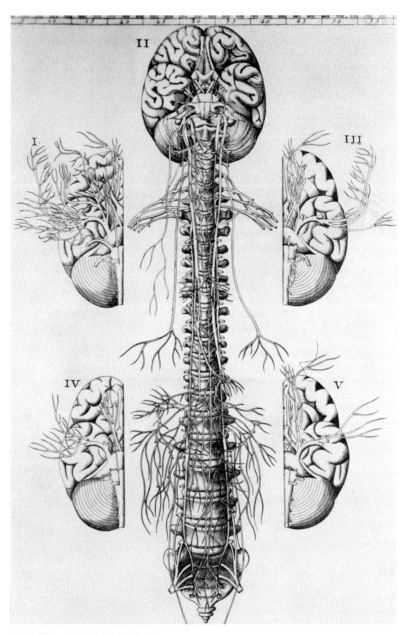

인간의 뇌와 척추를 그린 1714년경 그림.

매일 이렇게 신경 세포가 죽는다 하더라도 이변이 없는 한 평생 동안 사멸하는 신경 세포는 10퍼센트 미만이다. 남아 있는 신경 세포를 잘 이용하면 뇌 기능을 유지하는 데는 큰 무리가 없는 것이다.

우리의 뇌는 다른 신체 장기에 없는 '가소성(可塑性)'이라는 성질을 가지고 있다. 뇌에 있는 신경 회로는 고정되어 있지 않다. 적절한 자극을 주면 정보가 통하는 길인 시냅스 회로는 새로 만들어지고 두꺼워져 정보 유통이 원활해진다. 안 쓰고 내버려 두면 이내 사라지게 된다. 좁은 길이라고 쓰지 않고 내버려 두면 황폐해져 없어지게 되지만 매일 다니면 더 넓어지고 다니기 편해지는 것과 같은 이치이다.

두뇌 장수학: 뇌과학적 장수 비결

생활 속에 매일 접하는 새로운 자극과 어려움을 극복해서 보다 나은 상황에 도달하기 위한 노력은 신경 세포에 적절하고도 신선한 자극이 된다. 창조적인 시냅스 회로를 수없이 만들어 주고 활성화시켜 주는 것이다. 이렇게 활짝 열린 회로는 뇌 기능을 활성화시켜 생활에 활력을 불어넣어 주고, 삶을 창조적으로 변화시켜 준다. 특히, 삶의 목표와 열정은 우리 뇌에 가장 좋은 자극을 준다. 목표와 열정은 우리를 늙지 않게 한다. 단순히 나이가 많다고 노인이 되는 것이 아니다. 삶의 목표와 열정이 사라질 때 뇌의 노화가 빨리 일어나 진짜 노인이 되는 것이다.

또한 책을 읽고 글쓰기와 생각하기를 즐겨 하는 것과 같은 적절한 지적 자극은 앞서 설명한 가소성에 의해서 우리 뇌 회로를 치밀하고 두껍게 만든다. 따라서 우리가 이러한 가소성을 잘 이용한다면 사람들은 더욱 건강하고 장수할 수 있을 것이다.

칸트 가라사대, "손가락은 대뇌의 파견 기관"

위대한 철학자 칸트는 "손가락은 대뇌의 파견 기관"이라고 했다. 이는 살아

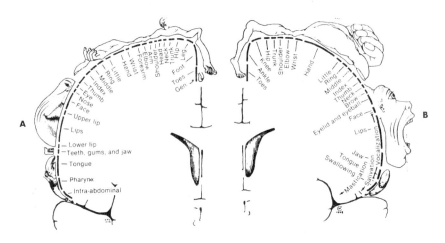

뇌의 피질에서 신체 감각과 운동에 관계하는 영역을 나타낸 뇌 지도.
왼쪽 것이 감각 뇌도, 오른쪽이 운동 뇌도이다. 양쪽 모두 손과 입이 기형적으로 크다.

가는 데 손이 얼마나 중요한가를 상징적으로 말해 준다. 인간은 약 500만 년
전 두 발로 걷게 되면서 자유로워진 두 손으로 수없이 많은 일을 하게 되었
다. 그 결과 인간의 뇌는 발달하게 되었고 찬란한 문명을 창조하게 되었다.
정교한 손놀림이 인류의 두뇌 발달의 원동력이 되었다.

　대뇌에는 중심구라고 하는 도랑이 있고 도랑의 앞쪽에는 전두엽, 뒤쪽에
는 두정엽이 있다. 이 도랑에서 전두엽 쪽으로는 운동과 관계 있는 '운동 중
추'가 있고 두정엽 쪽으로는 통각, 촉각, 온도 감각 등의 피부 감각과 관계
있는 '감각 중추'가 있다. 이 운동과 감각 중추에 신체 각 부위를 지배하는
뇌 부위를 표시해 보면 좌우 대칭의 물구나무를 선 사람의 모양이 된다.

　그 가운데서도 손을 지배하는 영역은 상당히 넓다. 전체의 약 30퍼센트
가 손을 움직이고 감각하는 데 관여한다. 다음으로 혀를 지배하는 부위가
크다. 지배하는 면적 크기에 따라 사람을 그려 보면 손과 혀가 큰 기형적인
사람이 된다. 이런 기형적인 작은 사람을 '호문쿨루스(homunculus)'라고 부
른다.

손은 신체의 극히 작은 부분인데 손의 운동과 감각 부분이 가장 넓은 부위를 차지하고 있다. 이는 손이 뇌의 기능을 가장 충실히 수행하고 있다는 의미이다. 즉 손이 인류 문명 창조의 일등 공신의 역할을 한 것이다. 손을 움직이지 못하게 묶고 생활한다는 상상을 해 보라. 손의 역할이 얼마나 큰지를 금방 알 수 있다.

손이 뇌를 만들었다!

『더 핸드(The Hand)』란 책을 쓴 캘리포니아 의과 대학의 프랭크 윌슨 교수는 "진정한 지식은 순수한 사고에서 오는 것이 아니라 외부 세계의 적극적인 조작, 즉 행동과 감성의 결합에 의해 만들어진다."라고 강조한다. 따라서 손으로 자꾸 만지고 머리를 써서 조작하는 기회가 많아지도록 교육 환경을 개선해야 한다는 것이 그의 결론이다.

최근의 연구 결과에 따르면 꼭두각시 연출가, 마술사, 암벽 등반가, 외과 의사, 보석 가공사, 기타 연주자 등 예술가의 손은 감성 그 자체라는 것을 알게 됐다. 손은 뇌의 계획과 프로그램에 따라 단순히 수동적으로만 움직이는 존재가 아니다. 적극적으로 집어 들고, 만져 보고, 찌르고, 쥐어 짜고, 구별하고, 밀치면서 터득한 손의 감각이 뇌의 정교한 신경망을 창조해 낸 것이다. 눈과 귀도 많은 양의 감각을 뇌로 전달하지만 수동적일 뿐이다. 5개의 손가락이 서로 협력해 움직이는 미묘한 동작은 수학자들조차 도저히 해석할 수 없을 정도로 정교하고 복잡하다.

손을 많이 써야 장수

손으로 어떤 것을 가리키면서 언어가 발달하기 시작했다. 화났을 때 탁자를 치는 것은 지금도 가장 빠른 의사 소통 수단이다. 사람에게는 이런 몸동작이 출생 14개월 뒤 나타나지만 침팬지에게는 없다. 정치인들의 손동작도 훌륭한 언변 이상의 효과를 낸다. 게다가 이런 제스처는 기억을 떠올리게 하는 구실도 해 준다. 최근 손동작이 기억해 내기 힘든 단어를 상기하는 데 도움을 준다는 연구 결과가 발표되었다. 손짓은 단순히 의미를 전달하는 시각 언어가 아니라, 어휘 기억 장치의 문을 여는 열쇠라는 것이다. 최근에 발표된 다른 연구에서도 손과 뇌의 연관성이 확인되었다. 손을 움직이지 못하도록 막대기를 꼭 잡고 있는 사람들에게 단어를 찾도록 하는 퀴즈를 내자, 손을 자유롭게 쓸 수 있었을 때보다 정답을 덜 맞추거나 시간이 더 걸린 것이다. 또한 여섯 달 동안 피아노 레슨을 받은 어린이들이 그렇지 않은 집단보다 그림 조각 맞추기 능력이 34퍼센트 향상되는 것도 알려졌다. 뇌의 일부가 중풍 등으로 마비된 환자도 손발을 자극하거나 운동시키는 물리 요법을 실시하면 어느 정도 회복시킬 수 있다.

이렇게 생활 속에서 중요한 손은 사람이 느낄 수 있는 많은 부분을 뇌로 전달해 준다. 단순히 손을 움직이는 것보다, 머리로 생각하면서 정교하게 움직이면 더 많은 뇌 부위가 활성화되어 건강에 큰 도움이 된다.

동양 수학은 없었나?

대학 수학 교과서는 물론이고, 초·중등학교 수학 교과서에서도 동아시아 수학의 흔적을 찾아보기 어렵다. 수학을 위한 기호는 영어 알파벳이고, 중요한 수학 결과는 모두 서양 수학자의 이름과 함께 등장한다. 도대체 우리의 조상은, 동아시아의 선조들은 수학에 기여한 바가 전혀 없는가? 동아시아의 수학 중에는 가르치고 배울 만한 내용은 없는가? 자연스럽게 이런 질문을 하게 되고, 자괴감에 빠지기도 한다.

우리 조상은 수학에 기여한 바가 없는가?

수학의 역사를 다룬 대부분의 도서도 현재 수학의 패권을 차지하고 있는 서양 수학을 중심으로 전개되어 있다. 사실, 수학의 역사를 기술하는 방법은 일반 역사를 기술하는 방법과 크게 다르지 않다. 고대 4대 문명 발상지의 수학을 기술하다가 그리스의 수학을 집중적으로 다룬다. 이후 유럽에게는 암흑 시대인 중세를 거쳐 르네상스에 들어서면서부터는 완전히 유럽 중심으로 수학을 다룬다. 고대 4대 문명 발상지 중에서 인도와 중국의 고대 수학은 자료가 없어서 또는 자료에 접근하기 어려워서 연구하기 어렵다는 말과 함께 극히 단편적으로 취급할 뿐이다. 그러면서도 수학의 '보편성'을 내세워, 다른 문명 세계에 존재했던 수학은 잊어도 무방하다는 암시를 준다.

동아시아에는 '산학'이 있었다

분명히 동아시아에도 수학이 있었다. 동아시아의 전통 수학을 산학(算學 또는 筭學)이라 부른다. 이미 2000년 이전에 고전『구장산술(九章算術)』을 통해 기틀을 다진 산학에는 당시의 사회에서 필요로 하는 것보다 훨씬 더 많은 내용이 담겨 있다. 이후 발전을 거듭해서 송·원 시대에는 산학의 황금기에 이르렀다. 사실, 근세까지도 서양의 수학보다 동아시아의 산학이 여러 면에서 훨씬 앞서 있었다.

동아시아에서 피타고라스의 정리를 모를 리 없었고, 저명한 수학자 에릭 지만 교수가 "피타고라스의 정리에 대한 세계에서 가장 아름다운 증명"이라고 극찬한 증명 방법도 고안했다. 유럽에서는 16~17세기에서야 양수와 음수가 나타나고 그 연산 규칙은 그 뒤에야 정립됐다. 그렇지만 동아시아에서는 양수와 음수 및 그 연산 규칙이 거의 기원전부터 정부술(正負術, 정(正)은 양수, 부(負)는 음수)이라는 이름으로 존재했었다. 연립 일차 방정식을 계수만으로 나타낸 다음에 정부술을 이용하고 소거법을 이용해서 이를 풀었다. 현재 중학교 2학년에서 배우는 소거법은 통상 '가우스 소거법'이라 하는데, 동아시아에서는 요한 카를 프리드리히 가우스(1777~1855년)가 태어나기 적어도 1,500년 전부터 '가우스 소거법'으로 연립 일차 방정식을 풀었다. 동아시아의 산학이 서양의 수학보다 앞섰던 내용은 더 들 수 있다. 이에 대한 소개는 다음 기회로 미루고, 이번에는 수학 용어와 일상 언어에 남아 있는 전통 산학의 흔적을 찾아보겠다.

곱셈은 왜 '올라타는 법(乘法)'일까?

동아시아에서는 계산 도구로 산대 또는 산가지를 오래전부터 사용했다. 수판으로 대체되기 전까지 산대는 중국에서는 명나라의 15세기 중반까지 그리고 우리나라에서는 19세기에도 계산 수단의 대종을 이루었다. 산대로 수를 나타내는 원리는 현재의 십진법과 같다. 오른쪽부터 왼쪽으로 나아가면서 일(一), 십(十), 백(百), 천(千), 만(萬), …의 자리를 정하고 각 자리에 산대를 늘어놓는데, 일, 백, 만…의 자릿수는 아래 그림의 첫 행과 같이 세우고, 십, 천…의 자릿수는 둘째 행과 같이 옆으로 뉘어서 표현했다. 그리고 6 이상은 편의를 위해 위 또는 아래에 5를 나타내는 산대를 놓는다.

곱셈을 전통 수학에서는 승법(乘法)이라 했다. 한문에서 'A 乘 B'는 'A를

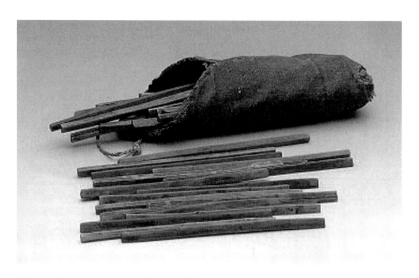

산대로 숫자를 나타내는 법(위). 산대(산가지) 사진.

B에 곱한다.', 즉 'B×A'를 뜻한다. 여기에서 'A'가 곱수(승수)이고 'B'가 곱하임수(피승수)이다. '승(乘)'이라는 한자는 일상 언어에서 '타다.' 또는 '오르다.'를 뜻한다. 승마(乘馬), 승차(乘車), 승선(乘船) 등을 생각하자. 그렇다면 곱셈은 왜 '올라타는 법(乘法)'일까?

예를 들면, 위 그림의 산판에 나타낸 수는 위로부터 차례로 6537, 28301, 67714, 76620을 나타낸다. 이렇게 나타낸 두 수를 더하거나 곱할 때는 그 두 수를 나타내는 산대를 위아래로 배치하고 자리를 옮기거나 해당하는 자릿수끼리 계산해서 답을 구했다. 그래서 다른 수보다 위에 '올라 타는' 수가 생긴다. 동아시아에서는 전통적으로 곱셈을 덧셈의 축약 또는 거듭 더하기로 생각했는데, 덧수(가수)들을 마부가 모는 말들로 생각했던 것으로 보인다. 그래서 곱셈이 '올라타는 법', 승법이 된 것이다. 그러면 실제로 곱셈은 어떻게 산대로 계산했을까?

실제로 전통적인 곱셈 과정을 보여 주면 그림과 같다(편의를 위해 산대를 인도·아라비아 숫자로 나타냈다). 그 과정을 설명하면 다음과 같다. ① 곱셈 78×46에서 곱수 46은 가장 위쪽에 위치하며 곱하임수 78 위에 '타고' 있다. ② 곱하임수 78을 한 자리씩 올린다. ③ 78과 곱수의 4(0)를 곱해서 312(0)를 얻는다. ④ 곱하임수 78을 한 자리씩 내린다. ⑤ 7(0)에 곱수의 6과 곱해서 얻은 42(0)를 더한다. ⑥ 8에 6을 곱한 48을 더한다, ⑦ 곱 3588을 얻는다. 곱하

①		②		③		④		⑤		⑥		⑦	
	46		46		46		6		6		6		3588
					312		312		354		0312		78
	78		78		78		78		78		78		
				28				312		354			
				+)32				+)42		+) 48			
				312				354		3588			

임수는 곱수 위에 올라타고 곱수를 이리저리 움직이면서 답을 얻는다.

'구구법'이란 이름은 어디서 왔을까?

곱셈 구구 또는 구구법은 오래전 중국에서 유래한 것으로 보이는데, 이와 관련된 이야기로 춘추 시대(기원전770~476년)의 이야기가 있다.

제(齊)나라의 환공(桓公)은 초현관(招賢館)을 만들어 뛰어난 인물을 등용하려고 했다. 오랫동안 기다렸지만, 아무도 응모하지 않았다. 1년 뒤 한 사람이 나타나서 환공에게 구구법을 말하면서 놀라운 지식이라고 뽐냈다. 환공은 이를 농담으로 생각하고 그에게 말했다. "당신은 구구법이 높은 지식이라고 생각하는가?" 그러자 그 사람이 대답했다. "사실, 구구법을 아는 것이 어떤 능력이나 학식이 있음을 보여 주기에 충분하지 않습니다. 그러나 공께서 구구법만 아는 저를 등용하신다면, 틀림없이 유능하고 재주 많은 사람들이 관직에 나오려고 줄을 설 것입니다." 환공이 이것이 온당한 주장이라고 생각해서, 그를 등용하고 환대했다. 그 뒤 한 달도 안 되어 곳곳에서 유능하고 재주 많은 사람들이 많이 모여들었다.

한(漢)나라 때의 곱셈 구구가 죽간에 표시되어 있는 것이 남아 있다. 여기에 나타난 곱셈 구구의 순서는 다음과 같다.

$9 \times 9 = 81$(九九八十一), $9 \times 8 = 72$(八九七十二), $9 \times 7 = 63$(七九六十三) …,

$8 \times 8 = 64$(八八六十四), $8 \times 7 = 56$(七八五十六), $8 \times 6 = 48$(六八四十八) …

이렇게 고대의 곱셈 구구는 $9 \times 9 = 81$에서 시작했다. 이에 따라 '곱셈 구구' 또는 '구구법'이라는 이름이 붙었다. 이와 같이 처음 나타나는 대상을 그 주제의 이름으로 삼는 방법은 산학에서는 일반적이었다. 이를테면 동아시아 산학의 고전인 『구장산술』 1권은 여러 가지 밭의 넓이를 구하는 문제를 다루고 있는데, 그 이름은 「방전(方田)」이다. 바로 제1문에서 정사각형의 밭(方田)의 넓이를 다루기 때문이다.

고대의 곱셈 구구는 $9 \times 9 = 81$에서 시작해서 $2 \times 2 = 4$에서 끝난다. $1 \sim 2$세기까지도 이와 같았다. 곱셈 구구가 $1 \times 1 = 1$까지 확장된 것은 5세기와 10세기 사이로, $4 \sim 5$세기에 발간된 작자 미상의 산학서 『손자산경(孫子算經)』에 이와 같은 꼴이 있다. 송(宋)나라 때, 13세기 또는 14세기에 이 순서가 역전되어 현재와 같이 $1 \times 1 = 1$부터 시작해서 $9 \times 9 = 81$로 끝나는 곱셈 구구로 바뀌었다.

태반은 $\frac{2}{3}$ 를 말한다

분수는 작은 수를 나타내는 매우 유용한 수 표기 방법이고, 쓰임새도 많다. 산학에서는 분수 중에서도 자주 쓰이는 분수를 특별한 이름으로 불렀다. 이를테면 $\frac{1}{2}$ 은 중반(中半), $\frac{1}{4}$ 은 약반(弱半), $\frac{3}{4}$ 은 강반(强半)이라 했다. 그리고 $\frac{1}{3}$ 은 소반(少半), $\frac{2}{3}$ 는 태반(太半)이라 했다. 약반, 강반, 소반은 생소하지만, 중반과 태반은 아주 익숙한 일상 언어이다. 수학을 전공하는 사람으로서, 이런 말이 산학의 수 이름이었다는 사실이 반갑기 그지없다.

변화의 방향계, 엔트로피

물리 법칙 중에서 가장 근본적인 법칙 중의 하나가 에너지 보존 법칙이다. 에너지에는 여러 가지 종류가 있어 한 종류의 에너지가 다른 종류의 에너지로 바뀔 수 있다. 하지만 에너지의 총량은 항상 일정하게 유지된다. 1905년 아인슈타인이 질량이 에너지로, 에너지가 질량으로 상호 변환될 수 있다는 것을 밝혀냈다. 그 유명한 $E=mc^2$의 공식이다. 그 후 에너지 보존 법칙에는 질량까지 포함되었다. 따라서 에너지 보존 법칙은 이제 에너지 질량 보존 법칙이 되었다. 그러나 우주에는 에너지와 관련해 또 다른 중요한 법칙이 존재한다. 그것이 바로 변화의 방향을 나타내는 '엔트로피의 법칙'이다.

가장 근본적인 법칙인 에너지 보존 법칙

에너지 보존 법칙이 처음 제기된 것은 열의 성질을 연구하는 과정에서였다. 현재는 열이 에너지의 한 형태라는 것은 누구나 아는 상식이 되었다. 그러나, 19세기 초까지만 해도 열이 무엇인지 잘 몰랐다. 당시 대부분의 과학자들은 열은 열소(熱素)라는 물질이 만들어 내는 화학 작용의 일종이라고 생각했다. 열역학의 시조라고 할 수 있는 프랑스의 니콜라 레오나르 사디 카르노(1796~1832년)도 마찬가지였다. 그는 1824년에 열소설을 바탕으로 열기관의 작동 원리를 설명하는 「열의 기동력과 그 능력을 개선시킬 수 있는 기계에 대한 고찰」이라는 논문을 발표했다.

열역학 제1법칙: 에너지 총량은 보존된다

그러나 율리우스 로베르트 폰 마이어(1814~1878년), 헤르만 루트비히 헬름홀츠(1821~1894년), 제임스 프리스콧 줄(1818~1889년)과 같은 과학자들의 노력으로 큰 변화가 있었다. 열도 에너지의 한 형태이며 열을 포함해 에너지의 총량은 변하지 않는다는 에너지 보존 법칙이 확립된 것이다. 특히 영국의 줄은 1847년에 행한 실험을 통해 1칼로리의 열량이 4.184줄(J)의 에너지와 같다는 것을 밝혀냈다. 이렇게 해서 확립된 에너지 보존 법칙은 열역학 제1법칙이라고도 부른다.

그러나 과학자들은 곧 열이 에너지의 한 형태임을 밝혀낸 것은 열에 대한 이해의 시작에 불과하다는 것을 알게 되었다. 열은 에너지이므로 높은 온도에서 낮은 온도로 흘러간다고 해도 총량은 변하지 않는다. 섭씨 100도의 물체가 가지고 있던 100칼로리의 열량이 섭씨 0도의 물체로 흘러가도 열량은 100칼로리 그대로 유지된다. 온도가 낮아진다는 것은 열에너지가 없어지는 것이 아니라 넓게 퍼지는 것이다. 열도 에너지의 일종이고 총량이 변하지 않는 것이라면 낮은 온도의 물체에서 높은 온도의 물체로도 흘러갈 수 있어야 한다. 하지만 열은 높은 온도에서 낮은 온도로만 흐를 뿐 낮은 온도에서 높은 온도로 흐르지는 않는다. 이것은 에너지 보존 법칙으로는 설명할 수 없는 현상이었다.

그뿐만이 아니다. 운동 에너지는 쉽게 모두 열에너지로 바꿀 수 있다. 예를 들어 달리던 물체에 마찰력이 작용하면 물체가 가지고 있던 운동 에너지는 모두 열에너지로 바뀌고 물체는 정지한다. 그러나 이상하게도 열에너지는 일부만 운동 에너지로 바꿀 수 있을 뿐이다. 운동 에너지와 열에너지는 모두 에너지인데, 왜 열에너지는 일부만 운동 에너지로 변환되는 것일까? 많은 과학자들은 이런 현상을 설명하려고 여러 가지로 노력했지만 성공하지 못했다.

열역학 제2법칙:
열은 뜨거운 데에서 차가운 데로만 흐른다

1850년에 독일의 루돌프 율리우스 에마누엘 클라우지우스(1822~1888년)는 이 문제를

엔트로피의 개념을 처음 제안한 클라우지우스.

누구도 생각하지 못했던 방법으로 해결했다. 열이 높은 온도에서 낮은 온도로만 흘러가는 것을 기존의 물리 법칙으로 설명하려고 노력할 것이 아니라 이것을 새로운 법칙으로 정하자고 제안한 것이다. 그렇게 해서 열이 높은 온도에서 낮은 온도로만 흘러가는 성질을 열역학 제2법칙이라고 부르게 되었다.

운동 에너지는 100퍼센트 열에너지로 바꿀 수 있지만 열에너지는 100퍼센트 운동 에너지로 바꿀 수 없다는 것은 열이 높은 온도에서 낮은 온도로만 흘러간다는 것과 같은 내용이라는 것을 알게 되어 이것도 열역학 제2법칙에 포함되었다.

1865년 클라우지우스는 열역학 제2법칙을 포괄적으로 설명하기 위해 엔트로피라고 부르는 새로운 물리량을 제안했다. 클라우지우스가 제안한 엔트로피(S)는 열량(Q)을 온도(T)로 나눈 양($S = Q/T$)이었다.

열량이란 물체가 가지고 있는 열에너지를 말한다. 따라서 열에너지를 제외한 다른 에너지의 엔트로피는 열량이 없으므로 0이다. 그리고 열에너지의 엔트로피는 온도에 따라 달라지는 양이 되었다. 높은 온도에 있던 열이

낮은 온도로 흘러가면 열량은 변하지 않더라도 분모에 있는 온도가 작아지므로 엔트로피는 증가한다. 엔트로피가 0인 운동 에너지가 열에너지로 바뀌는 경우에는 없던 열량이 생겨나므로 엔트로피는 증가하게 된다. 따라서 열역학 제2법칙은 이제 '엔트로피 증가의 법칙'이라고 부를 수 있게 되었다.

엔트로피는 무엇이기에 항상 증가하나?

그러나 열량을 온도로 나눈 양인 엔트로피가 증가해야만 하는 이유를 납득할 수 있도록 설명하는 것은 쉬운 일이 아니었다. 그렇게 하기 위해서는 엔트로피가 무엇을 의미하는지 좀 더 깊이 이해해야 했다. 이 일을 해낸 사람이 오스트리아의 물리학자 루트비히 에두아르트 볼츠만(1844~1906년)이었다. 볼츠만은 엔트로피를 확률적인 방법으로 새롭게 정의해 엔트로피에 대한 이해를 깊게 했고, 물리학에서 엔트로피가 차지하는 위상을 한 단계 끌어 올렸다.

볼츠만이 새롭게 제시한 엔트로피를 설명하기 위해서는 확률 이야기를 조금 해야 된다. 교실에 안경을 낀 학생 20명과 안 낀 학생이 20명 있다고 가

통계적인 방법으로 엔트로피를
새롭게 정의한 볼츠만.

정하자. 이때 마음대로 자리에 앉으라고 하면 안경을 낀 학생과 안 낀 학생이 마구 잡이로 섞여 앉아 있을 가능성을 A라고 하자. 그리고 한편에는 안경 낀 학생, 다른 편에는 안 낀 학생만 앉아 있을 가능성을 B라고 하자. A가 B보다 높은 것은 당연하다. 그것은 섞여 앉는 경우의 수가 따로따로 앉는 경우의 수보다 많아서 그만큼 확률이 높기 때문이다. 따라서 억지로 따로따로 앉도록 해도 시간이 가면 차츰 섞이게 된다.

볼츠만은 점점 섞이는 방향으로 진행되

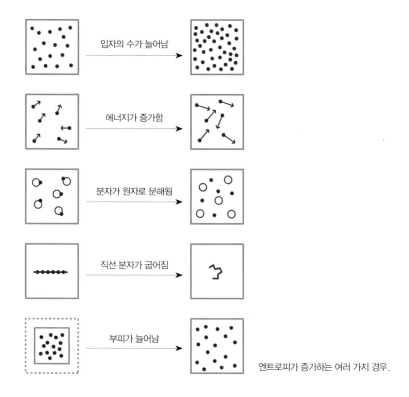

입자의 수가 늘어남

에너지가 증가함

분자가 원자로 분해됨

직선 분자가 굽어짐

부피가 늘어남

엔트로피가 증가하는 여러 가지 경우.

는 것이 자연에서 일어나고 있는 변화의 방향이라는 것을 알게 되었다. 열이 높은 온도에서 낮은 온도로 흐르고, 운동 에너지가 열에너지로 바뀌어 가는 것도 자연에서 일어나는 변화의 방향이다. 그렇다면 확률이 높은 상태로 변해 가는 변화와, 열이 높은 온도에서 낮은 온도로 흐르는 변화 사이에는 어떤 관계가 있는 것이 아닐까? 섞이고 섞여서 더 이상 섞일 수 없는 상태, 즉 확률이 최대인 상태가 되면 더 이상의 변화는 일어나지 않는다. 그리고 높은 온도에서 낮은 온도로 열이 흘러 두 물체의 온도가 같아지면 더 이상 열이 흘러가지 않는다. 따라서 주어진 확률이 최대가 되는 상태와 모든 부분의 온도가 같아지는 것은 같은 상태라고 할 수 있을 것이다.

확률적인 방법으로 새롭게 정의된 엔트로피

1877년 볼츠만은 경우의 수(g)에 로그(log)를 붙인 양을 엔트로피라고 새롭게 정의하면 확률이 가장 높은 상태와 온도가 같은 상태를 동시에 나타낼 수 있다는 것을 알게 되었다. 그리고 이 새롭게 정의된 엔트로피와 원래의 엔트로피의 단위를 일치시키기 위해서 볼츠만 상수(k_B)를 도입했다. 새롭게 정의된 엔트로피($S = k_B \log g$)가 탄생한 것이다.

새로운 엔트로피 정의는 열량을 온도로 나눈 예전의 엔트로피를 포함할 수 있을 뿐만 아니라 열과 직접 관계없는 여러 가지 자연 현상도 설명할 수 있었다. 그러면, 클라우지우스가 제안했던 엔트로피 증가의 법칙은 새로운 엔트로피로 어떻게 설명할 수 있을까? 그것은 생각보다 간단하다. 새로운 엔트로피가 나타내는 뜻은, 무엇인가가 잘 섞이는 방향으로 변화가 이루어진다는 것이다.

엔트로피는 변화의 방향을 가리킨다

온도가 높은 상태는 물체를 이루는 분자나 원자들이 빠르게 운동하고 있는 상태다. 온도가 낮은 상태는 느리게 운동하고 있는 상태다. 열이 높은 온도에서 낮은 온도로 흘러가는 것은 서로 나뉘어 있던 빠르게 운동하는 분자들과 느리게 운동하던 분자들이 섞이는 현상이라고 볼 수 있다. 빠르게 운동하는 원자나 분자들이 느리게 운동하는 원자나 분자와 섞이면 열이 높은 곳에서 낮은 곳으로 흘러간 것처럼 보이게 된다.

운동 에너지와 열에너지 사이의 변환도 마찬가지로 설명할 수 있다. 운동 에너지는 물체를 이루는 모든 원자들이 한 방향으로 운동하고 있을 때의 에너지이다. 그리고 열에너지는 모든 원자들이 불규칙하게 운동하고 있을 때의 에너지이다. 따라서 운동 에너지가 열에너지로 바뀌는 것은 원자들의 운동 방향이 섞이는 것이라고 볼 수 있다.

인간을 위해 자연이 치르는 대가, 엔트로피

열의 성질을 설명하기 위해 도입된 엔트로피는 이제 자연에서 일어나는 변화의 방향을 제시하는 중요한 물리량이 되었다. 엔트로피의 등장으로 시간의 흐름에도 새로운 의미를 더할 수 있게 되었다. 우주의 엔트로피는 시간이 흐를수록 증가한다. 따라서 우주 전체의 엔트로피는 과거보다 현재가 더 크다. 자연은 계속 섞여서 확률이 높은 상태로 변해 가려고 한다. 하지만 인간은 끊임없이 질서를 만들어 내기 위해 노력하고 있다. 복잡한 구조물을 만들어 내고, 교육을 통해 인간의 행동을 통일시키고 조직화하려고 한다. 이것들은 모두 엔트로피를 증가시키려는 자연계의 변화와 반대 방향이다. 하지만 인간도 자연의 일부이므로 엔트로피 증가의 법칙에서 예외일 수 없다. 따라서 어떤 부분의 엔트로피를 감소시키면 다른 부분에서 그보다 더 많은 양의 엔트로피를 증가시켜야만 한다.

인간의 에너지 사용량은 매년 늘어나고 있다. 에너지를 사용할 때마다 엔트로피는 항상 증가한다. 더 많은 에너지를 사용한다는 것은 엔트로피가 더 많이 증가한다는 것이다. 우리가 문명을 향유하면 할수록 자연은 더 많은 대가를 치르고 있는 것이다.

2월

02.02 혀의 소중함 02.03 스탕달도 파스칼도 몰랐다. (−1)×(−1)=1인 이유는? 02.05 소가 살찌는 이유 02.06 세상의 기초, 표준 모형 02.07 어둠을 꿰뚫는 적외선의 힘 02.09 음식을 쪼개는 이 02.11 별들이 태어나는 곳 02.13 원자론이 부른 비극 02.16 뇌 속의 메신저, 신경 전달 물질 02.17 아킬레스와 거북 02.19 자외선 보호막 멜라닌 02.20 질량 부여자 힉스 02.23 기생충으로 알레르기를 고친다 02.24 큰 수의 이름 02.26 청개구리의 겨울나기 02.27 전자와 빛의 미묘한 관계 02.28 보라색 바깥의 보이지 않는 빛의 세계

2월의 과학 사건들

2월 1일   **1976년** 독일 물리학자 베르너 하이젠베르크 죽음 **2003년** 미국 우주 왕복선 컬럼비아 호 폭발

2월 2일   **1829년** 미국 발명가 윌리엄 스탠리 태어남 **1907년** 러시아 화학자 드미트리 멘델레예프 죽음
1950년 그리스 수학자 콘스탄틴 카라테오도리 죽음 **1970년** 영국 철학자이자 수학자 버트런드 러셀 죽음

2월 3일   **1966년** (구)소련 달 탐사선 루나 9호 월면 착륙 성공

2월 4일   **1928년** 네덜란드 물리학자 헨드릭 로렌츠 죽음 **1974년** 인도 물리학자 사티엔드라 나드 보스 죽음

2월 5일   **1840년** 미국의 총기 개발자 하이럼 맥심 태어남 **1977년** 스웨덴 이론 물리학자 오스카르 클라인 죽음

2월 6일   **1796년** 영국 식물학자 존 헨슬로 태어남 **1804년** 영국의 신학자이자 화학자 조지프 프리스틀리 죽음
1913년 영국 고생물학자 메리 리키 태어남 **2002년** 오스트리아 분자 생물학자 막스 페루츠 죽음

2월 7일   **1736년** 영국 과학자 스티븐 그레이 죽음 **1877년** 영국 수학자 고드프리 해럴드 하비 태어남
1905년 스웨덴 생리학자 울프 폰 오일러 태어남 **1960년** 러시아 핵 물리학자 이고르 쿠르차토프 죽음

2월 8일   **1600년** 이탈리아 천문학자 조르다노 브루노 화형 **1957년** 헝가리 출신 미국 수학자 존 폰 노이만 죽음

2월 9일   **1700년** 스위스 수학자 다니엘 베르누이 태어남 **1846년** 독일 기술자 빌헬름 마이바흐 태어남
1910년 프랑스 생화학자 자크 모노 태어남 **1954년** 미국 사이버네틱스 연구자 케빈 워윅 태어남

2월 10일   **1923년** 독일 물리학자 빌헬름 콘라트 뢴트겐 죽음 **1996년** IBM의 슈퍼 컴퓨터 딥 블루 인간 체스 챔피언
에게 승리

2월 11일   **1650년** 프랑스의 과학자 르네 데카르트 죽음 **1839년** 미국 물리학자 조시아 윌러드 깁스 태어남
1847년 미국 발명가 토머스 에디슨 태어남 **1997년** NASA 허블 우주 망원경 발사

2월 12일   **1809년** 영국 생물학자 찰스 다윈 태어남 **1916년** 독일 수학자 리하르트 데데킨트 죽음 **1961년** (구)소련
금성 탐사선 베네라 1호 발사 **2001년** NEAR 슈메이커 탐사선 소행성 433 에로스에 착륙

2월 13일   **1960년** 프랑스 원자 폭탄 실험에 성공

2월 14일   **1898년** 스위스 물리학자 프리츠 츠비키 태어남 **1924년** IBM 설립 **1943년** 독일 수학자 다비트 힐베르트
죽음 **1946년** 최초의 전자 계산기 에니악 완성 **1961년** 103번째 화학 원소 로렌슘 발견

2월 15일   **1564년** 이탈리아 과학자 갈릴레오 갈릴레이 태어남 **1988년** 미국 물리학자 리처드 파인만 죽음
2001년 인간 유전체 지도 초안 공개

2월 16일   **1834년** 독일 동물학자 에른스트 헤켈 태어남 **2005년** 지구 온난화 규제 및 방지를 위한 교토 의정서 발효

2월 17일   **1959년** 최초의 기상 위성 뱅가드 2호 발사

2월 18일   **901년** 아랍 수학자 타비트 이븐 코라 숙음 **1745년** 이탈리안 물리학자 일렉산드로 볼타 태어남

2월 19일   **1473년** 폴란드 천문학자 니콜라우스 코페르니쿠스 태어남 **1859년** 스웨덴 화학자 스반테 아레니우스 태
어남 **1916년** 오스트리아 물리학자 에른스트 마흐 죽음

2월 20일   **1844년** 오스트리아의 물리학자 루트비히 볼츠만 태어남 **1937년** 독일 화학자 로베르트 후버 태어남
1962년 미국 유인 우주선 프렌드십 7호 지구 궤도 비행

2월 21일   **1953년** 프랜시스 크릭과 제임스 왓슨 DNA 이중 나선 구조 발견

2월 22일   **1632년** 갈릴레오 갈릴레이 『천문대화』 출간 **1875년** 영국 지질학자 찰스 라이엘 죽음 **1913년** 스위스 언
어학자 페르디낭 드 소쉬르 죽음 **1997년** 영국 로슬린 연구소 복제양 돌리 탄생 발표

2월 23일   **1455년** 구텐베르크 성서 인쇄 개시 **1855년** 독일 수학자 카를 프리드리히 가우스 죽음 **1987년** 일본 천
문 관측 시설 카미오칸데 대마젤란 성운 초신성 폭발(SN1987a)에서 중성미자 검출

2월 24일   **1582년** 교황 그레고리오 13세 그레고리력 사용 교서 발표 **1955년** 애플 CEO 스티브 잡스 태어남
2001년 미국 정보 통신 과학자 클로드 섀넌 죽음

2월 25일   **1836년** 영국 총기 개발자 새뮤얼 콜트 리볼버 면허 획득

2월 26일   **1786년** 프랑스 수학자 프랑수아 아라고 태어남 **1931년** 독일 화학자 오토 발라흐 죽음

2월 27일   **1936년** 러시아 생리학자 이반 페트로비치 파블로프 죽음

2월 28일   **1901년** 미국 화학자 라이너스 폴링 태어남

혀의 소중함

"혓바닥 못 집어 넣겠니?"

뭔가 기분 나쁜 일이 있을 때 동생이 "메~롱" 하며 놀린다거나 어딘가에 집중을 해야 하는데 옆에서 누군가가 계속 재잘거리는 경우 이런 말을 하는 경우가 있다. 혀는 입 속에 들어 있어서 평소에는 보이지 않는 기관이지만 아주 다양한 기능을 한다. 작다고 무시하지 마라. 갖가지 산해진미도 혀가 없으면 무용지물. 세 치 혀에서 역사를 바꾼 위대한 연설이 태어나기도 했다.

혀는 자유롭고 섬세하게 움직인다

혀는 부피에 비하여 많은 근육을 가지고 있다. 혀에 분포하는 근육은 혀 속에 들어 있는 근육(내인근 또는 고유근이라 한다.)과 목구멍 쪽으로 연결되어 있는 근육(외인근 또는 외래설근이라 한다.)으로 나눌 수 있다. 외인근의 경우 혀를 쭉 내뻗었을 때 눈으로 볼 수 있다.

뭉툭해 보이는 코끼리 코가 나무젓가락을 집는 장면은 신기하다. 이렇게 코끼리 코가 섬세한 동작을 할 수 있는 것은 코 안에 근육의 수가 많고 기능

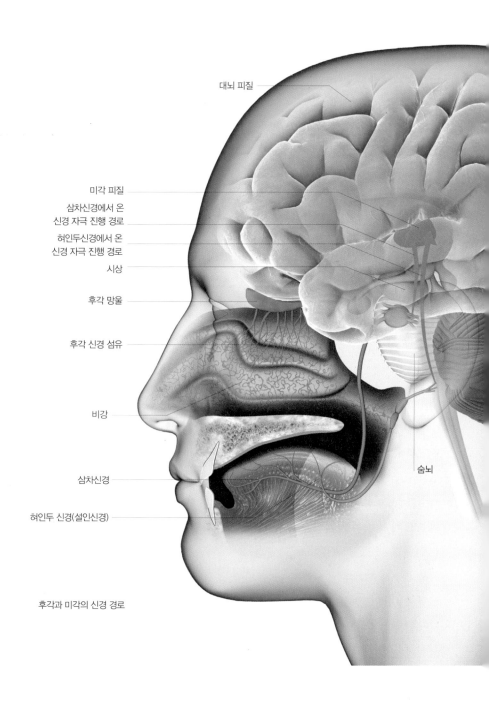

대뇌 피질

미각 피질

삼차신경에서 온
신경 자극 진행 경로

허인두신경에서 온
신경 자극 진행 경로

시상

후각 망울

후각 신경 섬유

비강

삼차신경

허인두 신경(설인신경)

숨뇌

후각과 미각의 신경 경로

이 다양하기 때문이다. 혀 안의 근육도 마찬가지다. 혀 근육은 입 안에 들어온 음식물에 대해 압박, 마찰, 비틀기 등을 행할 수 있다. 기계적으로 음식물을 조각내고 음식물을 씹고 삼키는 것을 도와준다. 물론 쑥 내밀어서 다른 사람을 놀릴 때도 쓸 수 있다.

혀의 대표적인 기능, 맛보기

혀의 가장 대표적인 기능은 맛을 보는 것이다. "이 음식점은 생선구이가 아주 일품이야!"라는 말은 단지 음식의 순수한 맛만을 평가하는 것이 아니다. 온도가 적절한지, 혀에 닿는 느낌이 좋은지도 함께 평가하는 것이다. 즉 혀는 맛을 보는 동시에 온도와 촉각을 함께 느낀다. 그리고 이를 음식에 대한 평가에 종합적으로 반영하는 것이다.

그러나 "맛을 보는 것은 혀다."라는 말은 완전히 옳다고 할 수는 없다. 혀로 맛을 구별하는 것은 당연하지만 단지 혀만으로 맛을 보는 것은 아니기 때문이다. 코에 이상이 생기면 맛을 구별하는 것이 어려워진다. 감기에 걸렸을 때 음식 맛이 잘 안 느껴지는 것이 바로 이런 이치다. 또한 눈도 맛을 구별하는 데 도움을 준다. "보기 좋은 음식이 먹기도 좋다."라는 말이 바로 시각과 맛의 연관성을 보여 주는 말이다.

일반적인 오렌지 주스는 오렌지 농축액으로 만든다. 이 오렌지 농축액이라는 것은 오렌지를 푹 삶아서 부피를 줄인 것이다. 보관이나 운송의 비용을 줄이기 위해서다. 그런데 이 농축 과정에서 오렌지 고유의 맛과 향을 많이 잃게 된다. 그래서 농축액으로 다시 오렌지 주스를 만들 때는 물을 넣어 부피를 늘릴 뿐만 아니라 오렌지 향을 타서 맛도 보충한다. 냄새가 맛을 구별하는 데 도움을 주는 원리를 이용한 것이다.

매운맛은 맛이 아니라 혀가 느끼는 고통이다

맛의 종류에는 단맛, 짠맛, 신맛, 쓴맛 등 네 가지가 있다고 널리 알려져 있다. 그러나 이것은 완전한 답이 못 된다. 그런데 매운 맛을 더해야 완전한 답이라 생각하시는 분들은 생물 시간에 수업을 제대로 안 받은 분이다. 매운 맛은 '맛'이 아니다. 고추의 매운 맛은 고추에 들어 있는 캡사이신(capsicin)이라는 물질이 혀에 통증을 가하는데, 이를 맵다고 느낄 뿐이다. 맛을 느끼지 못하는 경우를 '미맹'이라 한다. 이는 PTC(phenylthiocarbamide, 페닐티오카바마이드)라는 물질을 이용해 검사할 수 있다. 정상인들은 PTC의 맛이 쓰다고 느끼지만 미맹인 경우에는 아무 맛도 못 느끼거나 쓴맛이 아닌 다른 맛으로 느낀다.

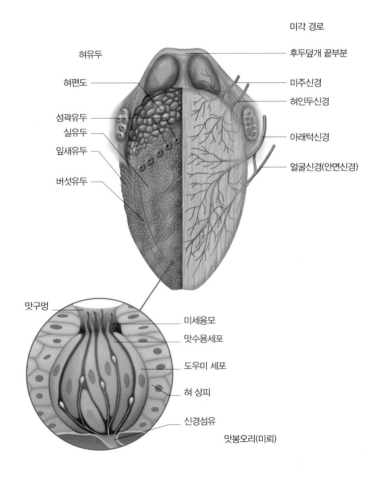

혀가 느끼는 다섯 번째 맛, 감칠맛

흔히 알려진 네 가지 맛 외에 다섯 번째 맛으로 감칠맛이 있다. 어떤 음식을 먹었을 때 더 먹고 싶다는 느낌을 가지게 하는 것이 바로 이 감칠맛이다. 감칠맛은 1908년 이케다 기쿠나에라는 일본 화학자가 발견해 우마미(일본어로 맛이 좋은 느낌)라 이름 붙였다. 일본의 화학 조미료 제조사인 아지노모토(味の素, 맛의 본질이라는 뜻) 사는 1909년에 감칠맛을 일으키는 물질에 대한 특허를 획득했다. 그리고 이 물질을 각종 조미료 제조에 이용해 막대한 수입을 올렸다.

감칠맛을 일으키는 물질은 성분을 분석한 결과 아미노산의 하나인 글루탐산에 나트륨(Na)이 1개 붙은 글루탐산나트륨(monosodium glutamate)임이 알려졌다. 이 물질은 오늘날 MSG라는 약자로 널리 알려져 있다. MSG는 오늘날에도 식품 첨가물로서 확고한 위치를 점하고 있으며, 수많은 음식에 이용되고 있다.

그런데 1960년대 이후 MSG가 사람에게 유해하다는 주장이 나오기도 했다. 약 30년에 걸친 논쟁이 있은 후 미국 식품 의약품 안전청(FDA)에서는 최종적으로 안전하다는 판정을 내렸다. (이것이 대규모 식품 회사들의 로비에 따른 것이라는 주장이 있지만 확인하기는 어렵고, 실제로 MSG를 과량 복용하면 몸에 해롭다는 주장도 계속 제기되고 있다.)

그것이 오늘날 전 세계에서 맛을 내기 위해 수많은 음식에 MSG를 첨가하고 있는 이유이기도 하다. 조미료가 많이 들어 있는 음식을 먹으면 다 먹은 후에도 계속해서 입안에 군침이 도는 느낌이나 물을 더 마시고 싶은 느낌을 가질 수 있다. 이것도 조미료에 들어 있는 MSG에 의한 것이다.

일찍부터 일본에서는 감칠맛이 제5의 맛이라 주장했지만 감칠맛이 다른 맛과 구별되는 새로운 맛이라는 증거가 발견된 것은 1997년의 일이다. 스티븐 로퍼와 니루파 차우다리 부부가 실험용 생쥐 혀의 맛봉오리(미뢰)에서 MSG를 구별할 수 있는 기능을 지닌 새로운 종류의 세포를 찾아낸 것이다.

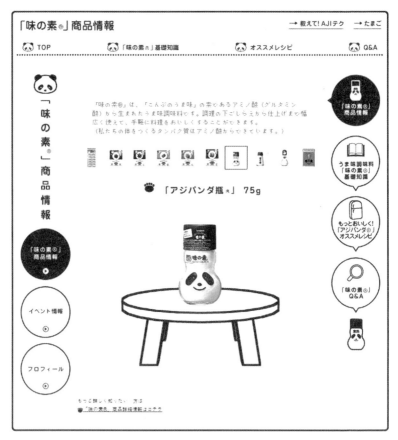

세계 최초로 MSG 상품을 개발한 일본 아지노모토 사의 홈페이지.

이로써 네 가지 맛과 다른 감칠맛이 존재한다는 사실이 증명되었다.

혀를 부드럽게 잘 굴린다?

흔히 "혀를 굴린다."라는 표현은 우리말에는 없는 외국어 발음을 흉내 내려 노력하는 경우를 이야기할 때 쓰고는 한다. 그러나 혀는 뒤쪽이 목구멍 쪽으로 연결되어 있으니 실제로 굴릴 수는 없다. 단, 혀의 근육에 문제가 있으면 혀를 움직이는 일이 어려워질 수는 있다. 혀의 근육에 약간의 문제가 있어 혀를 앞뒤 또는 좌우로 둥글게 말지 못할 수 있다. 그러나 발음을 하거나 음식을 먹을 때 큰 문제가 없다면 굳이 치료할 필요는 없다.

혀가 짧아서 'ㄹ'을 제대로 발음하지 못해 "곤로"를 "곤노"라 하거나 "바람풍"을 "바담풍"이라 발음하는 사람들이 있다. 이런 사람들을 놀리거나 얕잡아 보거나 하는 경우가 많다. 물론 외국어든 우리말이든 발음을 잘하는 것도 중요하다. 하지만 아무리 '혀를 잘 굴린다' 하더라도 할 말이 없으면 말을 할 수 없다. 발음보다 내용이 더 중요하지 않을까?

혀에 암이 생긴다!

혀에 암세포가 자라나기 시작하면 어떻게 될까?

혀에서 암세포가 자라기 시작하면 그 부위가 정상적인 기능을 못 하게 된다. 암은 근본적으로 암세포를 잘라 내는 것이 가장 중요한 치료법의 하나이다. 만일 혀를 자른다고 하면 끔찍하다는 생각이 안 들 수 없을 것이다. 다행히 혀에 생기는 이상은 비교적 눈에 잘 띄므로 다른 암과 비교할 때 조기

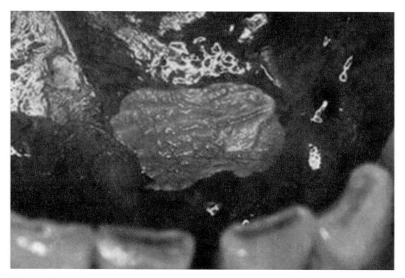

입안에 발생한 백색판증.

진단이 용이하다. 일반적인 혀암(설암)의 특징을 소개하니, 혀를 평소에 잘 살펴보시기를 당부한다.

1. 초기의 모양

단단한 흰색이 혀에 나타나거나 표면이 갈라지는 궤양이 나타난다. 치료하지 않고 그냥 두면 잇몸으로 번져 나간다.

2. 발생 빈도

혀암은 입 안에 생기는 암 중에서 가장 흔한 암이다. 나라에 따라 차이는 있으나 매년 10만 명당 5~10명에게서 발생한다. 여자보다 남자에게 잘 생기고, 40대 이하에서는 드물다.

3. 원인

어떤 종류든 담배를 피우는 경우, 알코올 섭취량이 많을수록 잘 생긴다. 인체 유두종 바이러스와 같은 바이러스도 혀암의 유발 인자이고, 리보플라빈(riboflavin)이나 철 등이 결핍되는 것도 발암 원인으로 거론된다. 백색판증(leukoplakia, 백반증)과 적색판증(erythroplakia, 홍반증)은 암이 되기 직전의 상태이므로 얼른 치료하지 않으면 암으로 발전한다.

4. 증상

초기에는 아무 증상도 없을 수 있다. 혀가 암세포 덩어리에 닿는 느낌으로 초기에 암세포를 감지할 수 있고, 암세포 조직에 궤양이 생기면(갈라지면) 통증과 출혈이 있을 수 있다. 치료하지 않고 그대로 두면 혀 근육 조절이 어려워지고, 통증이 심해지고, 숨쉬기 힘들어지고, 음식을 먹고 말하는 데 장애가 발생할 수 있다.

5. 진단

혀에 생긴 이상 조직을 떼어 내어 현미경으로 암세포를 찾아낸다.

6. 치료

수술, 항암제, 방사선 치료 등을 실시한다. 혀를 잘라내야만 하는 경우 인공적으로 혀를 만들어 주기도 한다. 언어 장애가 발생하면 언어 치료를 병행한다.

7. 주의 사항

혀에 생긴 암세포를 일찍 발견하면 80퍼센트 이상의 경우에 완치 가능하다. 혀 표면에 흰색 또는 빨간색으로 세포 덩어리가 보이고, 표면 위로 자라기 시작하면 즉시 전문의와 상담을 한다.

암에 대한 작은 상식

인체의 기본 단위는 세포다. 세포가 모이면 조직이 되고, 조직이 모여 장기가 되며, 장기가 모여 특수한 기능을 담당하는 계통(system, 소화 계통, 순환 계통, 호흡 계통 등)을 이룬다. 세포는 종류에 따라 모양과 기능이 다르지만, 수십 회 정도 분열을 한 후에는 사라지는 것이 정상이다. 사라져야 할 세포가 사라지지 않고 성장(분열)을 계속하면 몸에 필요하지 않은 세포가 덩어리를 이루어 자라나게 된다. 이를 종양(tumor)이라 한다. 종양은 치료하기 어렵고 예후가 나쁜 악성(malignant)과, 비교적 치료가 용이해 예후가 좋은 양성(benign)으로 구분하며, 암은 일반적으로 악성 종양을 가리킨다. 과거에는 적당한 암 치료법이 없었으므로 암 진단을 받으면 일단 죽음에 대한 공포를 가질 만큼 무서운 질병이었다. 그러나 현재는 암의 종류에 따라 항암제를 투여하거나 수술, 방사선, 호르몬 등을 이용해 치료할 수 있다. 물론 췌장암 같은 몇 종류의 암은 불치의 병으로 간주되긴 한다. 암은 늦게 발견하면 치료가 어려우므로 예방과 조기 진단이 가장 중요한 병이라 할 수 있다.

스탕달도 파스칼도 몰랐다
(-1)×(-1)=1인 이유는?

음수와 음수를 곱하면 양수라는 것은 누구나 안다. 그러나 정말 그것이 쉽게 이해가 되던가? 그냥 그렇다고 외우기만 했을 뿐, 그 이유를 생각해 보지 못했다. 음수끼리 더하면 여전히 음수인데 왜 곱하면 양수가 될까? 생각해 보면, 곱이 양수가 되는 것은커녕 음수끼리 어떻게 곱할 수 있는지도 이해하기 어렵다. 음수와 음수의 곱은 도대체 무엇일까?

스탕달도 파스칼도 음수를 몰랐다

음수를 이해할 수 있는 쉬운 방법 가운데 하나는 아마도 금전적 이익을 양 (+), 금전적 손실을 음(-)으로 생각하는 방식일 것이다. 그런데 이 방식은 음수의 덧셈과 뺄셈을 설명하는 데는 좋지만, 곱셈이나 나눗셈을 다루는 데는 오히려 방해가 된다. 일례로, 소설 『적과 흑』으로 유명한 프랑스의 작가 스탕달(1783~1842년)은 자전적 소설에서, "1만 프랑의 빚과 500프랑의 빚을 곱하면 어떻게 500만 프랑의 이익이 된다는 말인가?"라고 썼다. 음수와 음수의 곱이 양수인 것을 이해할 수 없다는 것이다. 당대의 지식인 가운데 한 명

스탕달(왼쪽)과 파스칼(오른쪽).

인 스탕달이 이 정도였으니, 음수에 음수를 곱해서 양수가 된다는 사실을 선뜻 받아들이지 못하는 사람들이 많았음을 짐작할 수 있다.

사실 수학사적으로 보면 무리수보다 음수가 더 늦게 발견됐으며, 음수의 연산을 보편적으로 받아들인 것이 무리수를 받아들인 것보다 나중인 것을 보면, 음수에 대한 거부감 내지는 공포감이 얼마나 심했는지 알 만하다. 희대의 천재로 손꼽히는 블레즈 파스칼(1623~1662년)조차 "놀랍게도, 아무것도 없는 상태에서 4개를 없애도 여전히 아무것도 없다는 사실을 이해하지 못하는 사람들이 있다."라고 자신의 책에 써놓을 정도였다. "인간은 생각하는 갈대"라는 명언을 남기고, '파스칼의 원리'를 발견하고, 세계에서 처음으로 계산기를 만든 그 파스칼이 말이다.

음수 곱하기 음수가 양수라는 것은 문헌상으로는 7세기 인도의 수학자 브라흐마굽타(598~668년)가 처음 밝혔다. 그렇지만, "-3이 2보다 작은데 어떻게 -3의 제곱이 2의 제곱보다 크냐."는 반론이 1,000년도 더 지난 18세기 유럽에서 버젓이 상식처럼 통용되기도 했으니, 음수에 음수를 곱한 것이 양수라는 사실에 대한 저항이 만만치 않았음을 알 수 있다. 오늘날처럼 경제나 날씨 등에서 음수의 개념이 일상화된 사회에서는 이러한 저항이 훨씬 덜한 편이지만, 여전히 음수를 처음 배우는 사람들이나 배운 지 오랜 사람들에게는 낯설게 느껴지는 것도 사실이다.

양수와 음수의 모델, 빚과 이익

스탕달의 예에서처럼 음수와 양수는 '빚'과 '이익'이라는 모델이 있다. 양수를 이익으로 생각하고 음수를 빚으로 생각하면, 이 모델은 양수의 덧셈과 뺄셈을 모두 설명할 수 있기 때문에 매우 좋은 모델이라 할 수 있다. 예를 들어 양수를 더하는 것은 이익이 늘어나는 것이고, 음수를 더하는 것은 이익이 줄어드는 것으로 생각하는 것이다. (이익이 0보다 작으면 빚으로 해석한다.) 인간은 한번 성공한 방법을 상황이 달라지더라도 적용하려는 경향이 있어서, 양수와 음수에 대한 연산을 할 때면 으레 빚과 이익을 생각하기 마련이다. 따라서 음수를 곱해서 양수라는 것을 빚과 빚을 곱해서 이익이라는 모델로 이해하려 시도하는 것도 자연스러운 현상이다. 왜 이 모델이 곱셈을 다룰 때는 잘 작동하지 않는 것일까?

빚에 빚을 곱하지 마라

빚과 이익 모델을 써서 곱하기를 하려고 하면, 양수 곱하기 양수를 설명할 때부터 벌써 삐걱거리기 시작한다. 이 모델대로라면 '이익'에 '이익'을 곱하면 '이익'이라는 말인데 과연 그럴까? 100원짜리가 10개 있으면 1,000원(100×10=1000)이므로 얼핏보면 양수끼리 곱하면 양수라는 데 대한 그럴듯한 설명처럼 보인다. 그런데 잘 들여다보면 앞의 100의 단위는 '원'이지만, 뒤의 10은 단위가 '개수'임을 알 수 있다. 앞의 100원은 '이익'이라 불러도 괜찮지만, 뒤의 10개는 '이익'이라고 해석하기 곤란한 것이다. 따라서 빚에 빚을 곱하는 것은 고사하고, 이익에 이익을 곱한다는 것부터가 어불성설임을 알 수 있다.

빚과 이익 모델, 버릴까, 살릴까?

'이익의 곱은 이익'이라는 말은 틀린 '해석'이지만, 빚과 이익 모델로도 일단 양수 곱하기 양수가 양수라는 것을 설명하는 데는 별 문제가 없다. 한편, 이 모델로 음수 곱하기 양수가 음수라는 것도 설명할 수 있다. 예를 들어, 1,000원을 빚진 사람이 10명이면, 전체 빚이 1만 원임을 안다. 식으로 쓰면 아래와 같이 나타낼 수 있다.

$$-1000 \times 10 = -10000$$

이와 같이 음수 곱하기 양수와 양수 곱하기 음수가 음수라는 것을 설명할 수 있기 때문에(역시 '빚 곱하기 이익이 빚'이라는 이야기는 아니다.) 곱셈일 때도 완전히 폐기 처분하기에 아까운 모델이기는 하다. 그렇지만 이 모델은 '음수 곱하기 음수'를 잘 설명할 수 없다는 것이 결정적 약점이다. 무엇보다 사람 수나 개수에는 음수가 없기 때문이다. 물론 이해해 볼 방법이 없는 것은 아닌데, 조금 뒤로 미루자.

음수에 음수를 곱하면 양수이다 1: 규칙성

$2 \times 2 = 4$	$1 \times 2 = 2$	$0 \times 2 = 0$	$-1 \times 2 = -2$	$-2 \times 2 = -4$
$2 \times 1 = 2$	$1 \times 1 = 1$	$0 \times 1 = 0$	$-1 \times 1 = -1$	$-2 \times 1 = -2$
$2 \times 0 = 0$	$1 \times 0 = 0$	$0 \times 0 = 0$	$-1 \times 0 = 0$	$-2 \times 0 = 0$

위의 곱셈표를 보자. 가로줄을 보면, 곱하임수(곱해지는 수)를 하나씩 줄임에 따라 곱셈의 결과도 일정하게 변한다. 세로줄을 보면 곱하는수(곱수)를

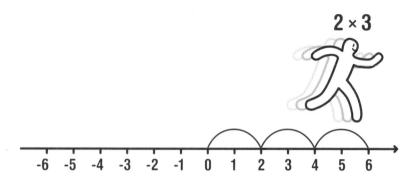

하나씩 줄임에 따라 역시 일정하게 변한다. 그런데 첫 번째 세로줄은 2씩 줄고, 두 번째 줄은 1씩 줄고, 세 번째 줄은 0으로 변함이 없고, 네 번째 세로줄은 1씩 늘고, 다섯 번째 세로줄은 2씩 늘고 있다. 따라서 세 번째 가로줄 밑에 다음 네 번째 가로줄을 만들면 아래와 같이 되어야 원래의 규칙이 유지된다.

$$2 \times (-1) = -2 \quad 1 \times (-1) = -1 \quad 0 \times (-1) = 0 \quad (-1) \times (-1) = -1 \quad (-2) \times (-1) = -2$$

이로부터 음수에 음수를 곱하면 양수가 되는 것이 매우 자연스럽다는 것을 알 수 있다. (원한다면 두어 줄 더 계산해도 좋다.)

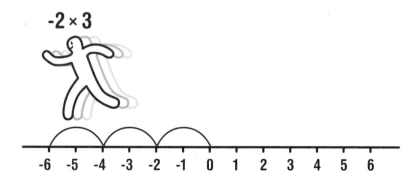

음수에 음수를 곱하면 양수이다 2: 수직선

음수를 다루는 기본적인 방식 가운데 하나는 수에 방향성을 부여하는 것이다. 양수와 음수를 양의 방향과 음의 방향의 두 가지로 생각하면 모델 만들기에 편리하다. 우리가 잘 알고 있는 수직선(數直線)이 바로 그것이다. 수직선에서 3과 −3은 기준점이 되는 원점에서 같은 거리(양)만큼 떨어져 있지만 방향이 서로 반대여서 다른 수가 된다. 사실 수직선 모델이 나온 이후에야 비로소 파스칼처럼 음수의 존재 자체를 부정하는 경향이 사라졌다. 이 수직선 모델에서 2에 3을 곱하는 것은 2를 3번 더하는 것이므로, 수직선의 0에서 양의 방향으로 2칸씩 3번 이동한 결과로 생각할 수 있다.

같은 방식으로 2에 −3을 곱하는 것은 반대 방향으로 2칸씩 3번, 즉 −2만큼 움직이는 과정을 3번 반복한 것으로 생각할 수 있다. 즉, −2에 3을 곱하는 것과 마찬가지로 생각할 수 있다.

이제 $(-2) \times (-3)$을 생각해 보면 −2의 반대 방향으로 3번 움직이는 것에 해당하고, 이것은 2를 3번 더한 것과 같아지므로, $(-2) \times (-3) = 6$이 된다.

음수에 음수를 곱하면 양수이다 3: 빚과 이익 모형

빚과 이익 모델로도 음수의 곱을 설명할 수 있다. 양수만 더하고 빼던 것을, 음수도 더하고 빼는 것으로 확장하는 것이다. 음수를 더하는 것은 빚이 늘어난다, 이익이 줄어든다는 뜻으로 해석하고, 음수를 뺀다는 것은 빚이 줄어든다, 즉 이익이 늘어난다는 뜻으로 해석하는 것이 합리적이다. 특히 a가 양수일 때, $-a$를 뺀다는 것은 a만큼의 빚(즉 $-a$)이 줄었다는 뜻이므로, a만큼의 이익이 늘어났다는 뜻이다. 즉 $-(-a) = a$인 것이다. 또한 빚과 이익 모델에서 a와 b가 양수일 때 $(-a) \times b = -(a \times b) = a \times (-b)$라는 것은 수긍할 수 있을 것이다. 음수의 곱셈이 기존의 셈법과 어울리려면 저 식이 b가 음수일 때도 (혹은 0일 때도) 성립하는 것이 바람직할 것이다. 따라서 b가 음수일 때 $b = -c$로 나타내면, c는 양수이고 $(-a) \times (-c) = a \times (-(-c)) = a \times c$여야만 한다. 즉 음수 곱하기 음수는 양수가 되는 것이 합리적이다.

음수에 음수를 곱하면 양수이다 4: 수학적 증명

음수와 음수의 곱이 양수임을 여러 가지로 '설명'했지만, 엄밀한 증명이라고 하기는 어렵다. 예를 들어 $-\sqrt{2}$ 와 $-\sqrt{3}$ 의 곱이 $\sqrt{6}$ 임을 위의 설명을 써서 보이기 힘든데, $\sqrt{2}$ 개나 $\sqrt{3}$ 개 같은 것을 생각할 수 없기 때문이다. 엄밀하게는 0이 덧셈의 항등원이라는 것과, 덧셈의 결합 법칙, 덧셈과 곱셈 사이의 분배 법칙을 이용해 $(-a) \times (-b) = ab$ 를 증명해야 한다.

먼저 음수와 음수의 곱 가운데 가장 간단한 $(-1) \times (-1) = 1$ 을 연습 삼아 풀어 보자. $0 = 1 + (-1)$ 임은 알고 있다. 양변에 -1 을 곱하고 분배 법칙을 적용하면, 아래와 같다.

$$0 = (1 + (-1)) \times (-1)$$
$$= 1 \times (-1) + (-1) \times (-1)$$

$1 \times (-1) = -1$ 이므로 위의 식은 $0 = -1 + (-1) \times (-1)$ 이 된다. 이제 양변에 1을 더하면 결과가 나온다.

$$1 = (-1) \times (-1)$$

그럼, 이제 일반적인 음수와 음수의 곱에 대해서도 증명해 보겠다. 먼저 $0 \times b = 0$ 이라는 것을 증명한다. 0이 만약 3개 있다면 $0 \times 3 = 0 + 0 + 0 = 0$ 이니까 이런 것은 쉽다. 하지만 0에다 $\sqrt{2}$ 를 곱한 것도 이렇게 생각할 수 있을까? 0이 $\sqrt{2}$ 번 있다는 것을 상상할 수 없다. 그래서 일반적인 증명을 하는 것이다. $0 \times b = 0$ 의 증명은 다음과 같다.

$$0 = 0 \times b - (0 \times b) = ((0+0) \times b) - (0 \times b)$$

$$= (0 \times b + 0 \times b) - (0 \times b) = 0 \times b$$

$a \times 0 = 0$인 것도 마찬가지로 똑같이 보일 수 있다.

이제 본격적으로 $(-a) \times (-b) = ab$를 증명하겠다. 그 증명은 아래와 같다.

$$\begin{aligned}
(-a) \times (-b) - a \times b &= (-a) \times (-b) + a \times (-b) - a \times (-b) - a \times b \\
&= ((-a) + a) \times (-b) - (a \times (-b) + a \times b) \\
&= 0 \times (-b) - (a \times (-b + b)) \\
&= 0 - a \times 0 = 0 - 0 = 0
\end{aligned}$$

이제 원하는 사실, $(-a) \times (-b) = ab$의 증명이 끝났다.

소가 살찌는 이유

늠름한 소걸음을 예찬하노라!

2009년은 기축년(己丑年), 헌 해는 가고 새해는 언제나 오는 법. 해 놓은 일 없이 나이테(연륜) 하나가 더 늘어 버렸다. 그런데 자(子, 쥐), 축(丑, 소), 인(寅, 호랑이), 묘(卯, 토끼), 진(辰, 용), 사(巳, 뱀), 오(午, 말), 미(未, 양), 신(申, 원숭이), 유(酉, 닭), 술(戌, 개), 해(亥, 돼지)의 십이지(十二支)중에서 용을 빼면 나머지는 우리 주변 동물들이다.

소는 우리에겐 가축이자 가족이었다. 듬직한 소의 노동력 없이는 농사를 지을 수 없었으니 우리 집 재산 목록 제1호였고. 게다가 외삼촌이 소 팔아 준 돈으로 대학 공부를 시작할 수 있었던 나였으니…… 얼마 전에 중국에 다녀왔는데, 놀랍게도 시간이 멈춘 듯한 그곳 시골에서 어린 시절의 나를 만났다! 논으로 밭으로 고삐 잡아 몰아 소에게 풀 뜯기던 꼬마둥이 나를 거기서 발견한 거다. 땔감 나무하고 소 치던 철부지 시절을 거듭 반추했다. 그 때가 그리워지는 건 내가 나이를 먹은 탓일까.

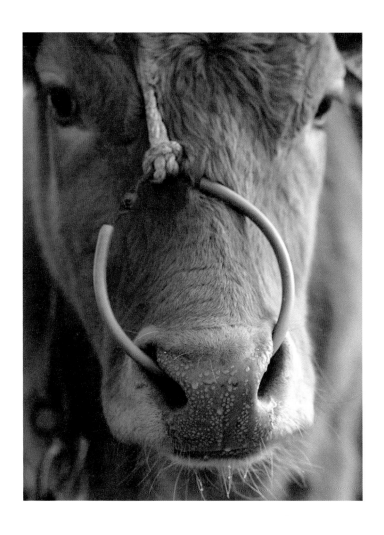

소의 특징은 되새김위와 발굽

큰 사전에서 '쇠'자를 찾아보았다. 명사 앞에 붙어서 '소의' 뜻을 나타내는 말이라 씌어 있다. 그 밑에 있는 '쇠'자는 '작다.'는 뜻이라고 한다. 쇠우렁 이, 쇠고래, 쇠기러기 등으로 쓰인다고 한다. 이런 재미로 사전 뒤지기를 한 다. 소는 당연히 포유강(綱), 소목(目), 솟과(科)의 동물이다. 솟과에는 소, 들 소, 양, 염소, 사슴, 고라니, 노루들이 속한다. 솟과 동물은 하나같이 머리와 가슴은 작고 몸통(배)이 훨씬 크다. 네 부위로 나뉜 반추위(되새김위)와 각질화된 딱딱한 발굽을 가지고 있다. 이렇게 되새김위를 가진 동물을 반추 동물(反芻動物)이라 한다. 그리고 발굽(蹄, toe)을 가진 동물을 유제류(有蹄類)라 한다. 발굽이 하나인 말(馬)과 셋인 코뿔소처럼 홀수의 굽을 가진 것을 기제류(奇蹄類)라고 하고, 소나 돼지, 염소 같이 짝수(둘)인 발굽 동물을 우제류(偶蹄類)라 한다. 발굽은 돌산 같은 험한 지형에 살기 위해 적응한 장치다.

양구이는 첫째 위를 구운 것

사실 길들여 농사일 시키고 늙어 힘 빠지면 잡아먹었던 소인데, 요새는 기계가 힘든 일 다 하니 소 하면 키워 먹는 살코기 '한우'로 둔갑하고 말았다. 소의 밥통(반추위, ruminant stomach)을 '양'이라 하며 그것은 네 방으로 나뉘니, 제1위는 혹위라 한다. 가장 커서 반추위의 거의 전부를 차지한다. 검은 수건처럼 안이 오돌오돌한데, 구이로 쓴다. 제2위는 벌집위라 한다. 벌집 꼴이기 때문이다. 벌집위는 양즙을 내 먹는다. 제3위는 겹주름위라 하는데, 주

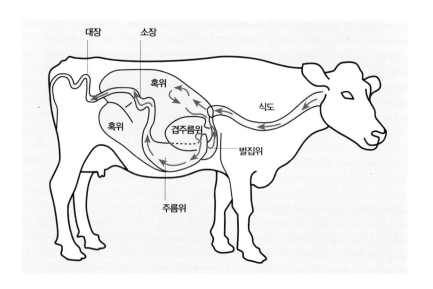

름이 많이 졌다. 처녑 또는 천엽이라 하는데, 처녑전이나 처녑회로 좋다. 제 4위는 주름위라 하는데, 진짜 위다. 막창구이로 좋다.

우리나라 사람들이 먹는 쇠고기 부위가 쉰 가지가 넘는다고 하니 참 알뜰 하기 그지없다. 내장은 말할 것도 없고 선지 해장국감에다 뼈다귀에 소발, 쇠가죽에 붙은 질긴 수구레까지 벗겨 먹는다. 안심, 등심, 갈비, 육회는 물론 이고 뿔은 빗(櫛)으로, 껍질은 벗겨 구두를 만든다. 과연 소는 사람을 위해 태 어났단 말인가?

풀이 있으면 일단 위에 채워 넣고, 안전한 곳에서 천천히 되새김질한다

소과 동물은 모두 반추(反芻, 꼴을 되돌린다는 뜻이다.) 동물들이다. 초식 동물들은 성질이 양순하고 특별한 공격 방어 무기가 없어 언제나 힘센 포식자에게 잡 혀 먹힌다. 그래서 풀이 있으면 어서 빨리 뜯어먹어 일단 위에 그득 채워 넣 고 안전한 곳으로 이동해서 되새김질을 한다. 아주 멋진 적응이요 진화다!

가장 큰 제1위인 혹위는 겉에서 보아 혹처럼 불룩불룩 튀어나와 붙은 이 름이다. 여기에 짚을 집어넣으면 제2위인 벌집위로 넘어가 둥그스름한 덩 어리(cud)가 된다. 되새김질감이 된 것이다. 그것을 끄르륵! 트림하듯 토(吐) 해 50번 이상 질겅질겅 씹어 되넘기면, 제2위를 지나 제3위인 겹주름위, 제 4위인 주름 위를 지나 작은창자로 내려간다. 결국 제1위와 제2위가 반추위 인 셈이다. 그중에서 혹위가 빵빵한 소 배의 4분의 3을 차지하고, 거기에 약 150리터의 먹이를 채운다. 기름 한 드럼통이 200리터니 혹위가 얼마나 큰 지 짐작할 것이다. 제1, 2, 3위가 식도가 변한 것으로 주로 저장과 반추를 한 다면 제4위인 주름위는 다른 동물의 밥통과 맞먹어서 강한 위액을 분비한 다. 닭의 모이주머니는 식도의 일부이고, 모래주머니가 진짜 위인 것을 생 각하면 되새김위를 이해하는 데 도움이 되겠다.

소의 반추위에 사는 미생물들

반추위에 서식하는 미생물(rumen microorganisms)은 반추 동물에게는 없어서 안 되는 아주 중요한 공생 생물이다. 이 미생물에는 혐기성 세균(嫌氣性細菌, anaerobic bacteria)과 원생 동물(原生動物, protozoa)이 주를 이룬다. 균류(菌類, fungi)도 소량 차지한다. 이것들은 거의 다 혹위에 산다. 그중 세균들은 주로 섬유소나 다당류 등 탄수화물을 분해하는 중요한 역할을 한다. 원생동물은 섬모충류가 주류다. 세균보다 40배나 더 커서 세균을 잡아먹어서 세균의 수를 조절한다. 효모를 포함하는 균류도 일부 발견되는데, 그것들의 하는 일은 잘 알려지지 않았다.

섬유소를 분해하는 효소는 미생물이 만든다

결국 혹위는 커다란 분해 탱크, 즉 발효통이다. 꿈틀꿈틀 움직여(연동 운동) 여물과 침과 미생물을 버무려 섞는다. 먹이는 혹위에 9~12시간 머문다. 그러면 세균들이 식물의 세포벽을 얽어 만드는, 소화하기 어려운 셀룰로오스(cellulose, 섬유소)를 분해하기 시작한다. 세균들은 셀룰라아제(cellulase)라는 효소를 분비해 다당류인 셀룰로오스를 이당류인 셀로비오스(cellobiose)로 분해한다. 이어서 셀로비아제(cellobiase)라는 효소로 셀로비오스를 단당류인 포도당(glucose)으로 분해한다. 섬유소, 리그닌(lignin), 펙틴(pectin) 같은 아주 질긴 식물 세포벽의 성분을 분해하는 효소는 오직 이 세균들만이 합성해 분비한다. 소나 사람 같은 동물은 만들 엄두도 내지 못한다.

이렇게 섬유소에서 만들어진 포도당을 또다시 세균들이 발효시켜 휘발성 지방산을 만들어 내고, 아미노산이나 비타민까지도 합성한다. 이때 공해 물질에 해당하는 이산화탄소와 메탄(CH_4)이 만들어진다. 하루에 소 한 마리가 280리터를 트림이나 방귀로 내뱉는다고 한다. 어쨌거나 여러분은 소가 풀만 먹는데도 살(단백질)이 찌고 비계(지방)가 끼는 까닭을 알게 됐을 것이다. 물론 풀에도 탄수화물과 단백질, 지방 성분이 들어 있다는 것도 알아야 소의 살찜

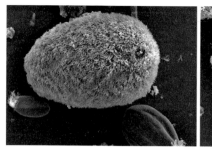

소 위 속에 사는 원생동물(*Isotricha intestinalis*), 소 위 속에 사는 원생동물(*Entodinium* sp.)

을 이해한다. 우리가 먹는 쌀밥에도 탄수화물 21퍼센트, 단백질 10퍼센트, 지방이 3퍼센트 정도 들었듯이 말이다.

공생이 생명을 만든다!

세상에 공짜 없다. 미생물들은 혹위라는 안정된 삶터에서 소가 먹은 풀이나 곡식을 분해하면서 나오는 에너지를 얻어 번식한다. 소는 그들이 분해하고 합성한 포도당, 지방산, 아미노산, 비타민 같은 양분을 얻는다. 둘은 주고받기를 하는 것이다. 천생연분(天生緣分)이요, 뗄 수 없는 공생(共生, symbiosis)이다. 묘한 상생(相生)이라 해도 좋다.

혹위에 있던 그 많은 미생물들(밀리리터당 10^{10}~10^{11}마리)은 죽처럼 묽어진 식물(食物)에 섞여 제4위와 소장으로 내려가고, 거기서 소화되어 역시 귀한 양분을 소에게 공급한다. 이렇게 미생물은 반추 동물인 소에게 숙명적인 것이다. 갓 태어난 송아지도 엄마 소의 젖꼭지나 마구간 바닥에 널려 있는 어미 똥 묻는 볏짚을 씹으면서 귀중한 공생체를 뱃속에 집어넣는다.

외양간 바닥에 소 한 마리가 드러누워 있다. 겨울 햇볕을 받으며 지그시 눈 감고, 끄덕끄덕 고갯짓을 하고 있다. 꿀꺽꿀꺽 여물을 토해 내 되새김질하는 소의 모습. 거기서 평온함과 여유로움을 만난다. 정녕 정각(正覺), 해탈(解脫)이라는 올바른 깨달음도 소에서 얻지 않는가.

세상의 기초, 표준 모형

최초의 보편 법칙, 뉴턴의 만유인력 법칙

과학자들은 비교적 단순하다. 자연 현상은 복잡해도 그 내면의 근본 원리는 그다지 복잡하지 않으리라고 생각한다. 그러자면 두루두루 적용되는 보편성을 추구할 수밖에 없다. 이렇듯 과학자들은 한두 가지의 보편적인 원리로 수많은 자연 현상을 설명하는 것을 좋아한다. 어쩌면 그것이 과학을 하는 최고의 보람인지도 모른다.

우리가 관찰하는 모든 현상들마다 제각각 적용되는 작동 원리를 과학자들이 보편 법칙이라고 내놓는다면 무척 실망스러울 것이다. 보편성을 추구하는 과학자들의 열망은 일종의 본능이다. 아인슈타인 역시 이 본능에 가장 충실했던 사람 중 한 명이었다. 말년의 그는 통합 이론(대통일 이론)에 관심이 많았다. 당시까지 알려져 있던 중력과 전자기력을 하나의 이론으로 설명하고자 했다. 안타깝게도 아인슈타인의 노력은 실패했지만 보편적 진리를 추구했던 그의 열정과 노력은 후대의 과학자들에게 면면히 이어졌다.

자연의 기본 힘, 네 가지

지금까지 인간이 알고 있는 자연계의 힘은
네 가지이다. 중력, 전자기력, 약력, 강력이
그들이다. 현대적인 이론에서는 이 네 가지
힘에는 각각의 힘을 매개하는(전달하는) 입자
가 있다고 이해하고 있다. 중력자(중력), 광
자(전자기력), W 및 Z 보손(약력), 접착자(강력)
가 그들이다. 한편 자연계에는 힘을 매개하는
입자 외에 물질을 구성하는 구성 입자들이 있
다. 전자나 양성자 등이 이에 속한다.

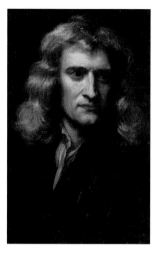

아이작 뉴턴.

　중력은 질량이 있는 두 물체 사이에 작
용하는 힘이다. 즉 물체가 지구로 떨어지
게 만드는 가장 친숙한 힘이다. 아이작 뉴턴(1642~1727년)이 중력을 만유인
력의 법칙으로 정식화했고 아인슈타인은 일반 상대성 이론으로 현대화했
다. 전자기력은 전기력과 자기력을 함께 일컫는다. 전자기력은 고대부터 알
려져 있었다. 전기력과 자기력이 하나의 힘이라는 사실은 마이클 패러데이
(1791~1867년)가 전자기 유도 현상을 발견함으로써 확실해졌다. 전자기력은
제임스 클러크 맥스웰(1831~1879년)에 이르러 그의 유명한 방정식으로 총정
리되었다. 약력과 강력은 원자핵 발견 뒤 그 성질들을 연구하면서 알게 된
힘이다.

원자핵을 지배하는 힘 중 약한 힘, 약력

약력(약한 핵력, 혹은 약한 상호 작용)을 발견하게 된 계기는 베타 붕괴라는 현상 덕
분이었다. 베타 붕괴는 중성자가 전자를 방출하면서 양성자로 바뀌는 현상
이다. 이 과정에서 무엇인가 전에는 알지 못하던 힘이 작용하는 것이 아니
냐는 생각이 들었다. 이 힘을 연구해 보니 이 힘은 중력보다는 강하지만, 전

자기력보다는 약했다. 그래서 약력이라고 부르게 되었다.

중성자가 붕괴할 때는 아주 이상한 현상이 생긴다. 원래 중성자가 가졌던 에너지와 베타 붕괴 이후에 전자와 양성자가 가지는 에너지가 서로 다르다. 즉 가장 기본적인 에너지 보존 법칙이 맞지 않는 것처럼 보이는 것이다.

이 문제를 해결한 사람이 볼프강 파울리이다. 볼프강 파울리는 질량이 거의 없고 전기적으로 중성인 입자가 이 반응에 참가해 에너지를 가지고 달아난다면 에너지 보존 문제를 해결할 수 있다고 생각했다. 전기적으로 중성이면서 매우 가벼운 이 입자를 중성미자(neutrino)라고 한다. 중성미자는 약력에만 관여하는 입자이다.

원자핵을 지배하는 힘 중 강한 힘, 강력

강력(강한 핵력, 혹은 강한 상호 작용)을 발견하게 된 이유는 간단하다. 수소 이외의 원자핵은 2개 이상의 양성자로 구성되어 있다. 양성자는 모두 전기적으로 양성이라 양성자가 여럿 모여 있으면 전기적인 반발력이 대단할 것으로 쉽게 예상된다. 따라서 전자기력보다는 훨씬 강한 힘으로 원자핵을 구성하는 양성자와 중성자를 묶어 줄 힘이 필요하다. 전자기력은 약력이나 중력보다 센 힘이니, 전자기력보다 강한 힘이 필요하다. 그래서 강력이라는 개념이 생겨났다.

일본인 최초로 노벨상을 수상한 유카와 히데키(1907~1981년)는 양성자나 중성자들이 중간자(meson)라는 새로운 입자들을 교환하면서 강력을 형성한다고 생각했다. 그의 예언대로 파이온(pion)이라는 중간자가 1947년에 발견되었다. 즉 강력은 새로운 힘이고, 전자기력보다 강한 힘이며, 중간자가 관여하는 힘이라는 것을 알게 된 것이다.

물질의 근본, 쿼크

중성자와 양성자는 더 이상 쪼갤 수 없다는 의미에서의 궁극적인 기본 입자는 아니다. 이후 양성자나 중성자가 쿼크(quark)라는 더 작은 입자들로 이루어졌다는 증거들이 발견되었다. 쿼크는 머리 겔만과 게오르게 츠바이히가 1963년 독립적으로 제시한 개념이다. 쿼크 셋이 적당히 잘 모이면 양성자나 중성자가 된다. 또한 강력에 관여하는 중간자도 쿼크로 구성되어 있다. 양성자나 중성자, 중간자는 모두 강력과 관계가 있는 것이다.

더 연구를 진행해 본 결과 쿼크는 강력을 느끼는 최소 입자 단위이고, 쿼크와 쿼크는 접착자(gluon)라고 불리는 강력의 매개체를 주고받으며 강하게 결합해서 양성자나 중간자를 만든다는 것이 알려졌다. 쿼크는 총 여섯 종류가 있다고 밝혀졌다. 여섯 종류의 쿼크는 둘씩 짝을 이룬다. 그 이름은 업(Up, 위)/다운(Down, 아래), 참(Charm, 맵시)/스트레인지(Strange, 기묘), 톱(Top, 꼭대기)/보텀(Bottom, 바닥)이다.

강의하고 있는 유카와 히데키.

아원자 입자들로 가득한 거품 상자 사진. 이 사진은 1960년대의 수많은 거품 상자 사진 중 하나이다.
물리학자들은 아름답게 휜 이 곡선들을 분석해서 입자의 움직임과 그 움직임을 지배하는 힘에 관한 이론을
만든다.

전자의 형제들

양성자와 중성자가 강력으로 뭉쳐서 원자핵을 만든다는 것은 앞에서 설명했다. 그러면 전자들도 뭉칠 수 있을까? 강력은 전자기력보다 강하므로 전자들 사이에도 강력이 작용할 수 있다면 전자들도 여러 개 뭉칠 수 있을 것이다. 그러나 이런 일은 생기지 않는다. 전자는 강력을 느끼지 못하기 때문이다. 전자와 중성미자는 약력에는 반응하지만 강력은 느끼지 못한다. 이런 입자들을 경입자(lepton)라고 한다. 경입자는 강력을 느끼는 쿼크와는 전혀 종류가 다른 입자인 셈이다.

경입자도 총 여섯 종류가 발견되었다. 처음에 발견된 중성미자는 약력과 반응할 때 전자와 관련되기 때문에 전자형 중성미자라고 한다. 이와 비슷하게 뮤온(muon)이라는 경입자에는 뮤온형 중성미자가 있고, 타우온(tauon)이라는 경입자에는 타우온형 중성미자라는 것이 있다. 전자와 뮤온 혹은 타우온은 질량만 다를 뿐 그 외 모든 물리적 성질은 똑같다. 말하자면 전자의 형제뻘 되는 입자들이다. 그 각각의 짝을 이루는 중성미자들도 서로 형제뻘이다. 약력은 W, Z로 불리는 입자들이 매개한다는 것이 밝혀졌다.

요약하자면 이렇다. 자연계의 기본 입자는 크게 힘을 매개하는 입자와 물질을 구성하는 구성 입자로 나뉜다. 구성입자는 다시 강력을 느끼는 쿼크와 강력을 느끼지 못하는 경입자로 구분된다.

위대한 통일을 향한 첫걸음

자연에는 왜 네 가지나 되는 힘이 존재하는 것일까? 초등학생이 던질 법한 이 질문에 아직 우리는 만족할 만한 답이 없다. 아마 이 질문은 21세기에도 과학의 최대 난제 중 하나로 남을 것 같다. 자연의 근본 이치를 묻는 사람들이라면 응당 4개의 힘이 별개로 존재한다기보다 하나의 통합된 힘이 4개로 갈라졌다는 스토리를 더 좋아할 것이다. 그것은 곧 과학자들의 마음이기도 하다.

통합을 향한 큰 진전이 이뤄진 것은 1960년대였다. 미국의 셸던 글래쇼와 파키스탄의 압두스 살람, 미국의 스티븐 와인버그가 그 주역들이었다. 이들의 이름을 딴 GSW 모형은 약한 핵력과 전자기력을 성공적으로 통합했다. 그리고 이와 유사한 이론이 강력을 설명하기 위해 도입되었다. 미국 듀크 대학교 교수인 한무영 박사가 지난 2008년 노벨상 수상자인 난부 요이치로와 함께 이 과정에서 크게 기여했다.

표준 모형, 그 성공과 도전

약력과 전자기력, 그리고 강력에 대한 이런 이론들을 한데 모아 사람들은 표준 모형이라고 부르기 시작했다. 표준 모형은 강력을 느끼지 못하는 세 쌍의 경입자들과 강력도 함께 느끼는 세 쌍의 쿼크들, 그리고 세 가지 힘을 매개하는 입자들에 관한 이론이다. 지난 40여 년 동안 표준 모형은 다양한 실험적 검증을 통해 가장 믿을 만한 이론적 체계로서 아직 그 자리를 지키고 있다. "세상은 무엇으로 만들어졌을까?"라는 인류 태고의 질문에 대한 모범 답안이 바로 표준 모형이다.

그러나 표준 모형에서 가장 중요한 입자가 아직 실험적으로 발견되지 않고 있어 많은 과학자들의 애를 태우고 있다. 그것은 바로 힉스(Higgs) 입자이다. 힉스는 표준 모형의 가장 핵심적인 연결 고리이기 때문에 힉스가 없으면 표준 모형은 한마디로 '대략 난감'의 상태에 빠진다. 그 난감한 상황이란 무엇일까? 왜 힉스가 꼭 있어야만 하는 것일까? 거기에는 자연의 뒷면에 감춰진 놀라운 비밀과 경이로운 아름다움이 숨어 있다.

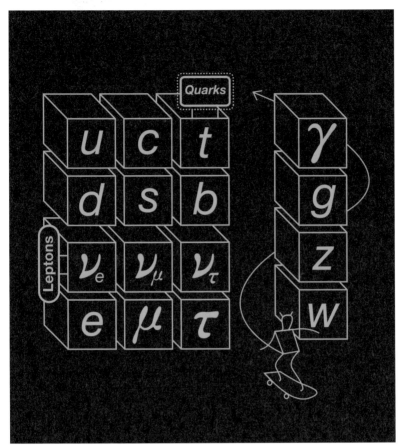

표준 모형의 입자 분류표를 이용한 책의 표지(『위대한 물리학자 6』(사이언스북스, 2007)의 표지 이미지).
표지 그림의 왼쪽 벽은 물질을 이루는 쿼크와 전자로 u는 업 쿼크, c는 참 쿼크, t는 톱 쿼크, d는 다운 쿼크,
s는 스트레인지 쿼크, b는 보텀 쿼크이고, v_e는 전자 중성미자, v_μ는 뮤 중성미자, v_τ는 타우 중성미자,
e는 전자, μ는 뮤온, τ는 타우온이다. 오른쪽 기둥은 힘을 전달하는 입자들로 γ는 광자, g는 접착자,
Z는 Z 보손, W는 W 보손이다.

어둠을 꿰뚫는 적외선의 힘

우리가 눈을 통해 사물을 볼 수 있는 것은 '빛'이 사물에 반사되어 눈으로 들어오기 때문입니다. 그리고 이렇게 대상을 볼 수 있도록 해 주는 빛을 '가시광선(可視光線)'이라고 합니다. 보는 것이 가능한 광선이라는 뜻이지요. 그러나 가시광선은 빛의 넓은 영역 중 극히 일부분에 지나지 않습니다. 빛에는 적외선(赤外線)과 자외선(紫外線) 등 다양한 영역이 있습니다. 가시광선을 프리즘으로 분산시켜 보면 빨주노초파남보 일곱 가지 색이 나타나는데, 이 가운데 빨간색(赤) 바깥쪽(外)의 영역이 적외선, 보라색(紫) 바깥쪽(外) 영역이 자외선입니다. 이들은 우리 눈에 보이지 않아서 그 존재를 잘 알 수 없습니다. 하지만 이러한 '보이지 않는 빛'들이 사진과 만나면 우리가 평소에는 보지 못하던 새로운 모습을 발견할 수 있습니다.

특히 적외선은 고미술품 연구, 회화 및 문서 위·변조 감별에 활용되고 있습니다. 그리고 보안 분야에서도 활발하게 이용되고 있습니다. 또 이런 '보이지 않는 빛'의 특성은 예술 분야에서 새로운 표현의 도구로 응용되기도 합니다. 이처럼 우리 주변에 항상 있지만 우리 눈엔 잘 보이지 않는 것들이 많이 있습니다. 그러나 우리에게는 보이지 않던 세상을 볼 수 있도록 도와 주는 창문이 있습니다. 그것이 바로 사진입니다.

▼ 적외선으로 본 윤두서의 자화상
이 사진은 국보 제240호로 지정되어 있는 「윤두서 자화상(尹斗緖 自畫像)」입니다. 일반적인 조선 시대 후기 초상화는 전신이나 상반신을 그립니다. 하지만 이 작품은 상반신을 생략하고 얼굴만을 강조해 그린 특이한 양식으로 많은 주목을 받았습니다. 그러나 이 작품을 적외선으로 촬영해 보면 우리가 육안으로는 볼 수 없었던 상반신의 모습이 나타납니다. 본래 밑그림에는 상반신이 있었던 것입니다.

어떤 사건을 수사하던 경찰이 사건 해결에 중요한 역할을 할 문서를 발견했습니다. 하지만 문서의 중요한 부분은 검은색으로 알아 볼 수 없게 덧칠한 상태였습니다. 그러나 적외선 사진을 이용하면 문서 속 본래의 내용이 고스란히 나타납니다. 바로 적외선의 투시 능력 때문입니다. 적외선은 가시광선에 비해 긴 파장을 갖습니다. 그로 인해 대상을 투과해 맨눈으로는 보이지 않던 것을 보이게 해 줄 수도 있습니다.

▲ 사람마다 다른 손등의 혈관

'생체 인식 시스템'을 이용한 보안 장치들이 점차 보편화되고 있습니다. 최근에는 손등 혈관의 위치와 모양을 이용, 신원을 판독하는 '손등 혈관 인식 시스템'이 나왔습니다. 손등 혈관 인식 시스템은 이 사진처럼 적외선을 이용해 사람의 손등을 촬영한 후 정맥의 위치와 모양 크기 등을 비교합니다. 흔히 사용하는 '지문 인식 시스템'에 비해 인식 오류 빈도가 아주 낮은 것이 장점입니다.

여름은 맑은 하늘에서 내려오는 강
렬한 태양과 함께 다양한 식물들이
생명력을 뽐내는 계절입니다. 이
사진은 한여름의 풍경을 찍은 것입
니다. 마치 흰 눈이 내린 것 같은 모
습을 보여 주고 있습니다. 그 이유
는 디지털 카메라로 촬영한 적외선
사진이기 때문입니다. 식물의 잎
은 적외선을 반사하는 성질이 있기
때문에 사진에서 밝게 나타납니다.
반대로 하늘과 같은 부분은 적외선
을 흡수해 어둡게 나타납니다.

색(色)은 가시광선의 영역에서만 존재합니다. 그렇기 때문에 적외선 사진은 흑백으로 나타납
니다. 그러나 특수한 방법을 이용하면 색이 있는 적외선 사진을 찍을 수 있습니다. 이런 사진
을 '컬러 적외선 사진'이라고 합니다. 컬러 적외선 사진은 언뜻 보기에 일반적인 가시광선 사
진과 별반 다르지 않아 보입니다. 하지만 자세히 보면 초록색으로 나타나야 할 나뭇잎들이 전
부 적외선 특유의 붉은색을 띠고 있음을 알 수 있습니다. 이러한 컬러 적외선 사진의 특징은 특
정 지역의 수목 분포도 조사 및 장기간에 걸친 수목 생태 변화 연구에 쓰입니다. 또한 군사적인
목적으로도 사용되고 있습니다.

▲ 데스 밸리

황량한 사막에 덩그러니 남겨진 낡은 수레의 모습에서 진한 외로움이 묻어납니다. 이 사진은 앞서 설명한 한여름의 설경과 마찬가지로 적외선으로 촬영한 것입니다. 같은 적외선 사진이라고 할지라도 이처럼 다른 느낌을 줍니다. 그 이유는 디지털 카메라가 아니라 필름 카메라에 적외선 필름을 넣어서 촬영했기 때문입니다. 적외선 필름을 이용하면 적외선 사진에서만 나타나는 특징들과 함께 고유의 몽환적인 분위기를 얻을 수 있습니다. 이렇듯 적외선을 이용한 풍경 사진은 우리가 평소에 보는 것과는 다른 광경을 보여 줍니다. 그 때문에 보다 새로운 사진을 찍고자 하는 사진가들에게 많은 관심을 받고 있습니다.

음식을 쪼개는 이

아무리 덩치 큰 공룡이라 해도 채식 동물이어서 주변에 있는 사람들을 건드리지 않는다면 무서울 게 없다. 그러나 육식을 하는 공룡이 영화 「쥐라기 공원」에서 사람을 노리고 입을 쩍 벌리고 날카로운 이빨을 번뜩이는 모습은 머리에 떠올리기만 해도 섬뜩하다. 육식 공룡의 이빨은 피식자에게는 공포의 상징이다. 그러나 이는 첫인상을 개선하는 역할을 하는 게 아니다. '소화'라는 궁극적인 목표를 위해서는 입으로 들어온 음식이 일단 잘게 쪼개져야 한다. 소화의 첫 과정에서 결정적인 역할을 하는 것이다.

고기를 먹으려면 이부터 튼튼해야

조금만 이상이 생겨도 육식을 하기가 곤란해지므로 식습관을 바꾸게 하는 곳, 그곳이 바로 이다. "다른 통증은 다 참더라도 치통은 못 참는다."라며 이가 건강해야 함을 강조하는 이야기도 있고, 궁여지책을 가리키기 위해 "이가 없으면 잇몸으로 버틴다."라는 말을 쓰기도 한다. '소화'라는 궁극적인 목표를 위해서는 입으로 들어온 음식이 일단 잘게 쪼개져야 하며, 이때 제일 먼저 이가 나서야 일이 진행된다.

사람은 몇 개의 이를 가지고 있을까?

우선 고려해야 할 것이 어린이와 어른이 다르다는 것이다. 아장아장 걷는 모습과 세상 근심을 잊게 하는 활짝 핀 웃음으로 어른을 즐겁게 하는 어린이들은 엄마 젖을 열심히 빠는 시기에 아래 중앙에 이 2개가 난 것을 시작으로 상하좌우에 모두 5개씩 20개의 이를 가진다. 이를 젖니(유치)라 한다. 젖니는 유치원을 다니는 중에 빠지기 시작하고 새로운 이가 나기 시작한다. 젖니가 빠진 후 새로 나는 이를 간니(영구치)라 한다. 젖니는 초등학교 상급생이 될 때쯤 모두 빠진다. 해외 토픽이나 「믿거나 말거나」 같은 텔레비전 프로그램 등에서 간니마저 모두 빠져 버린 노인에게서 새로운 이가 났다는 이야기가 보도되는 경우도 있다. 그러나 이것은 로또 1등 당첨과는 비교가 안 되게 희귀한 일이며, 간니는 더 이상 새로 나지 않으므로 관리를 잘 해야 한다.

상하와 좌우의 이는 아주 유사한 모양을 하고 있다. 어른의 경우 앞 중앙에서 안쪽으로 앞니 2개, 송곳니 1개, 작은 어금니 2개, 큰어금니 2~3개가 자리잡고 있으므로 곱하기 4를 하면 모두 28~32개의 이를 가지고 있다. 즉

젖니가 빠지고 간니가 나고 있는 어린이

정상적인 성인의 이의 개수는 28~32개가 된다. 큰어금니 중 가장 안쪽에 위치한 이는 사랑을 느끼는 청소년 시기에 맨 마지막으로 이가 나온다는 뜻에서 '사랑니'라는 별명을 가지고 있다. 사랑니는 사람에 따라 자신도 모르게 나오는 경우부터 심한 통증을 느껴 치과 의사의 도움을 받아야 해결 가능한 경우까지 있지만 사랑니가 나지 않는 경우도 비정상이라 할 수 없다. 사랑니가 꼭 나야만 하는 것은 아니므로, 정상적인 이의 개수는 28~32개가 된다.

건강한 이는 오복의 하나

이가 아파 고생을 해 본 사람은 건강한 이를 가지는 것이 얼마나 중요한지 알고 있을 것이다. 원래 이가 건강한 것을 다섯 가지 복 가운데 하나라고 하는 말이 오래전부터 있을 정도로 치아 건강을 중요하게 여겼다. 본래 오복 (五福)이란 고대 중국에서 발행된 『상서(尚書)』에 나오는 말로, 오래 살고, 부유하며, 편안하고, 훌륭한 덕(德)을 닦고, 제명에 죽는 것을 가리킨다. 하지만 언젠가부터 건강한 이가 오복의 하나로 꼽히게 됐고, 수백 년간 진리처럼 받아들여지고 있다.

이는 우리 몸을 이루는 한 가지 구성 요소에 불과하지만, 현대화 과정에서 대학교에 의대와는 별도로 치의대라는 독립된 단과 대학이 세워질 정도로 비중이 커졌다. 과목도 구강외과, 치주과, 보존과, 보철과, 교정과, 소아치과 등으로 세분화되어 이에 생긴 문제점을 어떻게 하면 가장 깔끔하게 치료할 수 있을 것인지를 계속 연구하는 중이다.

"다른 통증은 다 참을 수 있지만 이 아픈 건 정말 못 참는다."거나 "이는 자연 치료가 되지 않으니 치과에 일찍 가서 해결하는 것이 가장 잘 하는 짓이다."라는 속설이 있다. 이가 아프면 만사가 귀찮아지고, 심한 경우 인상이 찌그러져서 사회 생활에 지장을 줄 수도 있으니 건강한 이를 유지하는 것이 중요하지 않을 수 없다.

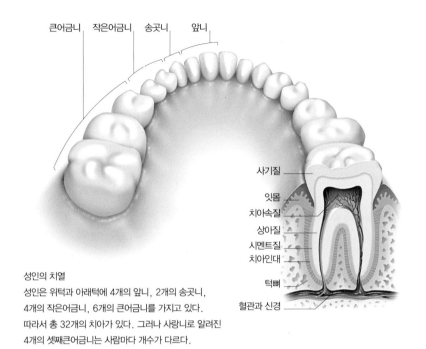

큰어금니 작은어금니 송곳니 앞니

사기질

잇몸
치아속질
상아질
시멘트질
치아인대

턱뼈

혈관과 신경

성인의 치열
성인은 위턱과 아래턱에 4개의 앞니, 2개의 송곳니,
4개의 작은어금니, 6개의 큰어금니를 가지고 있다.
따라서 총 32개의 치아가 있다. 그러나 사랑니로 알려진
4개의 셋째큰어금니는 사람마다 개수가 다르다.

생각보다 복잡한 이의 구조

이의 구조는 겉으로 보이는 부분과 잇몸에 박혀 있는 부분으로 나눌 수 있
다. 겉으로 보이는 부분을 치아머리(crown, 치아관), 잇몸에 박힌 부분을 치아
뿌리(root)라 하며, 그 경계 부위를 치아목(neck, 치경)이라 한다. 치아머리는
사람의 몸에서 가장 단단한 조직인 사기질(enamel)로 덮여 있다. 사기질의
주성분은 인산칼슘이며, 약해지면 치아가 부서지기 쉬워진다. 따라서 아동
기에는 칼슘과 인산염을 충분히 섭취하는 것이 치아 건강에 도움이 된다.

  치아에서 가장 많은 부분을 차지하는 것은 상아질(dentin)이다. 상아질은
뼈와 강도가 비슷하지만 세포가 들어 있지 않은 것이 뼈와의 차이점이다.
상아질 안쪽, 즉 치아의 중간에는 치아속질공간(pulp cavity)이 위치해 있다.
치아뿌리관을 통해 치아로 들어온 혈관과 신경이 분포하는 곳이 바로 치아

속질공간이다. 이가 심하게 손상되어 치아속질공간이 외부로 노출되면 피가 나거나 통증(아프기도 하지만 아주 기분 나쁜 느낌)을 느낄 수 있다. 치아뿌리는 치아주위조직(periodontal ligament)에 의해 뼈에 고정되어 있다. 치아뿌리의 상아질은 시멘트질(cementum)에 의해 표면이 덮여 있다. 시멘트질은 상아질을 보호하고, 치아주위조직의 부착 기능을 도와주는 기능을 한다. 시멘트질의 구조는 뼈와 비슷하지만 뼈보다는 연한 편이고, 손상되면 원상 복구가 되지 않는 특징이 있다.

양치질과 스케일링으로 건강한 이를

양치질에 3.3.3 법칙이 있다는 것은 유치원생들도 다 아는 이야기다. 하루에 세 번, 식사 후 3분 이내에, 3분간 이를 닦음으로써 이를 건강하게 유지할 수 있다는 것이다. 그런데 이는 왜 닦아야 할까? 이를 닦으면 진짜로 이가 건강해지는지 과학적 증거를 대라면 대답하기가 힘들어진다.

'과학적'이라는 표현을 사용하려면 '보편타당성'을 지녀야 하는데 이를 닦은 집단과 그렇지 않은 집단 사이에 모든 인자를 똑같이 해 놓고 관찰 또는 실험하기가 어렵기 때문이다. 그러나 상식적으로 이를 닦는 것이 이를 더 건강하게 유지할 수 있음을 알 수 있는 것은 목욕을 하지 않는 경우가 목욕을 잘 하는 경우보다 피부병이 잘 생기는 것과 같은 원리로 설명할 수 있다. 또한 음식을 섭취한 후 양치질을 하지 않은 상태로 이에 고추가루를 달고 다닌다면 사회 생활에서도 좋은 결과를 얻기 어렵고, 입 안도 상쾌하지 못하므로 이닦기를 습관화한 분들은 이를 안 닦고 버티는 것이 더 힘들 것이다.

식사 후에 이 사이에 찌끄러기가 남아 있으면 입에 존재하는 세균과 만나 치태(plaque)를 형성하게 된다. 치태는 부드럽고 비석회화성 세포 침착물로서 치아 표면에 형성되는 막을 가리킨다. 치태는 치아 우식증(흔히 충치라 한다.)과 치주 질환을 야기하는 중요한 인자로 작용한다. 치태는 곧 치석으로 발전한다. 치석이 형성되는 기전은 아직 확실히 규명되지 않고 있으나 치석이 치과 질병의 원인이 되는 것은 분명하다. 그러므로 평소에 양치질을 잘해야 하는 것은 물론이고, 수시로 치석을 제거하는 스케일링을 해 이를 항상 청결하게 유지하는 것이 치과 질환 예방에 도움이 된다.

이는 쓰지 않으면 퇴화한다

현대인과 원시인 중 누구의 이가 튼튼할까? 원시 시대에는 오늘날과 같은 치과 지식이 없어서 이를 제대로 관리하지 못했을 테니 전반적으로 보면 현대인의 이가 더 튼튼할지도 모른다. 그러나 질병 유무를 이용해 이의 튼튼함을 판정하는 것이 아니고 이 자체가 감당할 수 있는 힘을 가지고 판정하자면 현대인의 이는 원시인보다 훨씬 약하다. 즉 이는 진화된 것이 아니라 퇴보했다.

이가 약해진 가장 큰 이유는 식생활 습관의 변화 때문이다. 굽거나 요리한 고기를 먹는 것은 생고기를 먹는 것보다 씹는 데 힘이 덜 든다. 그러므로 이에 힘을 줄 필요가 줄어든다. 수천 년, 수만 년에 걸친 인간의 식생활 변화는 가능하면 이에 힘을 덜 주는 방법으로 발전해 왔다. 이제는 바게트 빵도 질기다고 치즈 케이크를 찾으며 '씹지 않아도 살살 녹는' 맛을 추구하는 현대인의 이는 계속 퇴화하고 있다.

심지어 이가 약해지면서 얼굴 생김새도 달라져 턱 부위는 날이 갈수록 작아져 가고 있다. 이는 사용하지 않으면 퇴화한다. 그러므로 오징어 다리를 씹어서라도 이를 튼튼히 유지하는 것이 만약을 대비하기에 좋을 것이다. 웬만하면 삼키지 말고 씹어서 넘기는 것이 이를 튼튼히 유지하기에도 좋고, 위에도 부담이 적으니 길게 보기에 건강에 도움이 되는 일이다.

마취제의 발전은 치과 치료에서부터

수술은 사람의 몸에 칼을 대는 행위다. 수술은 응급 상황에서 질병을 치료할 수 있는 훌륭한 방법이다. 그런데 오늘날과 같이 의학에서 수술이 보편화한 것은 항균 화학 요법과 마취제가 있었기 때문이다. 수술을 통해 인체 내부가 외부 환경과 만나게 되면 질병을 일으키는 미생물이 사람 몸속으로 침입할 가능성이 높아지므로 항균 화학 요법이 발전하지 못했던 과거에는 수술 결과가 좋을 수가 없었다. 또한 마취제가 없으면 수술 시 발생하는 통증을 견딜 수 없었으므로 수술에 따른 환자들의 고통은 상상하기 힘들 만큼이나 컸다.

알코올이나 마약 같은 원시적인 마취제가 아니라, 아산화질소, 에테르, 클로로포름 등이 발견되어 수술 시 마취제 사용이 보편화한 것은 약 200년 전의 일이었다. 18세기가 끝나기 직전 험프리 데이비(1778~1829년)가 아산화질소를 이용한 발치(拔齒, 이 뽑기)를 처음 시도해 논문을 발표했으나 다른 사람들의 관심을 끌지 못했다. 미국의 치과 의사 호러스 웰스(1815~1848년)는 1844년에 아산화질소를 이용해 발치를 했으나 당시만 해도 적정 용량을 모른 채 사용을 했으므로 성공보다 실패하는 경우가 많았다. 그러나 계속되는 연구와 노력에 의해 아산화질소는 물론 에테르, 클로로포름 등의 마취 효과가 발견되면서 수술법이 발전하게 되었다. 마취제를 이용한 발치가 마취제 발전의 시금석이 된 것은 큰 수술보다 이를 뽑는 수술이 위험도가 낮고 2차 감염과 같은 부작용이 발생할 확률이 낮아 의사들이 새로운 치료법을 시도해 보기 용이했기 때문이다.

혹시 오늘도 아픈 이를 감싸고 치과가 겁나 가지 않는 당신. 발치 수술이 얼마나 오랜 역사 속에서 발달해 왔고, 이가 우리 몸에서 얼마나 중요한지 안다면 두려움이 조금이라도 가시지 않을까?

험프리 데이비.

별들이 태어나는 곳

별은 별과 별 사이, 즉 성간(星間)에서 태어난다. 구체적으로는 성간의 기체
와 먼지가 밀집된 성간운(星間雲), 특히 수소가 분자 상태로 존재하는 거대
분자운(分子雲) 속에서 태어난다. 우주에서 많은 별이 한꺼번에 태어나는 곳
을 별 형성 영역이라고 한다.

▲ 별들의 탄생 현장, 독수리 성운

여름철 남쪽 하늘의 은하수 가운데 잠겨 있는 독수리 성운은 별들이 태어나는 현장이다. 새로
태어난 별들이 뿜어내는 강렬한 별빛에 별을 품은 가스와 먼지가 증발하는 모습이 장관을 이
룬다. 사진 오른쪽 위로는 밝고 푸른 별들이 200만 년 전에 새로 태어나 성운을 밝히고 있다.
가운데 보이는 검은 기둥들 속에서는 많은 별들이 계속 태어나고 있다.

◀ 별이 태어나는 기둥

독수리 성운(M16) 속에 있는 별들이 태어나는 기둥을 찬드라 엑스선 망원경과 허블 우주 망원
경으로 촬영했다. 새로 태어난 별에서 나온 강렬한 빛이 먼지와 기체를 증발시켜 별을 품은 알
(EGGs, evaporating gaseous globules)이 기둥 끝에서 하나하나 모습을 드러내고 있다.
새로 태어난 별은 강한 엑스선을 방출하므로 엑스선 사진에는 더 밝게 보인다.

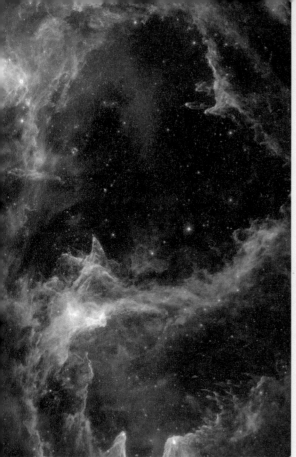

◀ 별들이 태어나는 동굴

빨간 석류 속처럼 보이는 동굴 속 깊은 곳에서 별들이 태어나고 있다. 스피처 적외선 우주 망원경으로 찍은 사진이다. 동굴 가운데 보이는 푸른 별들은 먼저 태어난 별이고, 동굴 벽을 따라 석순처럼 뻗은 기둥 끝에 보이는 분홍색 별들은 적외선으로만 보이는 아직 어린 별이다. 밝고 흰 부분은 가스와 먼지가 모여 별 생성이 한창인 곳이다.

◀ 혼돈 속에서 태어나는 별

탄생기의 별 주위는 많은 먼지 구름이 둘러싸고 있어 일반 망원경으로 그 속을 보기 힘들다. 하지만 파장이 긴 적외선은 먼지 층을 잘 통과해 그 속을 들여다 볼 수 있다. 별이 태어나고 있는 현장은 혼돈 그 자체이다. 스피처 적외선 망원경으로 촬영한 지구로부터 1,000광년 거리에 있는 페르세우스자리의 반사 성운 NGC 1333의 사진은 별이 태어나는 현장의 혼돈스러움을 잘 보여 준다.

▲ 별을 품은 오리온 대성운

오리온자리는 지구에서 가장 가까운 거대한 별 형성 영역이다. 그 중심은 오리온 대성운이다. 오리온 대성운 한가운데에서 표면 온도가 1만 도가 넘는 별들이 태어나 강렬한 별빛으로 주위의 먼지와 가스 구름을 몰아내 성운 내부를 동굴처럼 만들고 주변을 붉게 빛나게 하고 있다. 이 성운 속에 태어난 별들과 태어나고 있는 별들의 수는 3,000개가 넘는다.

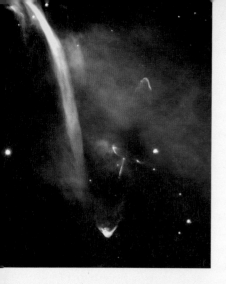

아기가 세상에 태어나서 첫울음을 터뜨리듯이 새로 태어난 별도 강력한 쌍극 분출(bipolar outflow)로 그 존재를 알린다. 오리온 대성운의 성간 어둠 속에 태어난 원시 별이 천천히 회전하며 양극 방향으로 강력한 제트를 내뿜고 있다. 이 제트는 거의 1광년을 뻗어나가 2개의 밝은 삿갓 모양의 성간운을 만들었다(사진 1시 방향, 6시 30분 방향). 별은 먼지에 가려져 보이지 않는다.

▶ **적외선으로 본 별과 원시 행성 원반**

스피처 적외선 망원경으로 본 뱀자리의 별 형성 영역이다. 적외선은 눈에 보이지 않으므로 파장대에 따라 다른 색상으로 나타냈다. 붉은 빛이 도는 분홍빛 별들은 성간 먼지와 가스 속 깊숙이 들어 앉아 있는 유아기의 별들이다. 훗날 별 주위의 행성계를 형성하게 될 원시 행성 원반이 이 별들을 둘러싸고 있다.

▶ 대를 이어 가는 별들의 탄생

독거미 성운은 대마젤란 은하 안에 있는 거대한 별 형성 영역이다. 사진은 그 일부를 허블 우주 망원경으로 관측한 것이다. 오른쪽 아래 보이는 Hodge 301 성단은 이 성운에서 태어난 별들이며 그중 밝은 3개의 붉은 별들은 진화의 마지막 단계에 있다. 이들은 곧 초신성 폭발로 짧은 생을 마치게 된다. 그 폭발의 충격파는 독거미 성운으로 전해져 더 많은 별들이 태어나도록 만들 것이다.

▶ 어둠 속에서 드러나는 별무리

가스와 먼지의 소용돌이 속에 있는 별 형성 영역 LH95의 모습이다. 질량이 작고 갓 태어난 별들이 질량이 크고 먼저 태어난 밝은 별들에 둘러싸여 장엄한 모습을 연출하고 있다. LH95는 황새치자리 방향으로 16만 광년 거리에 있는 대마젤란 은하 안에 있다.

◀ 마젤란의 보석

소마젤란 은하 속에 있는 NGC 265 산개 성단의 별들이 맑고 투명한 수정처럼 각양각색으로 빛나고 있다. 새로 태어난 별들이 강렬한 별빛으로 마침내 자신들의 요람인 가스와 먼지로 이루어진 성운을 걷어낸 것이다. 이 성단은 폭이 65광년이고 큰부리새자리 방향으로 20만 광년 거리에 있다.

별 형성 영역의 신비

이런 영역에는 수십 광년의 범위에 걸쳐 태양 수십만 개 분량의 가스와 먼지가 모여 있다. 분자운은 일반 성간보다는 1,000배 이상 밀도가 높지만 지구 대기의 밀도와 비교하면 1000조분의 1도 안될 만큼 희박하다. 거대 분자운이 어떤 계기로 수축을 시작하면 밀도가 높아진다. 밀도가 높아진 분자운은 여러 덩어리로 분열되고 각 덩어리는 별도로 수축이 진행된다. 수축이 진행될수록 성운의 중심 온도는 더욱 올라가고 각 덩어리는 더 작은 덩어리로 분열을 계속한다. 분열된 덩어리들은 제각각 수축을 계속하고 마침내 중심 온도가 400만 도를 넘어서면 핵융합의 불이 붙어 스스로 빛나는 별이 된다. 하나의 거대 분자운에서 수많은 별이 한꺼번에 태어나는 것이다.

원자론이 부른 비극

만물을 쪼개면 더 이상 쪼갤 수 없는 가장 작은 알맹이인 원자가 남는다는 원자론을 처음 제안한 것은 2,500년 전의 그리스 철학자 데모크리토스이다. 그 원자론의 근대적 버전은 1808년 영국의 화학자 존 돌턴(1766~1844년)에 의해 『화학의 신체계』라는 책을 통해 처음 제안되었다. 그러나 원자가 실제로 존재하는지를 확인할 방법이 없었던 당시로서는 원자론이 선뜻 받아들여지지 않았고, 원자의 존재는 뜨거운 과학적 논쟁의 주제가 되었다. 그러나 많은 과학자들의 노력과 희생 끝에 원자론의 존재는 과학적으로 받아들여졌고, 지금은 원자를 눈으로 볼 수 있는 시대가 되었다.

과학자들은 원자의 존재를 믿지 않았다!

돌턴 시대만 해도 수소와 산소가 화합해 물이 된다는 것은 실험을 통해 확인할 수 있지만 수소 원자 몇 개와 산소 원자 몇 개가 결합해 물 분자 하나를 만드는지를 알 수 있는 방법이 없었다. 화학 반응에 참여하는 원자들의 수를 셀 수 있는 방법이 없는 한 분자의 조성식을 알아내는 것은 불가능해 보였다. 따라서 원자론이 제안된 후에도 오랫동안 과학자들은 원자론을 받아들이려고 하지 않았다.

화학 반응에 참여하는 원자의 수를 세는 방법을 제안한 사람은 이탈리아 화학자 아메데오 아보가드로(1776~1856년)였다. 아보가드로는 1811년에 같은 온도, 같은 압력하에서 같은 부피 속에는 원자나 분자의 크기와 관계없이 같은 수의 알갱이가 들어 있다는 '아보가드로

아메데오 아보가드로.

의 가설'을 제안했다. 만약 이 가설을 받아들인다면 부피의 비가 바로 알갱이 수의 비가 되어 화학 반응에 참여하는 알갱이 수의 비를 알 수 있고 이것을 토대로 분자의 조성을 정확히 결정할 수 있을 것이다.

아보가드로의 가설: 같은 부피 속에는 같은 수의 알갱이가 들어 있다

그러나 화학자들은 아보가드로의 가설을 받아들이려고 하지 않았다. 같은 부피 속에 들어 있는 큰 분자나 작은 원자의 수가 같다는 아보가드로의 가설은 선뜻 받아들이기 어려운 가설처럼 보인다. 하지만 온도와 압력의 의미를 정확히 이해한다면 이 가설을 이해하는 것은 그리 어렵지 않다.

아보가드로의 가설을 이해하기 위해서는 우선 기체의 부피는 기체 분자나 원자가 실제로 차지하는 부피가 아니라 그것이 활동하는 영역이라는 것을 알아야 한다. 기체 분자나 원자 그 자체가 차지하는 부피는 전체 부피에 비하면 무시할 수 있을 정도로 작다. 따라서 분자나 원자의 크기는 별 문제가 되지 않는다. 온도는 기체 분자나 원자 하나하나가 가지고 있는 에너지의 크기를 나타낸다. 따라서 같은 온도에서는 모든 원자나 분자가 같은 에너지를 가지게 되고, 벽에 부딪혔을 때 벽에 작용하는 평균 힘이 같다. 그러므로 같

은 온도에서 같은 압력이 작용하기 위해서는 같은 부피 속에는 같은 수의 알갱이가 들어 있어야 한다. 즉 같은 온도, 같은 압력, 같은 부피 속에는 같은 수의 알갱이가 들어 있을 수밖에 없는 것이다.

열과, 온도 그리고 압력에 대해 정확히 이해하지 못하고 있던 19세기 초의 화학자들을 설득해 화학자들로 하여금 아보가드로의 가설을 받아들이고, 나아가 원자설을 받아들이도록 설득한 사람은 이탈리아의 스타니슬라오 칸니차로(1826~1910년)였다. 1860년 9월3일에 독일 카를스루에(Karlsruhe)에서 열렸던 최초의 국제 화학 회의에서 제노바 대학교의 교수였던 칸니차로는 아보가드로의 가설을 받아들이도록 화학자들을 설득했다. 칸니차로의 노력으로 화학자들은 원자와 분자의 존재를 인정하고 이를 바탕으로 화학을 크게 발전시켜 나갔다.

마하의 일갈: 보이지 않는 것을 믿는 것은 비과학적이다!

그러나 20세기가 되어서도 물리학자들 중에는 원자의 존재를 인정할 수 없다고 완강하게 거부하는 사람들이 많았다. 그들은 우리 감각을 통해 인식할 수 없는 것의 존재는 인정할 수 없다고 주장했다. 그들은 확실하지도 않은 원자의 존재를 가정하지 않고도 여러 가지 물리적 성질을 성공적으로 설명할 수 있다고 주장했다.

오스트리아의 빈 대학교의 교수였던 에른스트 마흐(1838~1916년)는 그런 사람들 중의 대표적인 사람이었다. 1895년부터 1901년까지 빈 대학교의 과학 철학사 주임 교수직을 맡았던 마흐는 음향학, 전기학, 유체 역학, 역학, 광학 그리고 열역학 등의 분야의 발전에 중요

에른스트 마흐.

한 공헌을 했으며, 초음파 원리의 기초를 닦기도 했다. 마흐는 소리의 속도보다 더 빠른 속도로 달리는 물체는 '소닉 붐(Sonic boom, 충격 음파)'이라는 효과를 일으킨다는 것을 밝혀낸 사람이기도 하다. 흔히 전투기처럼 아주 빠른 비행기의 속도를 나타낼 때 소리의 속도를 1로 해 나타내는 것을 '마하수'라고 하는데 이는 그의 이름에서 따온 단위이다. 마흐는 극단적인 실증주의의 지지자였고, 자신의 신념을 적극적으로 옹호하는 사람이었다.

그는 자연 과학에서 감각 기관을 통해 경험할 수 없는 모든 요소를 제거하려고 했고, 경험적으로 증명할 수 없는 개념을 적극 반대했다. 그는 과학은 관측된 현상에서 출발해 일반화로 나아가는 귀납적인 기초 위에서만 과학이 형성될 수 있다고 확신했다. 마흐는 죽을 때까지 세상이 맨눈으로 절대로 볼 수 없는 원자와 같은 것으로 구성되어 있다는 생각에 격렬하게 반대했다.

분자나 원자를 통계적으로 다루는 방법을 정립한 루트비히 에두아르트 볼츠만(1844~1906년)은 마흐를 정면으로 반대했다. 원자의 존재를 두고 벌어진 두 사람 사이의 적대감은 1895년에 볼츠만이 빈 대학교의 이론 물리학 주임 교수직을 사직하고 라이프치히로 옮겨야 할 정도였다. 1901년에 마흐가 오스트리아 국회 의원에 지명되어 철학과 주임 교수 자리를 사직하자 볼츠만은 빈으로 돌아와 마흐의 자리를 차지할 수 있었다.

보이지 않는 것을 보는 게 과학, 볼츠만

볼츠만은 물리학 분야에 확률의 개념을 처음으로 도입한 사람이었다. 볼츠만은 고립된 물리계는 시간이 흐름에 따라 항상 최대의 엔트로피 상태를 향해 변해 간다는 열역학 제2법칙은 통계적인 방법을 이용해 확률적으로 해석할 때 성립한다는 것을 보여 주었다. 마흐와 볼츠만은 원자가 물리적 실체인가 아니면 물리학자들이 필요에 의해 만들어 낸 가상적인 존재인가 하는 것을 놓고 격렬한 논쟁을 벌였다. 마흐는 물러설 줄 모르는 용감한 투사였지만 볼츠만은 그렇지 않았다. 볼츠만은 항상 수비하는 입장이었다.

1897년에 빈에서 열렸던 한 학술 회의에서 볼츠만의 발표가 끝난 후 마흐가 일어나서 큰소리로 "나는 원자가 존재한다는 것을 믿지 않는다."라고 선언했을 때도 그는 효과적으로 마하에게 대항할 수 없었다.

마흐와의 수년 동안에 걸친 논쟁에 지친 볼츠만은 우울증에 시달리게 되었다. 1906년 9월 6일 트리티스 근처에 있는 두인오 만에서 부인과 딸이 수영을 하고 있는 동안 볼츠만은 목을 매 자살하고 말았다. 원자의 존재를 바탕으로 통계 물리학이라는 새로운 분야를 세운 볼츠만의 일생은 이렇게 비극적으로 끝나 버렸다.

아인슈타인, 원자의 존재를 증명하다

그러나 원자와 분자의 존재를 증명하는 결정적인 논문이 그가 죽기 1년 전인 1905년, 스위스 베른에 있는 특허 사무소 서기에 의해 발표되어 있었다. 그 특허 사무소 서기는 아인슈타인이었다. 그가 학술지《물리학 연보》에 브라운 운동에 관한 논문을 발표했던 것이다. 액체 위에 떠 있는 미세한 입자들의 무작위한 운동인 브라운 운동을 설명하기 위해 아인슈타인은 원자와 분자의 존재를 바탕으로 정교한 이론을 전개했고, 그 결과는 실험을 통해 확인될 수 있는 것이었다.

그러나 아인슈타인의 논문이 볼츠만을 구제하기에는 너무 늦었다. 아인슈타인은 아직 물리학계에 널리 알려진 사람이 아니었고, 그의 논문에 주목하는 사람도 없었기 때문이었다. 볼츠만이 죽은 후 원자의 존재를 부정하는 사람들도 차츰 자취를 감추게 되었고 대부분의 물리학자들이 원자의 존재를 인정하게 되었다. 1911년에는 어니스트 러더퍼드가 원자핵을 발견했고, 이후 원자보다 작은 수많은 입자들도 발견되었다.

현대, 원자를 눈으로 보는 시대

그렇다면 원자보다 훨씬 작은 쿼크에 대해 여러 가지 실험을 하고 있는 현

흑연 기판 위의 금 원자를 보여 주는 주사 투과 현미경 사진. 볼츠만과 마흐가 아직 살아 있어 이 원자 사진을 봤다면 어떤 표정을 지을까?

대 과학에서 사용하고 있는 장비로는 원자를 보는 것이 가능하지 않을까? 물체의 표면을 이루는 원자와 탐침 사이에 흐르는 작은 전류를 측정해 표면 상태를 알아보는 주사형 터널링 현미경(STM)이나 표면 원자와 탐침 사이에 작용하는 힘을 측정해 표면 상태를 알아보는 원자력 현미경(AFM)을 이용하면 원자의 배열 상태를 직접 보는 것이 가능하다. 직접 관측할 수 없는 것은 인정할 수 없다고 완강하게 버티던 마흐가 STM 혹은 AFM으로 찍은 원자 배열 사진을 본다면 어떤 표정을 할까? 그런 마흐의 표정을 바라보는 볼츠만의 표정은 또 어떨까?

뇌 속의 메신저, 신경 전달 물질

뇌는 무게가 평균 1,300~1,500그램으로 몸무게의 약 2.5퍼센트밖에 되지 않는다. 그렇지만 우리 몸의 산소 소모량과 혈류량의 20퍼센트를 차지한다. 몸의 다른 부분에 비해서 무게 대비 10배의 자원 소비율을 자랑하는 것이다. 이것은 뇌가 우리 몸에서 그만큼 중요한 곳이라는 방증이기도 하다. 그런데 이 뇌 속에서도 신경 정보 전달이라는 결정적으로 중요한 역할을 하는 물질이 있다. 하나의 신경 세포는 수천, 수만 개의 신경 세포와 정보를 주고받는다. 이 일을 맡고 있는 주역이 신경 전달 물질이다.

뇌, 몸무게의 2.5%, 하지만 몸 전체 혈류량의 20% 차지
많은 주름이 잡힌 뇌를 펼치면 표면적이 2,300제곱센티미터로 신문지 반 장 정도의 작은 면적에 지나지 않는다. 그러나 뇌의 극히 작은 부분, 단 몇 밀리미터 정도라도 손상된다면 인생이 영원히 바뀌어 버릴 수도 있다. 뇌의 기능이 심하게 손상된 사람은 마치 식물처럼 사고와 운동을 할 수 없다. '식물 인간'이라 불리게 되고 인간으로서의 존재 가치마저 의심받게 된다.

이렇게 중요한 뇌는 어떻게 수많은 정보를 교신하고 있을까? 우리가 아무리 복잡한 정보 체계를 상상한다 해도, 수백 억~수천 억 개에 이르는 무수한 신경 세포가 거미줄처럼 서로 다른 수천, 수만 개의 신경 세포와 연결되어 교신을 하고 있는 뇌의 복잡성에는 따라가지 못할 것이다.

신경의 정보 교신을 담당하는 신경 전달 물질

한 개의 신경 세포는 수천, 수만 개의 신경 세포와 정보를 주고받고 있다. 이러한 정보 교신을 담당하고 있는 주역이 바로 화학 물질인 신경 전달 물질이다. 이 신경 전달 물질의 발견은 20세기에 이루어진 가장 획기적인 발견 중 하나다. 20세기 초까지만 하더라도 신경 세포와 신경 세포 사이에는 세포질이 서로 전깃줄처럼 연결되어 정보가 전달되는 것으로 생각했다. 그러나 현미경으로 자세히 관찰한 결과 신경 세포 사이에는 항상 일정한 간격(틈)이 존재한다는 사실이 밝혀졌다. 따라서, 이러한 간격을 뛰어넘어서 정보가 전달되기 위해서는 어떤 매개 물질의 존재가 필요하다는 자연스러운 추론이 나오게 되었다.

신경 전달 물질의 존재를 입증한 오토 뢰비 박사

1921년 오토 뢰비(1873~1961년)는 미주 신경 (심장과 장에 분포하고 있는 부교감 신경)이 붙어 있는 개구리 심장과 미주 신경을 제거한 개구리 심장을 준비해 각각 링거액에 담그고 링거액이 서로 통하게 연결했다. 첫 번째 개구리의 심장에 붙어 있는 미주 신경을 자극하자 심장의 박동이 느려졌다. 그런데 놀랍게도 미주 신경이 없는 두 번째 개구리의 심장 박동도 느려진 것이다. 즉 오토 뢰비는 첫 번

오토 뢰비

째 개구리의 심장에 붙어 있는 미주 신경을 자극하면 이 신경의 말단에서 어떤 물질이 유리되어 나와 링거액을 통해 신경이 없는 두 번째 개구리 심장에 직접 영향을 미친다는 사실을 밝힌 것이다. 신경 전달 물질의 존재를 처음으로 증명한 셈이다. 이 신경 전달 물질을 미주 신경 말단에서 나온다는 의미로 '미주 신경' 물질이라 명명했다. 이 공적으로 그는 1936년 노벨 생리·의학상을 받았다. 그 후 이 물질은 아세틸콜린임이 밝혀졌다. 현재까지 뇌에는 40여 종류가 넘는 신경 전달 물질이 있다는 것이 발견되었다.

신경 전달 물질을 받아들이는 '수용체'

신경 전달 물질(신경호르몬포함)은 보통 때는 신경 섬유 말단부의 조그마한 주머니인 소포체에 저장되어 있다. 신경 정보가 전기적 신호로 신경 섬유막을 통해 말단부로 전파되어 오면 이 주머니가 신경 세포막과 결합한 후 터져서 신경 전달 물질이 시냅스 간격에 유리된다. 유리된 전달 물질은 2만분의 1밀리미터 정도의 짧은 간격을 흘러서 다음 신경 세포막에 도달된다. 세포막에 있는 특수한 구조와 결합함으로써 정보가 전달되는 것이다. 이 특수한 구조는 정보를 받아들이는 물질이라는 의미에서 '수용체(receptor)'라고 한다.

수용체는 단백질로 구성되어 있다. 비유하자면 신경 전달 물질은 일종의 열쇠이며 이를 받아들이는 수용체는 열쇠 구멍에 해당된다. 신경 전달 물질이라고 하는 열쇠가 수용체라는 열쇠 구멍에 맞게 결합함으로써 다음 신경 세포막에 있는 대문이 열려 정보가 전달될 수 있는 것이다. 각각의 신경 전달 물질들은 각자 특유의 수용체 분자하고만 결합해 특정 정보를 전달한다.

정리하자면, 신경 정보를 가지고 있는 신경 전달 물질이라고 하는 화학 분자와 그 정보를 받아들이는 수용체라고 하는 특수 단백질 분자의 상호 결합으로 고도의 정신 기능에서부터 행동·감정에 이르기까지 모든 것이 결정되는 것이다.

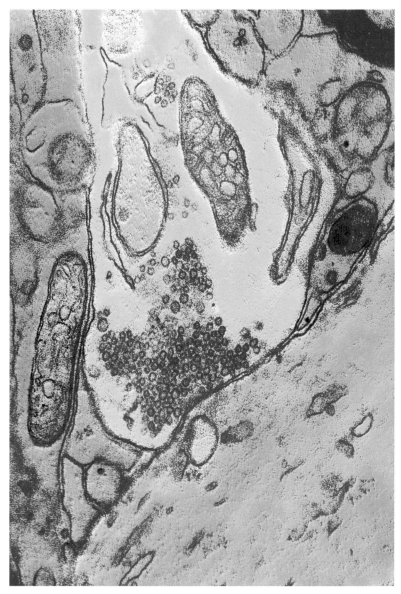

신경 전달 물질이 오가는 시냅스의 현미경 사진. 전기 자극이 신경 세포의 시냅스에 도달하면 신경 전달 물질이라는 화학 물질이 방출된다. 신경 전달 물질은 매우 좁은 시냅스의 틈새를 가로질러 다음 신경 세포의 세포막에 도달한다. 신경 전달 물질은 다음 신경 세포에 새로운 신경 자극을 유발하거나 다음 신경 세포가 신경 자극을 일으키지 못하도록 억제한다.

수용체가 이온 통로를 열어 신경 세포에 정보를 전달하다

유리된 신경 전달 물질이 신경 세포막에 있는 수용체 단백질과 결합하면 시냅스 간격에서 신경 세포로 이온이 들어올 수 있는 길, 즉 이온 통로가 열린다. 이온은 원자나 분자가 전기를 띠고 있는 것이다. 양(+)의 전기를 띠고 있는 것은 양이온, 음(-)의 전기를 띠고 있는 것은 음이온이라고 한다. 이온 통로가 열리는 방법은 수용체 분자 자신이 이온 통로가 될 수도 있고, 또는 수용체 옆에 있는 이온 통로가 활성화될 수도 있다. 이렇게 이온 통로가 열리게 되면, 나트륨 이온(Na^+), 칼슘 이온(Ca^{++})과 같은 양이온, 혹은 염소 이온(Cl^-)과 같은 음이온이 신경 세포로 들어올 수 있게 된다.

평상시 신경 세포는 -60밀리볼트에서 -90밀리볼트의 음전하를 띠고 있다. 만일 나트륨, 칼슘 이온 등의 양이온이 들어오면 신경 세포는 양전하를 띠게 되고 신경 세포는 흥분하게 된다. 반대로 염소 이온과 같은 음이온이 세포 내로 들어오면 세포는 음전하가 커지게 되어 신경 세포의 흥분이 억제된다. 신경 세포를 흥분시키는 신경 전달 물질로는 글루탐산, 억제시키는 전달 물질로는 GABA(감마아미노부티르산)가 대표적이다. 단순하게 보면, 신경 전달 물질은 신경에 전기를 흐르게 하는 스위치와 같은 역할은 한다고 생각할 수 있다.

그러나 신경 전달 물질만 가지고는 온전한 스위치 역할은 못 한다. 신경 전달 물질이 적절히 유리된다고 하더라도 이와 결합하는 수용체가 적절한 기능을 하지 못하면 신경 정보는 효율적으로 전달되지 못하기 때문이다. 신경 전달 물질과 수용체가 합쳐져야 온전한 스위치의 역할을 할 수 있다. 물론 스위치의 비유는 이해를 돕기 위함이고 실제로는 이보다 훨씬 복잡하다.

신경 전달 물질의 종류도 많고 그 각각에 맞는 수용체도 다르기 때문이다. 또한 재미있는 점은, 어떤 이유로 전달 물질의 유리가 적어지면 수용체 수는 증가하고, 반대로 유리가 너무 많아지면 수용체 수는 줄어든다는 것이다. 쉽게 비유하자면, 스위치에 자동 수리 기능까지 있는 셈이다. 그래서 우리 뇌는 기능이 일정하게 유지되는 항상성을 가지게 된다. 이러한 항상성이 깨지면 여러 가지 신경 정신 질환이 발생한다.

정신 세계를 눈으로 볼 수 있게 되다!

우리는 흔히 세계를 눈에 보이는 물질 세계와 보이지 않는 정신 세계로 나눈다. 그런데 정신 세계를 움직이고 조절하는 것이 신경 전달 물질이라는 화학 물질이라는 사실은 많은 것을 시사해 준다. 아직 복잡한 정신 세계, 마음의 세계를 눈에 보이는 과학적 개념으로 모두 설명할 수는 없다. 그러나 과학이 발달해 감에 따라 보이지 않는 세계, 추상적인 세계의 일부를 구체적으로 볼 수 있게 된 것이다. 눈에 보이는 세계와 보이지 않는 세계의 정의가 과학적으로 상당히 애매해지고 있는 것이다. 현재 존재를 볼 수 없는 많은 것들이 앞으로 그 존재를 볼 수 있게 될 것이다.

어떻게 보면, 인간을 인간답게 만들며, 인간 활동의 최고 주체이며, 인류 문화 창조의 근원이 신경 전달 물질이라고 말해도 과언이 아니다. 중요한 역사적 사건의 주체들, 인류에 큰 타격을 주었던 전쟁을 일으켰던 사람들의 신경 전달 물질 체계가 보통 사람들의 것과 어떻게 다른가를 연구하는 것은 중요하다. 이들의 사상과 행동의 원인을 가시적으로 이해할 수 있기 때문이다. 고도의 정신 기능, 감정, 운동 및 감각 기능을 위해 얼마나 많은 신경 전달 물질이 필요한지 아직도 완전히 모른다. 앞으로 과학이 발달함에 따라 서로 다른 기능을 하고 있는 많은 신경 전달 물질들이 끊임없이 발견될 것이다. 이 신경 전달 물질 체계의 특성을 밝힘으로써 인간 정신 세계의 본질을 규명할 수 있을 것이다.

아킬레스와 거북

그리스 신화, 트로이 전쟁의 영웅 아킬레스(Achilles, 혹은 아킬레우스, Achilleus)는 발이 빠른 영웅으로 알려져 있다. 이런 아킬레스도 느리기로 둘째 가라면 서러워할 거북과 달리기 시합을 하더라도, 앞서 출발한 거북을 따라잡을수 없다는 유명한 역설이 있다. 정말 그럴까? 누구나 실제로는 그렇지 않다는 것을 알고 있으므로 역설일 텐데, 이 역설이 오늘날까지도 귀에 솔깃한 데는 무슨 이유가 있는 것일까?

역설이란, "일반적으로 모순을 야기하지 아니하나 특정한 경우에는 논리적 모순을 일으키는 논증. 모순을 일으키기는 하지만 그 속에 중요한 진리가 함축되어 있는 것으로 간주한다. 비슷한 말: 역변, 패러독스."(네이버 국어사전에서)

물론 딱 부러지게 역설인지 아닌지 구분하는 기준이 있는 것은 아니어서 실제로는 조금만 찬찬히 생각하면 모순임이 분명하기 때문에 '궤변' 수준에 불과한 것을 역설 대접을 하기도 하고, 실제로는 모순이 아니지만 상식에는 어긋나 보이기 때문에 역설이라 부르는 경우도 있다. 역설 중에서 엘레아의 제논(기원전490?~430?년)이 제시했다고 하는 '제논의 역설'만큼 잘 알려진 것은 없을 것이다. 사실 제논이 제시했다고 하는 역설은 아리스토텔레스나 플라톤 등의 저작을 통해 8개가 알려져 있고, 4개는 나오자마자 궤변임을 쉽게 반박할 수 있었기 때문에 나머지 4개만을(사람에 따라서는 그중 3개만을) 보통 '제논의 역설'이라 부르는데, 그중 가장 유명한 것이 바로 '아킬레스와 거북의 역설'이다.

먼저 뛴 놈이 이긴다!

기원전에 미터법이 있었을 리 만무하고, 아리스토텔레스도 이 역설을 진술할 때 이런 비유를 들지는 않았지만 잘 알려진 형태로 아킬레스와 거북의 역설을 진술해 보자.

아킬레스는 거북보다 1,000배 빠른 속도로 달릴 수 있다. 이제 거북과 아킬레스가 경주를 하는데 거북이 느리므로 아킬레스보다 1,000미터 앞에서 출발한다고 하자. 아킬레스가 거북이 출발한 위치까지 오면, 그동안 거북은 1미터 앞으로 나아가 있을 것이다. 이 1미터를 아킬레스가 따라잡으면 그동안 거북은 1,000분의 1미터 나아가 있을 것이다. 또한 이 1,000분의 1미터를 아킬레스가 따라잡으면 그동안 거북이는 1,000,000분의 1미터 나아가 있을 것이다. 이처럼 아킬레스가 앞서가는 거북의 위치를 따라잡는 순간 거북은 항상 앞서 나가 있다. 따라서 아킬레스는 영원히 거북을 따라잡을 수 없다!

제논의 역설 공략법?

사실 누구나 제논의 주장이 옳지 않음을 안다. 하지만 제논의 논증이 어디가 그른지 말해 보라고 하면 제대로 오류를 잡아내는 경우는 별로 많지 않다. 시간의 연속성 때문이라는 둥, 실제로 달려 보면 결과가 다르니 당연하다는 둥의 대답을 많이 발견할 수 있다. 혹은 속도가 어떻고, 무한 급수가 어떻고 하면서 나름대로 수식을 써서 보여 주는 사람도 있다. 일말의 진실을 담은 대답도 많으나, 여전히 제논의 논증이 어디가 틀렸는지는 알려 주지 않는 대답이어서 여전히 찜찜함을 남기는 경우도 많다.

이 역설에 대해 사람들과 이야기하다 보면, 사람마다 생각하는 방식이 정말로 다르구나 하는 것을 실감하게 된다. 그런 만큼 모두에게 만족할 만한 '역설 공략법'이 있을 것 같지는 않다. 그렇다면 정말로 간단하게 역설의 오류를 잡으면서도, 오류에 빠지는 원인을 손쉽게 파악하게 해 주는 설명은 불가능한 것일까?

사실, 이 역설을 깨는 가장 간단한 방법은 시간을 재는 것이다. 사실 경주를 한다고 했으니 달리기 기록을 재는 게 당연한 수순이 아닐까 싶다.

아킬레스가 처음 1,000미터를 따라잡을 때까지 걸린 시간은 얼마일까? 아킬레스가 달리는 속도를 알 수는 없지만 편의상 100초가 걸렸다고 하자. 이제 그다음 1미터를 따라잡는 데 걸리는 시간은 얼마일까? 당연히 $\frac{100}{1000}=0.1$초일 것이고, 그다음 1,000분의 1미터를 따라잡는 데 걸린 시간은 $\frac{0.1}{1000}=0.0001$초일 것이다. 따라서 제논의 논의에 걸린 시간을 전부 더하면 다음과 같다.

$$100초 + 0.1초 + 0.0001초 + 0.0000001초 + 0.0000000001초 + \cdots$$

이 숫자들을 아래쪽과 같이 계산해 보면 모두 100.1001001001…초임을 쉽게 알 수 있다.

$$
\begin{aligned}
&100 \\
&0.1 \\
&0.0001 \\
&0.0000001 \\
&0.0000000001 \\
+ \ &\cdots \\
\hline
&100.1001001001\cdots
\end{aligned}
$$

중요한 포인트는 여기에 있다. 제논은 '영원히'라는 말을 함부로 사용했다는 게 문제였던 것이다. 아무리 곱게 봐 줘도 101초도 넘지 않는 사이에 일어난 일을 아무런 정당화 없이 '영원히' 걸린다고 말한 것이니, 이 정도 비약이라면 제논을 가히 부풀리기의 지존으로 부를 수 있을 것 같다. 이 정도면 제논의 '역설'이 아니라 제논의 '허풍'이라고 불러야 하지 않을까?

간단한 계산으로 얻을 수 있는 바로 이 100.1001001001001… 초가 지나는 순간 제논의 주장은 아무런 힘을 얻지 못하는 것이다. 바로 이 시간에 거북이와 아킬레스가 동일선상에 놓이며, 당연히 그 시간을 지나면 아킬레스가 앞서간다는 것도 호기심 많은 사람은 재빨리 계산할 수 있으리라.

아킬레스와 거북의 역설에 빠지는 이유
자 그렇다면, 두어 줄만 계산하면 간파할 저런 허점을 쉽게 놓치는 이유는 무엇일까? 논의가 쉽기 때문에, 계산 같은 것은 생략하고 '상식' 혹은 '감'에만 의존에서 판단하려는 경향 때문이 아닌가 싶다. 특히 아킬레스와 거북의 역설에서는 '작은 수라도 무한 번 더하면 무한'이라는 '감'이 크게 작용하고 있다.

이러한 감이 근거가 아주 없는 것은 아닌데, 사실 아무리 작은 수(양수)라도 무한 번 더하면 무한히 커지는 것은 분명하기 때문이다. '아르키메데스의 원리'라고 그럴듯한 이름까지 붙어 있는 원리인데, 겉보기와는 달리 실수(實數)를 구성하는 기본 원리로 상당히 중요하다. 당연해 보이는 원리에 이름이 붙는 것을 보면 일찍 태어나고 볼 일이라는 생각이 든다. 그래도 아르키메데스보다 더 일찍 태어난 사람의 이름이 붙어 있지 않은 것을 보면 수학과 친해야 이런 영광을 누릴 수 있을 것 같다. 아무튼 이 원리를 굳이 수식으로 써 보면 아래와 같이 쓸 수 있다.

$a > 0$을 여러 번 더한 $a + a + a + \cdots + a$는 어떠한 숫자보다도 크게 할 수 있다.

그런데 이러한 감이 아킬레스와 거북의 역설에는 통하지 않는다는 것이 문제이다. 처음에 제 아무리 큰 숫자로 시작하더라도, 일정 비율로 꾸준히 줄어드는 숫자인 경우에는 '무한히' 더하더라도 '유한값'이라는 사실은 간단하게 알 수 있기 때문이다. 정확히 수식으로 표현하자면 $-1 < r < 1$ 일 때 아래와 같음을 보일 수 있다.

$$a + ar + ar^2 + \cdots = \frac{a}{1-r}$$

우리나라에서는 무한 등비 급수를 고등학교 과정에서 다룬다. 물론 약간의 상식만 동원하면 중학교나 초등학교 수준으로 증명하지 못할 식은 아니지만 '수학 산책'의 취지에서 벗어나지는 않도록 하고 싶다. 아무튼 앞에서 설명한 아킬레스의 경우는 다음과 같음을 확인할 수 있을 것이다. ($\frac{100000}{999}$ 는 계산기 한 번 눌러 주기 바란다.)

$$100 + 100 \times \frac{1}{1000} + 100 \times \left(\frac{1}{1000}\right)^2 + \cdots = \frac{100}{1 - \frac{1}{1000}} = \frac{100000}{999}$$

제논의 논증을 듣다 보면, 아킬레스가 처음 1,000미터를 따라잡을 때, 다음 1미터를 따라잡을 때, 그다음 1,000분의 1미터를 따라잡을 때에 대해 비슷한 이야기를 늘어놓기 때문에 반쯤은 무의식적으로 이 사건들이 비슷한 시간 간격에 일어난다는 생각에 빠져 버리는 것도 역설의 함정에 빠지는 한 가지 원인이 아닐까 조심스레 생각해 본다.

역설이 알려 주는 진리

역설은 "모순을 일으키기는 하지만 그 속에 중요한 진리가 함축되어 있는 것으로 간주한다."라고 했다. 제논의 역설이 '역설적으로' 드러내는 진리는 어떤 것일까? 이 역설에 대해 생각하면서 사람들은 무한을 단순히 생각해서는 안 된다는 교훈을 얻었다. 물론 이러한 역설 때문에 무한을 두려운 것으로 생각하고 배척한 측면도 없잖아 있다.

그러나 역설은 궤변이기 때문에 배척해야 할 것이 아니라, 왜 옳지 않은지를 따지고 검토하는 과정에서 결실을 맺는 보물일 수도 있다. 제논의 역설 등을 극복하려는 과정에서 무한을 제대로 이해하는 한 걸음을 내디뎠다고 할 수 있다. 하지만 아직도 갈 길은 멀다. 여전히 우리의 상식에 도전하는 위협적인 역설은 많기 때문이다.

자외선 보호막 멜라닌

파에톤은 현재의 상황을 믿을 수가 없었다. 처음 아버지를 찾아 길을 떠날 때만 하더라도 자신의 아버지가 태양신 헬리오스라는 사실을 반쯤은 의심하고 있었다. 하지만 지금 그는 태양신 앞에 서 있었고, 그는 기꺼이 파에톤을 자신의 아들로 인정하고 그가 원하는 것은 무엇이든 들어주겠다고 말하고 있었다. 이에 파에톤은 태양신의 수레를 하루만 몰게 해 달라고 청했다. 파에톤의 말이 채 끝나기도 전에 태양신은 무엇이든 들어주겠다고 한 자신의 경솔함을 후회했지만, 신의 맹세는 천금보다 무거운 법. 이미 입 밖에 낸 말을 주워 담을 수는 없었다. 태양신은 온갖 방법을 동원해 파에톤을 설득하려 했으나, 결국 뜻을 꺾지 않는 파에톤에게 마지못해 수레의 고삐를 넘겨줄 수 밖에 없었다. 비록 태양신의 수레에 대신 올랐다고는 하나 대신(大神) 제우스조차도 다루기 벅찬 태양신의 수레를 파에톤이 감당할 수 있을 리 만무했다. 수레를 끄는 네 마리의 천마는 멋대로 날뛰기 시작했고, 불덩어리처럼 뜨거운 태양신의 수레는 궤도를 벗어나 대지와 하늘을 휘저었다. 삽시간에 대지는 불타오르고 강은 말라서 바닥을 드러냈다. 리비아가 사막이 된 것도 이때였고, 여러 샘이 사라진 것도 이때였다. 에티오피아 사람들의 피부가

까맣게 된 것도 이때였다고 한다. 결국 제우스가 벼락을 던져 파에톤과 수레를 산산이 부순 뒤에야 겨우 대지는 숨을 돌릴 수 있었다.

태양신의 수레를 몬 파에톤

이 신화 속에서 파에톤은 자신이 감당할 수 없는 일을 무리하게 시도합니다. 파에톤의 이야기는 자신의 능력을 제대로 파악하지 못한 채, 자존심과 치기(稚氣)만으로 일을 진행시켰을 때, 어떠한 결과가 나타나는지를 극명하게 보여 주고 있습니다. 어쩌면 파에톤은 너무나도 훌륭해 보이는 아버지에게 자신의 능력을 증명하고, 당당히 그의 아들로 인정받고 싶었는지도 모릅

태양 마차에서 떨어지는 파에톤

니다. 하지만 자신의 능력을 제대로 파악하지 못했던 파에톤은 결국 대지를 불태우고 샘을 고갈시켰으며 사람들을 다치게 한 죄인이 되어 신이 내린 벼락을 맞고 죽게 됩니다.

흥미로운 것은 파에톤 신화 속에는 '분수를 알라.'는 교훈과 함께, 옛 사람들이 세상에 대해 가지고 있던 의문을 어떻게 설명하였는지도 담겨 있다는 것입니다. 도대체 신은 사막처럼 쓸모 없어 보이는 불모지를 왜 만들었는지, 왜 선조 때에는 콸콸 넘쳐흐르던 샘이 말라 버렸는지, 왜 지역마다 사람들의 피부색이 다른지에 대한 대답 말이지요. 그들은 사막과 말라 버린 샘과 검은 피부는 모두 신이 의도한 것이 아니라, 파에톤의 치기 어린 행동이 가져온 일종의 불상사였다고 이야기합니다. 파에톤이 저지른 많은 사건들 중에서 오늘 이 글에서는 그중 하나, 검은 피부를 둘러싼 이야기를 하려고 합니다.

자외선을 막는 천연 보호막

사람의 피부색이 저마다 차이가 나는 것은 우리 피부를 구성하고 있는 세포 중 하나인 멜라닌 세포(melanocyte) 덕분입니다.

옛사람들도 햇빛을 오래 받으면 피부색이 어두워지는 것 정도는 알고 있었습니다. 인간의 피부를 이루는 세포 중에는 멜라닌 세포가 존재합니다. 이 멜라닌 세포는 티로시나제(tyrosinase), TRP1, TRP2 등 세 가지 효소의 영향을 받아 멜라닌이라는 어두운 색을 띤 물질을 만들어 냅니다. 햇빛 속에 포함된 자외선은 세포에 해롭기 때문에, 자외선이 피부에 닿게 되면 우리 몸은 자체 보호막을 가동합니다. 멜라닌 세포가 멜라닌을 많이 만들어 주변 피부 세포에 고루고루 나누어 주는 것이죠. 검은색의 멜라닌은 자외선을 흡수해 자외선이 피부 깊숙이 침투하는 것을 막아 주고, 세포에게 해를 입히는 유해 산소나 유리기를 제거하는 일도 하여 피부의 건강을 유지해 줍니다. 같은 양의 자외선을 쬐었을 때, 피부가 검은 사람보다 흰 사람에게서 피부암 발생 비율이 월등히 높게 나타나는 것은 멜라닌이 지닌 세포 보호 효과 덕분입니다.

참고로 자외선이 왜 세포에 해로울까요? 세포 안에 존재하는 유전 물질인 DNA는 모두 네 가지 염기로 구성되어 있는데, 이들은 반드시 정해진 염기와 짝을 이루도록 구성되어 있습니다. 즉 DNA를 구성하는 염기는 A(아데닌), G(구아닌), C(시토신), T(티민)의 4종류입니다. 그런데 정상적으로는 항상 아데닌은 티민하고만, 구아닌은 시토신하고만 결합합니다. DNA계의 불문율인 셈이지요. 그런데 자외선은 이 불문율을 깨고 티민(T)과 티민(T)를 결합시켜 버립니다. 때문에 DNA상에 결합 오류가 생기게 되고, 잘못된 염기 결합으로 손상을 받은 DNA를 가진 세포는 결국 죽게 됩니다. 이 밖에도 자외선은 피부를 구성하는 결합 조직을 파괴하거나 약화시키기도 합니다. 그래서 자외선을 많이 쬐면 피부가 검게 탈 뿐 아니라, 피부가 거칠어지기도 하고 주름도 쉽게 생긴답니다.

에티오피아 인들의 피부가 검은 이유

이처럼 사람의 피부색-눈동자 색과 머리카락 색까지 멜라닌의 양에 의해 결정됩니다. 에티오피아 인의 피부색이 검은 것은 햇빛이 강한 지역에서 오랫동안 살아온 결과입니다. 짙은 피부색의 원인이 햇빛이었다는 것은 옛사람들도 알고 있던 내용이지만, 그것은 결코 갑자기 일어났거나 혹은 피부로 피가 몰려서 일어난 것은 아닙니다. 오랜 세월을 두고, 환경에 잘 적응한 이들, 즉 햇빛의 양에 따라 적절한 멜라닌 세포를 만들 수 있는 사람들이 좀 더 많은 후손을 남기는 일이 반복되면서, 햇빛이 강한 곳에는 짙은 피부색을 가진 이들이, 그렇지 못한 곳에서는 창백한 피부를 가진 이들이 나타나게 되었던 것이죠. 유독 에티오피아 인뿐 아니라, 사람들은 햇빛에 일정 시간 이상 노출되면 피부색이 짙어집니다.

그런데 때로는 아무리 햇빛에 노출되어도 여전히 창백한 피부를 가진 이

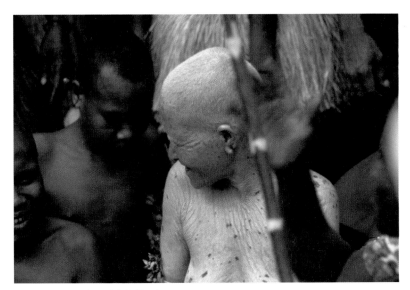

백색증을 가진 파푸아뉴기니의 한 원주민.

들도 있습니다. 바로 백색증(albino)을 가지고 태어난 이들이지요. 백색증은 멜라닌을 만드는 효소의 결핍 증상을 지닌 유전 질환입니다. 정도에 따라 조금씩 차이는 있지만 완전한 전신성 백색증의 경우에는 피부가 창백하도록 하얗고, 머리카락을 비롯한 온몸의 모든 털이 흰색을 띠며, 눈에도 색소가 없어서 안쪽의 핏줄이 비쳐서 붉은색을 띠게 됩니다. 심지어 흑인임에도 백색증을 가지고 태어나면 백인보다 더 창백한 피부를 가질 수 있답니다.

멜라닌은 뇌 속에도 있다

우리는 흔히 멜라닌을 미백과 피부와 연관시켜 생각하기 때문에 멜라닌이 피부에만 존재할 것이라고 생각하곤 합니다. 그러나 흥미롭게도 우리 몸속에 멜라닌이 존재하는 또 다른 부위가 있으니, 그곳은 바로 우리의 뇌입니다. 실제로 우리 뇌 속에는 흑색질(substantia nigra)이라는 부위가 존재합니다. 이 부위에는 멜라닌을 많이 함유한 신경 멜라닌 세포들이 자리 잡고 있어서 옅은 색을 가진 뇌의 다른 부위와는 달리 짙은 색을 나타냅니다. 뇌에 자리한 신경 멜라닌 세포들은 신경 전달 물질의 하나인 도파민(dopamine)을 분비하는 중요한 역할을 합니다.

도파민은 신체 내에서 감정을 조절하고 기분을 좋게 만들며, 행동을 조절하는 등 여러 가지 역할을 하는 신경 전달 물질로, 인체의 건강을 위해 꼭 필요한 물질입니다. 따라서 뇌에서 신경 멜라닌 세포의 존재는 매우 중요하답니다. 만약 어떤 이유로 인해서든 뇌 속의 신경 멜라닌 세포가 파괴되면 퇴행성 신경 질환의 일종인 파킨슨병의 증상이 나타나게 되지요. 전설의 복서였던 무하마드 알리를 손발조차 마음대로 움직이지 못하도록 만든 병이 바로 이것입니다. 파킨슨병의 원인은 알 수 없는 경우가 많지만, 알리의 경우에는 복서 시절에 머리에 반복적인 충격을 받은 후유증으로 파킨슨병을 앓게 되었다고 합니다. 파킨슨병에 걸린 이들은 흑색질 부위의 신경 멜라닌 세포가 파괴됨으로 인해 도파민이 부족해져서 알리처럼 손발이 저절로 떨리거나 근육을 마음 먹은 대로 움직이지 못하는 증상을 겪게 됩니다.

흔히 우리는 인간을 구별할 때, 피부색에 따라 구별하곤 합니다. 이때 피부색은 단지 인간이 지닌 물리적인 특징 중 하나일 뿐인데도, 누군가에게는 피부색의 차이가 곧바로 인성(人性)의 차이를 떠올리게 할 만큼 큰 의미를 지니기도 합니다. 인류 역사에서 피부색이 다르다는 이유 하나만으로 서로를 혐오하고 차별하고 심지어 죽이기까지 했던 일들은 일일이 그 예를 열거하기도 힘들 정도로 많이 일어났습니다. 문득 피부색의 차이는 그저 자신이 살던 곳에 열심히 적응한 결과로 나타난 물리적 차이일 뿐이라는 것을 옛사람들도 알았다면, 지금처럼 피부색으로 사람을 가르는 문화적 악습은 나타나지 않았을지도 모른다는 생각이 듭니다. 비록 옛사람들은 몰랐더라도, 지금은 알게 되었으니 이제부터라도 이런 악습은 철저히 없애야 한다는 생각도 함께 말이죠.

질량 부여자 힉스

과학자들이 추구하는 아름다움은 대칭성

과학자들도 아름다움을 추구한다고 하면, 아마 적지 않은 사람들이 의아해할 것 같다. 아름답다는 느낌을 일게 하는 미적 기준은 아무래도 주관적인 반면 과학은 객관적인 보편 법칙을 추구하기 때문일 것이다. 그러나 분명히 과학자들도 아름다움을 추구한다. 이런 면에서 과학자들도 일종의 예술가라고 할 수 있다.

과학자들이 추구하는 아름다움이란 무엇일까? 한마디로 답하자면 그것은 대칭성(symmetry)의 아름다움이다. 대칭성이란 '변화를 알 수 없는 성질'이라고 할 수 있다. 정육면체나 공은 대칭성이 무척 높다. 이 물체들을 어떻게 돌려놓더라도 그 변화를 알기가 어려운 것은 높은 대칭성 때문이다. 주사위의 각 면에 서로 다른 개수의 눈을 찍어 두지 않으면 어느 면이 어느 면인지 전혀 구분할 수 없다. 당구공에 별다른 표시가 없다면 그 공이 제자리에서 회전하고 있는지 아닌지 알기 어렵다.

과학자들이 관찰하는 자연에는 눈에 띄는 대칭성이 많다. 사람을 비롯한

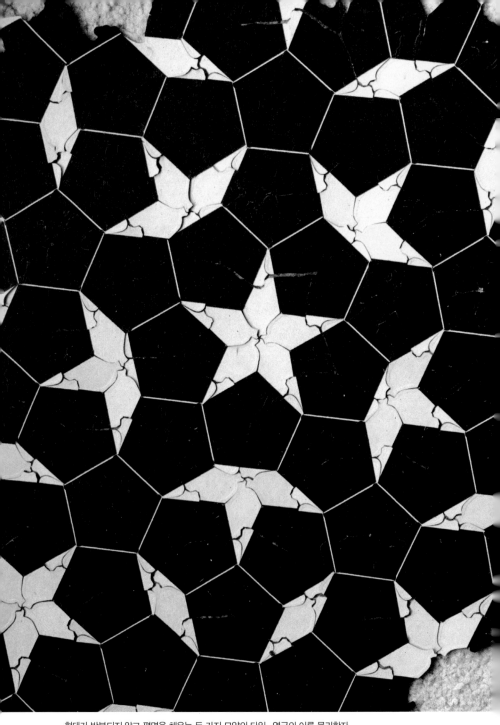

형태가 반복되지 않고 평면을 채우는 두 가지 모양의 타일. 영국의 이론 물리학자
로저 펜로즈가 발명한 이 배열은 준결정체의 2차원 형태이다.

많은 동식물은 좌우 대칭 혹은 방사 대칭이다. 우리가 발 딛고 사는 지구나 생명의 근원인 태양은 거의 완벽한 구형이다. 그러나 과학자들이 중요하게 생각하는 대칭성은 외형적인 대칭성이 아니라 자연의 법칙 자체가 가지고 있는 내재적 대칭성이다. 우주의 근본 원리에 대한 현재 인류의 모범 답안이라고 할 수 있는 입자 물리학의 표준 모형도 대칭성의 원리에 기초해 있다. 표준 모형이 담고 있는 대칭성은 '게이지(gauge) 대칭성'이라고 불린다. '게이지(gauge)'라는 말은 '척도'를 의미한다. 따라서 게이지 대칭성이라는 것은 우리가 자연을 바라보는 척도를 변화시켜도 변화된 척도에 따라서 자연이 바뀌지 않는다는 것을 의미한다. 어떻게 생각하면 당연하다. 자연을 바라보는 척도에 따라서 자연이 바뀐다는 것이 이상하니까.

대칭성에 대한 이론인 게이지 이론

양자 역학이 발전된 이후 물리학 이론은 파동을 통해서 기술된다. 이때 우리가 파동을 기술하는 좌표계를 바꾸면 파동의 위상도 함께 바뀐다. 이렇듯 파동의 위상은 우리가 임의로 정한 기준점에 따라 변하는 양이므로 물리적인 실체가 없다. 따라서 좌표계가 바뀌어서 파동의 위상에 변화가 생기더라도 자연을 기술하는 물리학 이론은 전혀 변화가 없어야만 할 것이다. 이것을 게이지 대칭성이라고 한다. 물리학 이론이 게이지 대칭성을 만족시키려면 우리가 임의로 파동의 위상을 변화시켜 줄 때마다 변화된 위상을 자동적으로 상쇄시켜 주는 무엇인가가 이론상 필요하다. 이 임무를 수행하기 위해 과학자들은 새로운 입자 개념을 도입했는데, 이를 '게이지 입자(gauge particle)'라고 부른다.

고전적인 전자기학에서는 빛(즉 광자)이 바로 게이지 입자에 해당한다. 약한 핵력과 전자기력이 통합된 이론에서는 W와 Z 보손 입자가 게이지 입자가 된다. 강한 핵력에 관한 게이지 입자는 접착자(글루온)이다. 이런 게이지 입자들은 모두 힘을 매개하는 입자들이다. 이 입자들은 실제로도 존재한다.

게이지 대칭성을 만족하는 물리학 이론을 게이지 이론이라고 한다. 이런 게이지 이론이 각광받는 이유는 그 이론이 힘을 매개(전달)하는 입자들이 존재한다는 사실을 설명하기 때문이다. 힘을 매개하는 입자, 게이지 입자들이 없으면 이론의 게이지 대칭성이 있을 수가 없다. 즉 게이지 대칭성이 게이지 입자의 존재를 '요구'하는 셈이다. 게이지 대칭성이 있다면 게이지 입자는 필연적으로 있어야만 한다. "왜?"라는 질문에 대한 답변을 주는 것이 과학의 보람이라고 한다면 이와 같은 필연성의 발견은 과학을 하는 최고의 보람이라고 할 수 있다. 이 때문에 과학자들은 게이지 이론을 아름답게 여긴다.

그러나 안타깝게도 초기의 게이지 이론에는 치명적인 약점이 있었다. 게이지 이론에서는 모든 입자들의 질량이 없다. 질량은 게이지 대칭성을 깨는 성질이 있다. 게이지 대칭성은 서로 '구분할 수 없음'을 의미한다. 반면 질량은 기본 입자를 구분하는 가장 기본적인 성질이다. 게이지 대칭성은 이 구분을 지우는 대칭성이라고 할 수 있다. 그러나 현실에서는 많은 기본 입자가 질량을 가지고 있다. 게이지 이론에서는 이 딜레마를 해결할 수 없었던 것이다. 이런 이유로 이름 높은 과학자들도 처음에는 게이지 이론에 크게 주목하지 않았다.

상황이 반전된 것은 '자발적 대칭성 깨짐(spontaneous symmetry breaking, SSB)'이라는 개념이 도입되고 나서였다. '자발성 대칭성 깨짐'이라는 것은 이론상에서는 대칭성이 있으나, 그 이론이 현실에 나타날 때는 대칭성의 일부가 깨진다는 것이다. 말장난같이 느껴질지 모르지만, 애초에 대칭성이 아예 없는 것과 있던 대칭성이 깨진 것은 전혀 다르다. 바둑으로 치자면 정말 묘수가 아닐 수 없다. 이 자발성 대칭성 깨짐이라는 개념을 입자 물리학에 처음으로 도입한 물리학자 난부 요이치로는 그 공로로 2008년 노벨 물리학상을 수상했다.

질량은 힉스 입자에서 온다

그러나 세상에 공짜는 없다. 자발적 대칭성 깨짐이라는 개념을 이론에 도입하기 위해서는 이론에 새로운 요소가 들어가야 된다. 그것이 바로 '힉스(Higgs) 입자'이다. 힉스 입자는 게이지 대칭성을 깨어 기본 입자들이 질량을 가질 수 있게 한다. 힉스 입자의 별명은 신의 입자이다. 모든 기본 입자에게 질량을 부여하는 입자인 힉스에게 적절한 별명인 듯하다.

2008년 노벨 물리학상 수상자 난부 요이치로.

힉스가 대칭성을 깨면서 기본 입자들에게 질량을 부여하는 과정은 다음과 같이 생각할 수 있다. 서울의 명동 거리는 항상 사람들로 북적댄다. 그러나 대체로 보면 사람들이 북적대는 정도는 어느 위치, 어느 방향으로나 균일하다. 즉 명동 거리를 지나는 사람들의 분포에는 일종의 대칭성이 있다. 그래서 우리가 그 사이를 지나가더라도 (사람이 너무 많지만 않다면) 큰 저항을 느끼지 않고 원하는 길을 갈 수 있다. 그런데 그 사람들 중에 초특급 연예인이 보통 사람처럼 정체를 숨기고 있다가 갑자기 정체를 밝혔다고 해 보자. 주변에 숨겨 둔 카메라도 튀어나오고 그렇게 되면 순식간에 명동 거리는 아수라장이 될 것이다. 이 순간 명동 거리의 대칭성은 완전히 깨진다. 그 연예인을 중심으로 엄청난 인파가 모여들기 때문이다. 그러면 우리는 그 연예인이 있는 방향으로 움직일 때 큰 저항을 느끼게 된다. 대칭성이 깨지면서 뭔가 균일하던 분포에 큰 변화가 생겼기 때문이다. 힉스 입자가 하는 일이 바로 이와 같다. 우리가 느끼는 저항의 정도가 기본 입자들이 얻게 되는 질량이라고 볼 수 있다.

힉스 입자를 도입한 피터 힉스가 자신의 논문을 쓴 것이 1964년이었고 이를 도입해 스티븐 와인버그와 압두스 살람이 약한 핵력과 전자기력을 이론적으로 통합한 것이 1967년이었다. 그 후로 40여 년이 흘렀다. 확인되지 않은 힉스 입자가 많은 일을 해 온 것이다. 그러나 불행히도 힉스 입자는 다른 게이지 입자들과는 달리 그 존재적 필연성이 이론적으로 보장되어 있지 않다. 이러니, 스티븐 호킹이 대형 강입자 충돌기(LHC)가 힉스를 발견하지 못한다면 훨씬 더 신나는 일이 될 것이라고 말한 심정도 이해가 될 법하다.

과학자들은 힉스 입자가 있다면, 그 질량은 대략 양성자 질량보다 수백 배 정도 무거울 것이라고 짐작하고 있다. 대형 강입자 충돌기(LHC)에 자리를 내 준 대형 전자 반전자 충돌기(Large Electron Positron collider, LEP)는 지난 2000년 그 임무를 마감하며 양성자 질량의 약 114배 이하에는 힉스 입자가 없다는 실험적 결론을 내린 바 있다. 힉스 입자를 그 누구보다 애타게 기다리는 영국의 피터 힉스는 1929년생으로 올해 여든 한 살이다. 그의 생전에 힉스 입자가 발견되어 노벨상을 품을 수 있을는지 귀추가 주목된다. 노벨상은 생존한 과학자만 받을 수 있으니까.

기생충으로 알레르기를 고친다

알레르기성 비염은 괴로운 병이다. 들이마시는 공기 중 코 점막에 알레르기를 유발하는 물질이 포함되었을 때 발병하며, 코감기 증상이 나타난다. 투명한 콧물이 수시로, 밑도 끝도 없이 흘러내리고, 수시로 재채기를 하며, 코와 눈이 가렵다. 코감기가 일주일 정도 있으면 회복되는 데 비해 알레르기성 비염은 언제 회복될지 기약이 없으니 심난하다. 할 수 없이 주머니 속에

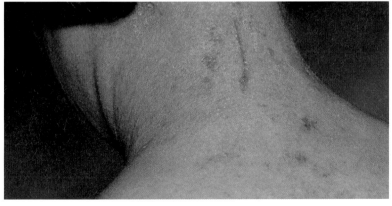

아토피성 피부염.

여행용 티슈를 가지고 다니며 수시로 콧물을 닦아야 하는데, 데이트라도 할 때 콧물을 닦고 있자면 정말이지 죽고 싶다. 감기는 겨울에만 조심하면 되지만, 이 질환은 시도 때도 없이 사람을 괴롭히며, 심지어 1년 내내 이 질환으로 고생하는 사람도 있다.

알레르기성 비염 환자가 늘어 간다, 왜?

과거에는 알레르기성 비염이 그리 흔하지 않았지만, 지금은 눈에 띄게 비염 환자가 많아졌다. 알레르기성 비염, 아토피성 피부염, 그리고 천식을 '알레르기성 질환'이라 부르는데, 좀 잘사는 나라들에서는 공통적으로 이 질환들의 빈도가 크게 늘었다.

2002년에 발표된 자료에 따르면 지난 30년 동안 소위 선진국에서는 아토피성 피부염이 2~3배 증가해, 어린애들의 15~20퍼센트가 이 질환으로 고생한단다. 우리나라도 예외는 아니어서, 얼굴 곳곳이 벌개진 아이들을 아주 쉽게 볼 수 있다. 대체 알레르기 질환은 왜 점점 늘어나는 걸까?

잘살수록 알레르기는 번성, 도대체 왜?

이 현상을 설명하는 게 바로 '위생 가설'이다. 알레르기 질환의 증가는 잘사는 나라에서 사람들이 장에 사는 병원균에 덜 노출되기 때문이라는 이야기다. 몇몇의 과학자(H. H. Smits 등)는 특히 기생충 감염이 알레르기 질환과 밀접한 관계가 있다고 주장했는데, 실제로 기생충이 많은 나라들에서는 알레르기 질환이 드물다. 미국 알레르기 및 전염병 연구소 임상 기생충학 책임자였던 에릭 오티슨은 남태평양 산호섬인 마우케(Mauke) 섬의 주민들을 조사했는데, 1973년에는 주민 600명 중 3퍼센트만 알레르기 질환을 앓고 있었던 반면 1992년에는 그 비율이 15퍼센트로 증가한 것을 관찰했다. 그 기간 동안 오티슨은 기생충 박멸을 위한 각종 의료 시설을 건립해 치료에 힘썼고, 그 결과 30퍼센트가 넘던 기생충 감염률이 5퍼센트 이하로 떨어졌단다. 기생충과 알레르기, 이들은 대체 무슨 관계가 있을까?

알레르기는 항체가 우리 몸을 공격하는 병

알레르기는 항체의 한 종류인 면역 글로불린 E가 점막 조직에 주로 분포하는 비만 세포(mast cell)와 결합함으로써 일어나는 일련의 현상을 말한다. 비만 세포에는 히스타민(histamine)이라는 물질이 들어 있는데, 이 물질은 혈관을 확장시키고 기관지를 수축시켜 알레르기 증상이 일어나게 한다. '항체' 하면 병원균을 공격해 물리치는 이로운 것으로만 생각하기 쉽지만, 항체가 잘못 작용하면 우리 몸에 해로운 증상이 나타나기도 한다. 즉 항체가 우리 몸을 공격하는 것인데, 이런 현상을 '자가 면역'이라고 하고, 이런 증상으로 일어나는 병을 '자가 면역 질환'이라고 한다.

기생충이 알레르기를 막는다?

알레르기 환자들은 면역 글로불린 E 항체가 높다. 그런데 희한하게도 기생충 감염 시에도 알레르기 때와 비슷하게 혈중 면역 글로불린 E 생산이 증가된다. 하지만 이 면역 글로불린 E는 알레르기 때의 면역 글로불린 E와는 달라서 비만세포에 달라붙어도 히스타민이 분비되지 않는다. 만일 기생충에 의해 만들어진 면역 글로불린 E가 비만 세포에다 달라붙으면, 알레르기를 일으키는 면역 글로불린 E가 붙을 자리가 없어짐으로써 알레르기 증상이 억제되게 된다.

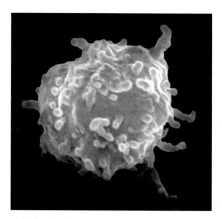

비만 세포의 현미경 사진.

쉽게 설명하면 이렇다. 밥솥 안에 상한 밥이 있다. 그 밥을 먹으면 100퍼센트 탈이 난다. 그래도 배고픈 것보다는 배 아픈 게 낫다고 생각해 밥을 먹으려 하는데, 기생충들이 밥솥 주위를 철통같이 지키고 앉아 우리는 못 먹게 하고 자기네만 먹어 버려 우리가 식중독에 걸리지 않는다는 거다. 다른 주장도 있다. 기생충에 대한 항체를 만드느라 우리 조직을 공격하는 항체를 덜 만들게 된다는 것. 이건 기생충과 우리가 상한 밥을 나눠 먹어서 식중독 증상을 덜 일으키는 것에 비유할 수 있다.

요즘에는 사이토카인(cytokine)을 가지고 이 관계를 설명한다. 사이토카인은 세포 사이에 신호를 전달하는 물질인데, 인터류킨(interleukin)이라고도 불린다. 그래서 IL이라고 표기한다. 발견된 순서대로 번호를 붙이는데, 기생충에 감염되면 그 사이토카인 중 하나인 IL-10이 분비된다. IL-10은 전반적으로 인체의 면역 반응을 억제한다. 그래서 우리 몸이 알레르기 항원에 덜 반응할 수 있고, 증상도 완화된다는 것이다. 우리가 상한 밥을 몇 숟갈 떴을 무렵, "그 밥 먹지 마!"라는 전화가 걸려오는 상황이라고나 할까? 실제로 만손주혈흡충(*Schistosoma mansoni*)이라는 기생충에 걸린 사람은 IL-10의 혈중 농도가 아주 높은 대신 피부가 알레르기 항원에 전혀 반응을 하지 않았

촌충의 몸 일부(왼쪽)와 촌충의 머리 부분(오른쪽).

다. 근데 이 기생충을 약으로 치료했더니 IL-10 생산이 감소되고, 알레르기 항원에 대한 반응이 증가되었다고 하니, IL-10이 상한 밥을 먹지 말라는 신호인 셈이다.

이밖에 기생충이 자기가 더 잘 살기 위해 숙주 면역을 전반적으로 감소시켰다는 설 — 이건 기생충이 평소의 징그러운 모습을 동원해 우리의 식욕을 줄인 것에 비유할 수 있다. — 도 있는데, 이유야 어떻든 현재 알레르기 질환과 기생충 감염에 대한 수많은 연구가 이루어지는 중이다. 기생충과 알레르기를 넣고 검색을 해 보면 무려 2,000편의 논문이 나올 정도이다.

기생충 단백질로 알레르기를 치료한다?

그럼 어떻게 해야 할까? 알레르기를 없애기 위해 억지로 기생충에 걸려야 하나? 실제로 그런 사람이 있었다. 도쿄 대학교의 후지타 고이치로 교수는 자신의 장 속에서 촌충을 3년이나 길렀다고 한다. 그는 어시장에서 불결한 생선을 골라먹고 겨우 촌충에 감염됐다고 한다. 알레르기 질환도 완화시킬 수 있고 살도 뺄 수 있는 방법이긴 해도 이런 걸 다른 사람에게 권할 수는 없는 노릇이다. 이런 엽기적인 거 말고 좀 더 건전한 방법은 없을까? 있다. 기생충을 먹는 대신 기생충의 추출물을 주사하는 거다. 기생충을 접시에 담아 따뜻한 곳에 놔두면 기생충이 몸 안에 있는 것을 밖으로 배출하는데, 이걸 기생충의 분비·배설 항원이라고 부른다. 이건 그냥 단백질이라, 정제만 잘한다면 몸 안에 투여해도 별 문제는 없다.

한 연구자는 쥐모양선충이라는 기생충의 단백질을 실험 쥐에 투여한 후 천식을 일으키는 물질을 주는 실험을 해 보았다. 일반 쥐가 천식 증상을 보인 것과는 달리, 기생충의 단백질을 투여한 쥐는 천식 증상을 전혀 보이지 않았다. 기생충과 알레르기를 연구하는 부산 대학교 유학선 교수팀도 사자회충의 단백질을 이용해 천식 반응을 억제하는 실험을 성공적으로 수행한 바 있다. 그래, 바로 이거다. 기생충을 몸에 키우라고 하면 싫어할 사람은 있어도, 단백질쯤이야.

자가 면역 질환에는 기생충이 약?

무서운 이야기와 희망적인 이야기를 하나씩 해 본다. 알레르기 질환이 항원에 대해 생긴 항체가 자기를 공격하는 질환인 것처럼, 다발성 경화증이나 인슐린 의존형 당뇨병도 그와 비슷한 메커니즘에 의해 발생한다고 추측된다. 모두 자가 면역 질환인 셈이다. 항체가 중추 신경계를 공격해 감각 이상 등의 증상을 일으키는 게 다발성 경화증이고, 인슐린을 분비하는 췌장 세포를 항체가 공격함으로써 생기는 질환이 바로 인슐린 의존형 당뇨병이다. 기생충의 감소와 더불어 이런 질환들이 서서히 늘어나고 있다는 게 바로 무서운 소식이다. 그럼 희망적인 얘기는? 요충을 가지고 실험 쥐를 이용해서 실험을 해 봤더니, 실험 쥐에서 인슐린 의존형 당뇨병의 발생을 감소시켰단다. 그러니 이렇게 말할 수 있겠다. 기생충이 희망이다. 최소한 먼 훗날에는.

큰 수의 이름

수학의 역사에서 삼대 고대 수학자로 꼽히는 그리스의 아르키메데스(기원전 287~212년)는 우주 전체를 완전히 채우는 데 필요한 모래알의 개수라는 엄청나게 큰 수를 계산했다고 한다. 이 거대한 수를 나타내는 데 당시의 그리스 수 체계가 불충분함을 알고, 뮈리아드(μύριοιδος, myriad)을 단위로 하고 이의 거듭제곱에 근거한 수 체계를 고안해서 이 거대한 수를 나타냈다고 한다.

로마 숫자 표기를 이용한 43회 수퍼볼 로고.

큰 수를 표시하는 것은 원래 어려운 문제

알파벳을 이용하는 그리스 수 체계는 수의 크기에 따라 새로운 문자와 기호를 할당하고 많은 알파벳을 나열해야 하기 때문에, 큰 수를 나타내기가 매우 번거롭다. 사실 대부분의 고대 기수법(記數法)은 이와 같이 불편했다. 고대 기수법 중 로마의 기수법은 시계에서 주로 사용되어 친숙한 편이다. 하지만 숫자가 커지면 읽기가 어렵다. 예를 들어 미식 축구의 수퍼볼 경기는 횟수를 로마 숫자를 이용해서 표기하는데, 앞 쪽 이미지는 43회 수퍼볼의 로고이다. XLIII이 43이라는 뜻이다.

수를 자유롭게 쓸 수 있는 아라비아 숫자

현재 우리가 사용하는 인도·아라비아 수 체계의 기수법은 오른쪽부터 1, 10, 100, 1000, …의 자리를 정하고 열 개의 숫자 0, 1, 2, …, 9를 사용해서 거대한 수들도 간편하게 나타낼 수 있다. 우주를 채우는 데 필요한 모래알의 개수를 구했다는 아르키메데스의 계산이 맞는지 틀린지는 중요하지는 않다. 단지 그 수를 현재의 십진법으로 나타내면 다음과 같다.

80000000000000000000000000000000000000000000000000000000000000000

이 수는 지수를 이용하면 8×10^{63}과 같이 아주 간결하게 나타낼 수 있다. 그런데 이렇게 거대한 수는 뭐라고 읽을 수 있을까? 예건대 위의 수라면, 단순히 '팔영영영영……(63번 반복)'이라고 하기에는 숨이 차고, '팔 곱하기 십의 육십삼 제곱'이라고 읽기에는 무엇인가 아쉽지 않은가?

수를 읽으려면 수에 이름이 필요해

인도·아라비아 수 체계의 훌륭한 기수법과 효율적인 지수 표기법을 사용하면 아무리 큰 수라도 어렵지 않게 나타낼 수 있다. 그렇지만 그 많고 큰 수들에 이름을 붙이는 방법은 별개의 문제이다. 수에 이름을 붙이는 방법을 명수법(命數法)이라고 한다. 즉 명수법이란 1을 '일'이라 하고 2를 '이', 10을 '십', 1000을 '천', 20090224를 '이천구만이백이십사'라고 부르는 방법을 말한다. 명수법은 당연히 언어마다 나라마다 다르다. 명수법이 있으려면 먼저 수를 부르는 이름이 있어야 한다. 그 수의 이름을 수사(數詞)라고 한다. 재미있는 점은 한 수사가 나타내는 수는 명수법에 따라서 달라진다는 것이다.

흔히 미국의 billion과 영국의 billion이 나타내는 수가 다르다는 이야기를 들어본 적이 있을 것이다. 미국의 billion은 10억(=10^9)을 뜻하지만, 영국의 billion은 원래 1조(=10^{12})를 뜻한다. (최근에는 영국도 미국을 따라가는 추세라서 미국과 같이 10억인 경우도 있다.) 여기서 billion은 동일한 수사이다. 하지만 수에 이름 붙이는 체계가 양쪽이 조금 다르기 때문에 결국 뜻하는 수가 달라지는 것이다.

동아시아 문화권의 풍요로운 수 이름

우리가 속한 동아시아 문화권에는 아주 오래전부터 매우 풍요로운 수 이름을 확보하고 있었다. 동아시아의 전통 수학인 산학에서는 1 이상의 수를 대수(大數)라 한다. 대수의 이름을 커지는 순서로 나열하면 아래와 같다.

일 십 백 천 만 억 조 경 해 자 양 구 간 정 재 극
(一) (十) (百) (千) (萬) (億) (兆) (京) (垓) (秭) (穰) (溝) (澗) (正) (載) (極)
항하사 아승기 나유타 불가사의 무량수
(恒河沙) (阿僧祇) (那由他) (不可思議) (無量數)

'재'까지는 이미 2세기 산학서인 『수술기유(數術記遺)』, 4~5세기의 『손자산경(孫子算經)』 등에 실려 있었다. 재 다음에 나오는 수사는 극, 항하사, 아승

기, 나유타, 불가사의, 무량수인데, 이는 불교와 인도의 영향을 받았음을 알수 있다. 중국 남북조 및 수·당 시대(316~907)에 인도로부터 불교가 전파되면서, 이런 수사가 불경을 통해 도입됐고, 송·원 시대에는 그런 수사가 중국의 산학 책에 등장했다. 항하사(恒河沙)는 갠지스 강의 모래, 아승기(阿僧祇)는 불경 『화엄경』에서 나온 말로 무수겁(無數劫), 헤아릴 수 없는 많은 시간을 뜻한다.

이런 수의 이름을 이용한 명수법, 즉, 실제의 수에 대응하도록 하는 방법도 몇 가지 있었다. 상수(上數), 중수(中數), 하수(下數)라고 하는 방법이다. 이중 중수에는 19세기 이전에 쓰던 예전 방법과 19세기 이후에 쓰는 현재의 방법이 있어서 총 네 가지가 있었던 셈이다. 현재의 명수법에서 만 이후에는 만 배씩 커질 때마다 새로운 수사를 사용한다. 예를 들면, 1만×1만은 1억, 1만×1억은 1조, 1만×1조는 1경 등이다.

하수, 10배가 되면 새로운 수 이름을 쓴다

하수는 일, 십, 백, 천, 만 등과 같이 만 뒤에도 10배마다 새로운 수사를 사용하는 방법이다. 즉 하수는 현재의 10만을 '십만'이라고 하지 않고, '억'이라고 한다. 현재의 100만은 '조'라고 한다. 1000만은 '경'이라고 하고, 1억은 '조'라고 하는 것이다. 예를 들어 123456789라는 수가 있다면 이것을 하수에 따라 읽으면 '일해이경삼조사억오만육천칠백팔십구'가 된다. 이런 하수의 단점은 수 이름을 너무 빨리 소모해서 더욱 큰 수를 읽으려면 새로운 수사를 자꾸 만들어야 한다는 것이다.

$$하수의\ 1경 = 10 \times 10 \times 10 \times 1만 = 10^7 = 현재의\ 1000만$$

상수, 제곱이 되어야 새로운 수 이름을 쓴다

상수는 만 뒤에서 제곱할 때마다 새로운 수사를 사용하는 방법이다. 즉 1만

×1만은 1억, 1억×1억은 1조, 1조×1조는 1경 등이다. 상수는 지금의 1조부터 달라지는데, 상수에서는 지금의 1조를 '만억'이라고 한다. 지금의 1경이 되면 그것을 상수로 1조라고 한다. 왜냐하면 상수의 1조는 구천구백구십구만구천구백구십구억보다 1억 큰 수, 즉 1억×1억 = 10^{16}이기 때문이다. 지금은 구천만 억이라는 표현은 쓰지 않는다는 점을 생각하면 상수가 어떤 방법인지 짐작이 갈 것이다. 상수의 1경은 지금의 1구(溝, 10^{32})에 해당한다. 왜냐하면 1경은 상수의 1조×상수의 1조이기 때문이다.

$$상수의\ 1경 = 상수의\ 1조 \times 상수의\ 1조 = 1억 \times 1억 \times 1억 \times 1억 = 10^{32}$$
$$= 현재의\ 1구$$

즉 상수는 똑같은 수 이름이 겹쳐 나올 때까지는 더 큰 이름을 쓰지 않는 것이다. 상수는 '억억'이 되어야 조라는 이름을 쓰고 '조조'가 되어야 경이라는 이름을 쓰겠다는 것으로 생각하면 된다. 상수는 수 이름을 적게 쓰는 점은 좋지만 수를 읽기가 불편한 단점이 있다.

중수, 여덟 자리씩 끊어 읽다가 네 자리씩 끊어 읽는 것으로

중수는 현재 사용하는 방법이 있고, 19세기 이전에 사용하는 방법이 있다고 하였다. 현재의 중수는 네 자리씩, 그러니까 만 단위로 끊어 읽는 방법이다. 반면 예전에는 여덟 자리씩, 그러니까 억 단위로 끊어 읽는 방법을 사용하였다. 예를 들어 예전 중수법의 1조는 지금의 1경이다. 지금의 1조를 '만억'이라고 읽었기 때문이다. 그러니까 여기까지는 앞서 설명한 '상수'와 같다. 그러나 예전 중수법의 1경은 상수와 달리 지금의 1구가 되는 것이 아니고, 지금의 1자(秭, 10^{24})가 된다. 왜냐하면 예전 중수의 1경은 예전 중수법의 1조×1억이기 때문이다. 예전 중수법의 1조가 지금의 1경이므로 거기에 1억을 곱하면 1자가 된다.

$$\text{예전 중수법의 1경} = \text{예전 중수법의 1조} \times \text{1억} = \text{1억} \times \text{1억} \times \text{1억} = 10^{24}$$
$$= \text{현재의 1자}$$

우주 전체를 채우는 모래알의 개수는?

우리가 아는 수 이름은 매우 많지만 일상 생활에서 모두 사용하는 것은 아니다. 경제 뉴스에서 '경'이라는 단위를 심심치 않게 들을 수 있게 되었만, 그래도 '해'나 '자'의 단위는 앞으로도 쉽게 들을 것 같지는 않다. 일상 생활에서는 '만'이나 '억' 정도까지의 수이면 충분하다. 이에 따라 위의 하수, 중수, 상수 명수법에서 보듯이, 큰 수의 이름은 그 값이 시기에 따라 바뀌기도 한 것이다. 자주 쓰는 수 이름의 값이 바뀌면 혼란스러울 테니까.

처음에 설명한 아르키메데스가 얻은 '우주 전체를 완전히 채우는 데 필요한 모래알의 개수'는 현재의 중수로는 '팔천나유타'이고, 예전의 중수로는 '팔천만구'이다. 상수로는 '팔천만억조경'에 불과하되, 하수로는 표시할 수 없는 큰 수이다.

$$8 \times 10^{63} = \text{팔천나유타(현재의 중수)} = \text{팔천만구(예전의 중수)} = \text{팔천만억조경(상수)}$$

큰 수의 수사

수사	하수	중수		상수
		19세기 이전	19세기 이후	
일(一)	1	1	1	1
십(十)	10	10	10	10
백(百)	10^2	10^2	10^2	10^2
천(千)	10^3	10^3	10^3	10^3
만(萬)	10^4	10^4	10^4	10^4
억(億)	10^5	10^8	10^8	10^8
조(兆)	10^6	10^{16}	10^{12}	10^{16}
경(京)	10^7	10^{24}	10^{16}	10^{32}
해(垓)	10^8	10^{32}	10^{20}	10^{64}
자(秭)	10^9	10^{40}	10^{24}	10^{128}
양(穰)	10^{10}	10^{48}	10^{28}	10^{256}
구(溝)	10^{11}	10^{56}	10^{32}	10^{512}
간(澗)	10^{12}	10^{64}	10^{36}	10^{1024}
정(正)	10^{13}	10^{72}	10^{40}	10^{2048}
재(載)	10^{14}	10^{80}	10^{44}	10^{4096}
극(極)		10^{88}	10^{48}	
항하사(恒河沙)		10^{96}	10^{52}	
아승기(阿僧祇)		10^{104}	10^{56}	
나유타(那由他)		10^{112}	10^{60}	
불가사의(不可思議)		10^{120}	10^{64}	
무량수(無量數)		10^{128}	10^{68}	

청개구리의 겨울나기

살을 에는 혹한에 온 생명들이 얼어 죽어 나갈 것 같은데도, 온 힘을 다해 끈질기게 버티고 있는 것을 보니 참으로 기특하고 용하다. 대나무, 소나무, 매화나무 셋을 동양에서는 세한삼우(歲寒三友)라 한다. 세한삼우 중 소나무, 대나무는 어찌하여 겨우내 얼어 죽지 않고 흰 눈을 즐기듯 저렇게 푸르름을 뿜낼 수 있단 말인가.

겨우살이는 어느 생물에게나 힘든 일이다

어디 식물뿐인가. 뱀, 개구리는 말할 것 없고 물고기도 몸서리치는 겨울나기에 있는 힘을 다한다. 겨우살이란 사람도 그렇지만 어느 생물에게나 힘든 일이다. 그러나 몹시 아리고 추운 엄동설한이 있기에 우리는 봄의 따스함을 느낀다. 쫄쫄 배곯는 삶을 살아 보지 않고 어찌 배부름의 고마움을 알겠는가. 누가 뭐라 해도 봄 매화의 짙은 향은 차디찬 아픈 겨울을 머금은 탓이다. 나무나 사람이나 시달리면서 더욱 강인해진다.

소나무는 겨울을 어떻게 견디나

소나무도 한겨울, 섭씨 -18도가 넘는 매서운 찬 기운에 잎사귀가 쇠 꼬챙이 같이 꽁꽁 얼어 빳빳이 굳는다. 무거운 눈가루 한 그득 뒤집어써서 허리가 휘청거리는데, 바람이 불어 줄기를 뒤흔들어대니 죽을 맛일 것이다. 참고로, 소나무가 늘 짙푸르게 보이는 것은 지난해(두 해짜리) 늙은 잎이 늦가을에 떨어지고 올 봄에 난 새잎이 그대로 붙어 있는 탓이다. 어느 상록수나 다 잎이 진다.

가녀린 소나무 잎이 얼지 않는 이유

헌데, 땅 위에 우뚝 서 있는 줄기와 솔잎을 모조리 잘라 더한(합친) 무게와 땅 속의 뿌리를 송두리째 파서 달아 보면 두 무게가 거의 맞먹는다고 한다. 그래서 식물의 뿌리를 '숨겨진 반쪽', '물에 비친 나무 그림자'라 한다. 서 있는 나무와 땅의 뿌리가 너무나 서로 빼닮아 '거울에 비친 그림(mirror image)'이 된다 한다. 뿌리 이야기를 덧붙이면, 커다란 아까시나무 한 그루가 거침없이 500미터까지 뿌리를 뻗는다고 한다. 더 놀라운 것은, 14주가 된 옥수수 한 포기의 뿌리가 깊이 6미터까지 파고들었고, 뻗은 면적의 반지름이 5미터를 넘었으며, 또 다 자란 호밀 한 포기의 뿌리를 모두 모아 일일이 이으니 623킬로미터나 되고, 표면적은 639제곱미터가 되더라고 한다. 놀랍다! 그런데 저 의젓하고 듬직한 소나무의 뿌리는 또 얼마나 추울까? 다행스럽게도 그렇지 않다. 숲에는 가랑잎이 켜켜이 쌓여 추위 막이가 되어 주니 발이 시리지 않고, 소나무의 밑둥은 용(龍) 비늘 같은 굵은 껍데기들이 겹겹이 에워싸고 있어 견딜 만하다.

하지만 나무 꼭대기의 가녀린 잎은 추위를 막아 줄 것이 없다. 그러나 나름대로 추위를 견디는 방법이 있다. 기온이 떨어지면 이들 나무의 세포에는 프롤린(proline)이나 베타인(betaine) 같은 아미노산은 물론이고 수크로오스(sucrose) 따위의 당분이 늘어나면서 얼음 핵이 생기는 것을 억제한다. 이런 물질들이 바로 '항결빙(抗結氷)' 물질로 자동차의 부동액인 셈이다.

나무들은 겨울을 미리 준비한다. 늦가을에 접어들면서 일찌감치 이런 부동액을 세포에 비축해 겨울을 대비하니 이를 '담금질(hardening, '야물어짐')'이라 한다. 담금질이 일어나지 않은 상태에서 갑자기 날씨가 추워지면 숲이 동해(凍害)를 입는다. 이제야 무서리가 내리고 눈발이 흩날릴 때까지 가을 배추를 뽑지 않고 오래오래 얼리는 까닭을 알겠다. 날이 추워질수록 많은 부동액이 비축되는 까닭이다.

이 부동액이 사람에게는 영양분이 된다. 이런 항결빙 물질, 즉 부동액 덕분에 솔잎 세포의 내부, 세포질에는 얼음 결정이 잘 생기지 않고, 생겨도 아주 작아서 세포에 크게 해를 끼치지 않는다. 세포와 세포 사이의 틈새, 즉 세포 간극에만 주로 결빙(結氷)이 된다. 이 세포 간극에 생긴 얼음 핵이 더 큰 얼음덩이를 형성키 위해 세포 속의 물을 빨아내니, 세포액의 농도가 짙어져서 어는점이 낮아진다. 그래서 세포가 얼어 터지지 않는다. 게다가 식물의 세포벽은 딱딱한 셀룰로오스, 리그닌, 펙틴들이 주성분이라 여간 해서는 깨지지 않는다. 더러운 물은 깨끗한 물보다 잘 얼지 않는다. 물이 더럽다는 것은 다른 유기물 용질이 많이 물에 녹아 있다는 것이다. 마찬가지로 식물 세포에도 여러 용질의 농도가 짙어져서 세포가 얼지 않는다. 저온에 대한 순응인 것이다.

벌거벗은 청개구리의 겨울나기

이 얼음 어는 추위에 청개구리는 어떻게 겨울나기를 하고 있을까? 청개구리는 우리나라 들녘에 살고 있는 양서류 17종 중에서 홀로 나무에 산다. 보통 개구리는 앞다리에 발가락이 4개, 뒷다리에는 5개가 있고 뒷발가락 사이에 물갈퀴가 있다. 하지만 청개구리는 나무에 주로 살아 헤엄칠 필요가 없다. 발가락의 물갈퀴가 퇴화해 없어지고, 대신 아무데나 착착 잘 달라붙게 발가락 끝에 혹같이 생긴 흡반이 생겨났다. 얼마나 무서운 적응인가! 필요

청개구리.

없는 것은 눈 딱 감고 싹 다 내버려 버리고 쓸모 있는 것은 무슨 수를 써서도 얻는다.

송곳바람이 불면 물개구리는 잘 얼지 않는 냇물의 바위 밑에서, 참개구리는 땅굴 속에서 떼 지어서 추운 겨울을 보내는데, 바보(?) 청개구리는 안타깝게도 홑이불에 지나지 않는 가랑잎 덤불 속에 땡땡 얼음이 되어 고된 겨울과 겨룬다. 낙엽 속에 꽁꽁 얼어붙어 버린 '냉동 청개구리'는 죽은 시체나 다름없다. 연두색 봄도 탈색 되어 거무죽죽해지고 돌덩어리처럼 빳빳하게 굳어 있어 잡아 건드려 보아도 꿈쩍 않는다. 심장과 대동맥 언저리에만 피가 돌고, 몸 속의 물의 65퍼센트 정도가 얼어 버린 상태이다. 생명만 간신히 부지하고 있는 앙상한 청개구리다. 불쌍한 청개구리는 왜 하필이면 살기 힘든 한반도에 태어났단 말인가, 우리나라에 사는 모든 양서류를 합쳐 봐야 열대 지방의 큰 나무 한 그루에 사는 종의 수에 지나지 않는다고 한다.

청개구리들도 가을에 벌레를 많이 잡아먹어서 몸 안에 글리세롤(glycerol) 같은 지방 성분을 가득히 비축해 놓아, 그런 지방 성분을 써서 열을 내기에 심장이나마 살아 있는 것이다. 하지만 불쌍한 청개구리도 다 꿍꿍이속이 있다. 목숨을 유지하는 데 필요한 최소한의 에너지를 기초 대사량이라고 한다. 평소의 기초 대사량 이하로 대사를 왕창 낮춰 양분의 손실을 엄청나게 줄이자는 것이 겨울잠을 자는 까닭이다. 청개구리의 몸이 영하로 내려가면 물질 대사가 거의 정지 상태에 접어들어 몸에 저장한 양분의 소모가 적어진다. 어떡하든 영양분을 적게 소비하겠다고 추위를 마다 않고, 외려 즐겁게 (?) 지내고 있는 것이다.

동물들의 천연 부동액

한편 남극의 차가운 물속에 사는 얼음물고기(*Trematomus* sp.)는 보통 생물들이 부동액으로 쓰는 포도당이나 글리세롤 외에, 소르비톨(sorbitol)이나 특수 당단백질(糖蛋白質, glycoprotein)을 이용하기에 바닷물이 얼기 직전 온도인 섭

얼음물고기(*Trematomus newnesii*).

씨 -1.8도에서도 끄덕 않고 산다. 나무나 여러 변온 동물들이 그 모진 겨울 추위를 이겨 내는 것은 바로 이런 부동액이란 신비로운 장치 덕이다. 어쨌거나 겨울이 깊으면 봄도 머지않다 하니, 소나무가 푸름을 되찾고 청개구리들이 발딱발딱 뛰노는 포근한 봄이 오겠지.

전자와 빛의 미묘한 관계

예전에는 사람들이 책상 앞에 앉으면 책을 꺼내 읽었다. 그러나 요즈음은 책상 앞에 앉아서 가장 먼저 하는 일은 컴퓨터를 켜는 일이다. 컴퓨터 속에는 우리가 필요로 하는 정보가 대부분 들어 있기 때문이다. 글자로 된 정보만을 전해주는 책과는 달리 컴퓨터는 영상 자료나 음향 자료까지 제공한다. 가만히 앉아서 전 세계에 흩어져 있는 자료들을 검색해 필요한 정보를 즉시 가져다주는 것도 컴퓨터이다.

현대 문명은 전자의 산물

컴퓨터 속에서 이 모든 일을 하는 것은 전자들이다. 우리가 상상하기에도 힘들 정도로 작은 입자인 전자는 우리가 자판을 두드려 내리는 명령을 아무런 불평 없이 수행한다. 때로 컴퓨터가 고장을 일으키고, 소프트웨어들이 말썽을 부리기도 하지만 그것은 전자들의 반란이 아니라 컴퓨터 부품이나 소프트웨어의 결함 때문이다.

　20세기에 인류가 이루어낸 놀라운 과학과 문명의 발전은 전자라는 충실

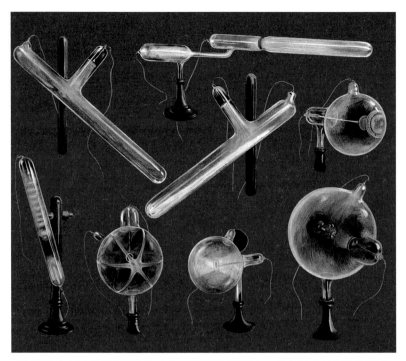

과학자들은 이 그림과 같은 음극선관들을 가지고 기체 방전을 연구했다. 그 결과 엑스선과 전자를 발견했다.

한 일꾼을 발견하고, 효과적으로 전자를 부리는 방법을 알아냈기 때문에 가능했다. 전기나 자기와 관계된 현상은 대개 전자와 직접적으로 관련이 있다. 전자가 한 곳에 많이 모여 있는 것이 정전기이고, 전자가 흘러가는(때로는 이온이 이동해 가기도 하지만) 것이 전류이다. 과학자들은 전자가 만들어 내는 여러 가지 전기 현상들을 19세기 중엽에 이미 완전히 이해했었다. 그러나 정작 전자의 존재는 모르고 있었다.

전자 생성기, 음극선관

그렇다면 전자는 어떻게 발견되었을까? 전자는 음극선관에서 나오는 음극선을 연구하는 과정에서 발견되었다. 음극선관을 처음으로 연구하기 시작한 사람은 전자기 유도 법칙을 발견한 영국의 마이클 패러데이라고 알려져 있다. 패러데이는 유리관의 양끝에 전기를 연결하면 음극에서 무엇인가가 나와 양극으로 흘러간다는 것을 발견하고 음극선이라고 불렀다. 그런데 음극에서 나오는 음극선은 유리관 안에 공기가 들어 있으면 공기의 방해를 받아 잘 흐르지 못한다. 그래서 유리관 안의 공기를 빼서 진공으로 만들고 양끝에 전기를 연결한 것이 음극선관이다.

진공을 만드는 기술이 좋지 않았던 초기의 음극선관은 성능이 좋지 않다. 독일의 유리 기구 제작자이며 엔지니어였던 요한 하인리히 빌헬름 가이슬러(1814~1879년)는 진공도를 높인 음극선관을 만들었는데 이런 관을 가이슬러관이라고 부르게 되었다. 후에 영국의 윌리엄 크룩스(1832~1919년)가 진공도가 더 높은 음극선관을 개발했는데 이를 크룩스관이라고 부른다. 과학자들은 이러한 음극선관을 이용해 여러 가지 실험을 했다.

엑스선은 음극선관에서

독일의 빌헬름 콘라트 뢴트겐(1845~1923년)도 음극선관을 이용해 실험하고 있던 과학자들 중의 한 사람이었다. 독일 뷔르츠부르크 대학교의 교수였던 뢴트겐은 1894년부터 음극선의 성질을 알아보기 위해 음극선을 금속판에 쏘는 실험을 시작하다가 음극선관에서 종이도 뚫고 지나가는 강한 빛이 나온다는 것을 알게 되었다. 1895년 12월 22일에 뢴트겐은 부인을 실험실로 불러서 음극선관에서 나오는 눈에 보이지 않는 이 빛으로 부인의 손 사진을 찍어보았다. 그랬더니 손 안에 있는 뼈는 물론이고 손가락에 끼고 있던 반지도 선명하게 나타난 사진이 찍혔다.

엑스선을 발견한 것이다. 엑스선은 발견한 사람의 이름을 따서 '뢴트겐선'이라고도 부른다. 엑스선의 발견 소식은 전 유럽에 빠르게 퍼져 나갔다. 엑스선의 발견으로 많은 과학자들이 음극선관과 음극선에 더 많은 관심을 가지게 되었다.

도대체 음극선의 정체는 무엇인가

엑스선의 발견을 전후해 음극선관의
음극에서 나와 양극으로 흐르는 음극
선의 정체를 밝혀내기 위한 본격적인
실험이 시작되었다.

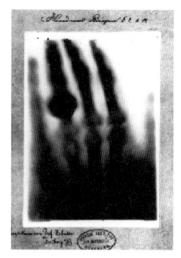

최초의 엑스선 사진인
뢴트겐 부인의 손 사진.

음극선은 관 안에 들어 있던 기체 분
자와 충돌하면 여러 가지 색깔의 빛을
낸다. 먼저 음극선이 기체와 부딪힐 때
내는 빛에 대한 연구가 먼저 진행되었
다. 이러한 연구는 나중에 원자 구조 연
구에 기초가 된 자료를 제공했다. 이와
함께 음극선이 형광 물질에 부딪힐 때
내는 형광 대한 연구도 진행되었다.

음극선이 형광 물질에 부딪힐 때 내는 형광은 음극선 연구에 큰 도움이
되었다. 형광 물질을 이용해 음극선이 어디에 부딪히는지 알 수 있게 되었
기 때문이다. 이제 과학자들은 음극선관의 음극과 양극의 중간에 물체를 놓
아 보았다. 그랬더니 뒤쪽 벽에 물체의 그림자가 생기는 것을 볼 수 있었다.
그것은 음극선에서 나와 양극으로 흘러가는 것이 작은 알갱이라는 것을 뜻
하는 것이었다. 알갱이는 중간에 놓인 물체를 통과하지 못하기 때문에 뒤에
그림자가 만들어진다.

전자와 엑스선 발견이 현대 과학의 출발점

음극선에 대한 이러한 연구를 발전시켜 음극선이 바로 전자의 흐름이라는
것을 밝혀낸 사람은 영국의 조지프 존 톰슨(1856~1940년)이었다. 톰슨은 음
극선을 이용한 중요한 세 가지 실험을 했다. 첫 번째 실험은 음극선에서 음
전하를 띤 입자들을 분리해 낼 수 있는가 하는 실험이었다. 음극선관 주위

전자의 발견자 조지프 존 톰슨.

에 자기장을 걸어 주어 음극선의 흐름을 휘게 하면 휘어지는 것 이외에 똑바론 진행해 가는 무엇이 있는지 조사했다. 이 실험을 통해 그는 음극선에는 자기장 안에서 똑바로 진행하는 것이 아무것도 없다는 것을 알게 되었다. 그것은 음극선이 음전하를 띤 입자의 흐름 외에 다른 어떤 것을 포함하고 있지 않다는 것을 뜻했다.

두 번째 실험은 음극선에 전기장을 걸어 주었을 때 음극선이 휘는지를 조사하는 실험이었다. 이 실험은 이전에 다른 사람들에 의해 시도되었지만 실패했다. 관 안에 남아 있던 기체 때문이었을 것이라고 생각한 톰슨은 관 안의 진공도를 훨씬 높인 다음 실험을 다시 해 보았다. 예상했던 대로 음극선이 양극 쪽으로 휘어졌다. 그것은 음극선이 음전하를 띤 입자들의 흐름이라는 것을 다시 확인시켜 주는 것이었다. 톰슨의 마지막 실험은 전기장 안에서 음극선이 휘어 가는 정도를 측정해 음극선을 이루는 알갱이의 전하와 질량의 비(e/m)를 결정하는 실험이었다.

1897년 4월 30일에 영국 왕립 연구소에서 톰슨은 4개월간에 걸친 음극선에 대한 실험 결과를 발표했다. 톰슨이 측정한 음극선 입자의 전하와 질량의 비는 수소 이온의 전하와 질량의 비보다 1,840배나 크다. 그것은 이 입자가 음전하를 띠고 있으며 수소 원자보다 훨씬 가벼운 입자라는 것을 뜻했다. 톰슨은 이 입자를 '미립자(corpuscles)'라고 불렀다. 음극선에 관한 톰슨의 논문은 1897년 8월 7일 《필로소피컬 매거진(*Philosophical Magazine*)》에 제출되어 그해 10월에 출판되었다. 톰슨이 발견한 미립자에 '전자(electron)'

라는 이름을 붙인 사람은 존스턴 스토니였다.

톰슨은 이 미립자가 물질 속에 들어 있는 원자에서 나온다고 주장했다. 그것은 원자가 더 이상 쪼개지지 않는 가장 작은 알갱이가 아니라는 것을 뜻하는 것이었다. 톰슨은 한 발 더 나아가 모든 원자는 골고루 퍼져 있는 양성자에 전자들이 여기저기 박혀 있는 푸딩과 같다는 원자 모형을 제안했다. 톰슨의 이러한 원자 모형은 올바른 원자 모형이 아니라는 것이 밝혀져 후에 다른 원자 모형으로 대체되었다.

전자가 가지고 있는 전하량을 최초로 측정한 사람은 미국의 로버트 앤드루스 밀리컨(1868~1953년)이었다. 밀리컨은 1913년에 기름 방울 실험을 통해 전자의 전하량이 1.6×10^{-19}쿨롬(C)이라는 것을 알아냈다. 따라서 알려진 전자의 전하와 질량의 비(e/m)에 이 값을 대입해 전자 하나의 질량이 9.1×10^{-31}킬로그램이라는 것을 알 수 있게 되었다. 이렇게 해서 전자의 정체가 세상에 드러나게 되었다.

과학사를 연구하는 사람들 중에는 현대 과학이 뢴트겐이 엑스선을 발견한 1895년에 시작되었다고 주장하는 사람들도 있고, 1897년에 있었던 톰슨의 전자 발견부터라고 주장하는 사람들도 있다. 사실 현대 과학의 시작을 언제부터라고 정하는 것은 가능한 이야기도 아니고 중요한 이야기도 아니다. 다만 이런 주장을 통해 우리는 엑스선의 발견과 전자의 발견이 현대 과학의 발전에 중요한 계기가 되었다는 것을 확인할 수 있다.

전하량을 최초로 측정한 밀리컨.

빛과 전자, 통하였는가?

전자의 흐름인 음극선이 엑스선을 발생시켰다는 것은 전자와 엑스선이 밀접한 관계가 있다는 것을 뜻한다. 빠르게 운동하는 전자가 원자와 충돌하면 원자는 빛을 낸다. 이때 나오는 빛은 원자의 종류에 따라 달라진다. 형광등이나 네온사인 속에서는 음극에서 나와 양극으로 달리던 전자가 관 안에 들어 있던 기체 분자와 충돌해 여러 가지 색깔의 빛을 내고 있다. 전자가 가벼운 원자들과 충돌하면 우리가 눈으로 볼 수 있는 빛을 내지만 무거운 금속 원자와 충돌하면 에너지가 큰 엑스선을 낸다. 엑스선을 이용하는 많은 실험실이나 의료 기기에서도 이와 같은 방법으로 엑스선을 발생시키고 있다. 그러나 전자가 가속운동(원운동과 같은)을 할 때도 엑스선을 낸다. 경북 포항의 포항 방사광 가속기에서는 관을 따라 전자를 빠른 속도로 돌게 하고 이때 나오는 엑스선을 여러 가지 과학 실험에 이용하고 있다. 방사광 가속기를 이용하면 전자를 금속에 충돌시킬 때보다 훨씬 강력한 엑스선을 얻을 수 있을 뿐만 아니라 원하는 파장을 가진 엑스선을 얻을 수 있어서 다양한 과학 실험을 할 수 있다.

보라색 바깥의 보이지 않는
빛의 세계

오늘날 지구는 산업 발전에 따른 부작용으로 점차 오염되고 있습니다. 이에 따라 지구를 둘러싸고 있던 오존층이 점점 얇아져 심할 경우 구멍이 생기기도 합니다. 이런 오존층의 파괴가 문제시되는 이유는, 그로 인해 지구 표면에 도달하는 자외선의 양이 급격하게 늘어나기 때문입니다. 자외선은 태양이 방출하는 다양한 광선 중, 우리 눈에 보이는 가시광선보다 짧은 파장대의 광선을 말합니다. 생명체가 다량의 자외선에 노출되면 노화가 촉진되는 한편 각막이 손상되고, 심한 경우 암을 유발합니다.

하지만 자외선이 언제나 우리 몸에 해롭기만 한 것은 아닙니다. 아기의 황달 치료에 쓰이고, 병균을 소독하는 데에도 쓰입니다. 또한 일반인들에게는 잘 알려지지 않았지만 자외선은 사진의 광원으로도 매우 유용합니다. 의학 분야에서 맨 눈으로 잘 보이지 않는 피부 질환 진단에도 자외선 사진이 사용되며, 고고학 분야에서도 다양하게 사용됩니다. 또한 범죄 현장에서 범인의 흔적을 찾고 증거를 검출해내는 과학 수사 분야에 있어서도 자외선 사진은 없어서는 안 될 아주 중요한 수사 도구입니다.

▲ 지폐 속의 숨은 그림

우리가 매일 사용하는 지폐에는 다양한 위조 방지 장치가 되어 있습니다. 지폐에 많이 쓰이는 위조 방지 기술로는 색 변환 잉크, 볼록 인쇄, 앞뒤 판 맞춤, 홀로그램 등이 있습니다. 그중 자외선을 사용하는 것이 형광 색사입니다. 형광 색사가 첨가된 지폐 속 그림들은 일반적인 조명이나 햇빛 아래에서는 눈에 잘 띄지 않습니다. 하지만 자외선 조명 아래에서는 초록색, 파란색, 빨간색으로 나타나며 색다른 모습을 보여 줍니다.

◀ 파이터의 눈빛

우리의 피부는 햇볕에 쉽게 그을립니다. 이것은 태양의 자외선 때문입니다. 자외선이 피부에 닿으면, 우리 몸에서는 자외선이 피부 깊숙이 들어오는 것을 막기 위해 멜라닌 색소를 형성합니다. 피부가 그을려 보이는 것은 이때 생성된 멜라닌 색소 때문입니다. 이 사진은 자외선만을 이용하여 찍은 인물 사진입니다. 우리의 피부는 자외선을 잘 흡수하는 성질이 있습니다. 그래서 눈으로 볼 때는 백옥같이 흰 피부도 자외선 사진에서는 전반적으로 검게 나타납니다. 이러한 자외선 인물 사진은 사진 속 남성처럼 강한 느낌의 사진을 만들고자 할 때 유용하게 쓰일 수 있습니다.

▲ 범죄의 재구성

범죄 사건을 해결하려면 범죄 현장에 대한 철저한 조사가 필요합니다. 이런 수사 과정에는 우리가 맨눈으로 보지 못했던 것들을 볼 수 있도록 하는 여러 가지 특수 촬영 기법들이 쓰이고 있습니다. 그중 대표적인 것이 형광 분말 촬영법입니다. 이 촬영법은 자외선과 같은 특정한 파장에서 밝게 빛나는 특수 분말을 이용하는 것입니다. 지문은 그 자체로는 눈에 잘 보이지 않지만 형광 분말 촬영법을 이용하면 특유의 색상으로 나타납니다.

▼ 과학 수사대

국내에서도 방영되어 많은 인기를 얻고 있는 미국 드라마 「과학 수사대 CSI」 시리즈를 여러분도 잘 아실 겁니다. 드라마 속 수사관들을 보면, 사건 현장을 조사하면서 푸른색의 자외선 조명을 사용합니다. 자외선 조명은 일반적인 가시광선보다 짧은 파장의 광선인 자외선을 방출합니다. 빛의 파장은 짧아질수록 더 쉽게 산란되는 특성이 있는데 체액이나 지문 등 자외선에 반응하는 증거물들을 발견하는 데 도움을 줄 수 있습니다.

사람들은 오직 가시광선만을 볼 수 있습니다. 그러나 다른 생물들은 가시광선 이외의 영역을 보기도 합니다. 특히 나비와 같은 곤충은 자외선을 볼 수 있습니다. 이 사진은 같은 꽃을 각각 가시광선과 자외선을 이용하여 촬영한 것입니다. 가시광선에서는 꽃잎의 붉은색과 노란색이 나타납니다. 하지만 자외선을 활용하는 곤충의 시각으로는 색보다 생존에 더 중요한 꽃샘 등을 발견할 수 있는 쪽으로 시각 인지 능력을 진화시켜 왔기에 전혀 다른 모습으로 보이게 됩니다. 이렇게 같은 대상이라 할지라도 어떤 빛으로 보느냐에 따라 그 모습이 다르게 나타납니다.

얼마 전, 사기 도박을 벌이던 일당이 검거되는 사건이 있었습니다. 공교롭게도 사기 도박에도 자외선이 이용되기도 합니다. 특수 염료 등을 이용해서 카드에 패를 표시하는 수법이지요. 이런 카드들은 맨눈으로는 구분이 되지 않습니다. 하지만 자외선 조명이나 특수 렌즈를 이용하면 미리 표시해 둔 카드의 패를 알 수 있습니다.

3월

03.02 미라와 기생충 03.03 0으로 나눌 수 없는 이유 03.04 별의 장렬한 죽음 03.06 초전도 현상의 비밀 03.09 천재와 광인은 분자 하나 차이? 03.13 원자를 쪼갠 사람들 03.14 수금지화목토천해 03.16 식도 통과 시간 9초 03.17 0의 0제곱은? 03.18 작은 별의 아름다운 죽음 03.19 조개와 물고기의 공생 03.20 자연의 복불복? 표준 모형의 난제들 03.23 갱년기 대책, 호르몬 대체 요법 03.24 작은 수를 읽는 법 03.27 아인슈타인의 특수 상대성 이론 03.30 뇌를 알고 가르치자 03.31 각뿔의 부피는 얼마일까?

3월의 과학 사건들

3월 1일   **1924년** 스웨덴 수학자 헬게 폰 코흐 죽음 **1954년** 일본 어선 제5후쿠류마루 미국의 수소 폭탄 실험 방사
능에 피폭 **1966년** (구)소련 우주 탐사선 베네라 3호 금성 표면에 충돌

3월 2일   **1894년** 러시아 생화학자 알렉산드르 오파린 태어남 **1998년** NASA 목성 위성 에우로파에서 물을 발견

3월 3일   **1874년** 미국 발명가 알렉산더 그레이엄 벨 태어남 **1969년** NASA 아폴로 9호 발사

3월 4일   **1832년** 프랑스 이집트학자 장프랑수아 샹폴리옹 죽음

3월 5일   **1512년** 플랑드르 지도학자 게르하르두스 메르카토르 태어남 **1827년** 프랑스 수학자 피에르시몽 라플라스
와 이탈리아 물리학자 알레산드로 볼타 죽음 **1970년** 핵 확산 금지 조약 발효

3월 6일   **1787년** 독일 물리학자 요제프 폰 프라운호퍼 태어남 **1986년** (구)소련의 우주 탐사선 베가 1호 핼리 혜성
의 핵을 근접 촬영 **2005년** 미국 물리학자 한스 베테 죽음

3월 7일   **기원전 322년** 그리스 철학자 아리스토텔레스 죽음 **1792년** 영국 과학자 존 허셜 태어남
1876년 알렉산더 그레이엄 벨 전화기 특허 획득 **2000년** 영국 생물학자 윌리엄 해밀턴 죽음

3월 8일   **1618년** 요하네스 케플러 케플러의 제3법칙 발견 **1879년** 독일 물리학자 오토 한 태어남

3월 9일   **1933년** 인류 최초의 우주 비행사 유리 가가린 태어남 **1981년** 독일 생물 물리학자 막스 델브리크 죽음

3월 10일   **1977년** 천왕성 고리 발견

3월 11일   **1955년** 영국 세균학자 알렉산더 플레밍 죽음 **1960년** 미국 행성 탐사선 파이오니어 6호 발사

3월 12일   **1824년** 독일 물리학자 구스타프 키르히호프 태어남

3월 13일   **1733년** 영국 화학자 조지프 프리스틀리 태어남 **1781년** 영국 천문학자 윌리엄 허셜 천왕성 발견

3월 14일   **1879년** 독일 물리학자 알베르트 아인슈타인 태어남 **1883년** 3월 14일 독일 철학자 카를 마르크스 죽음
1932년 미국 발명가 조지 이스트먼 죽음 **1995년** 미국 천문학자 윌리엄 앨프리드 파울러 죽음

3월 15일   **1813년** 영국 전염병학자 존 스노 태어남 **1821년** 오스트리아 과학자 요한 로슈미트 태어남
1854년 독일 의학자 에밀 폰 베링 태어남 **1962년** 영국 물리학자 아서 콤프턴 죽음

3월 16일   **1787년** 독일 물리학자 게오르크 옴 태어남 **1918년** 미국 물리학자 프레더릭 라이너스 태어남
1925년 멕시코 경구 피임약 발명가 루이스 미라몬테스 태어남

3월 17일   **1782년** 스위스 수학자 다니엘 베르누이 죽음 **1956년** 프랑스 핵 물리학자 이렌 졸리오 퀴리 죽음
1958년 미국 최초의 태양광 발전 인공 위성 뱅가드 1호 발사

3월 18일   **1858년** 독일 기술자 루돌프 디젤 태어남 **1964년** 미국 수학자 노버트 위너 죽음

3월 19일   **721년** 바빌로니아 천문학자들 개기 월식 기록 **1915년** 명왕성 사진 촬영 성공 **1987년** 프랑스 물리학자
루이 드브로이 죽음

3월 20일   **1878년** 독일 물리학자 율리우스 로베르트 폰 마이어 죽음

3월 21일   **1768년** 프랑스 수학자 조제프 푸리에 태어남

3월 22일   **1868년** 미국 물리학자 로버트 밀리컨 태어남 **1997년** 헤일 · 밥 혜성 지구에 최대 접근

3월 23일   **1749년** 프랑스 수학자 피에르시몽 라플라스 태어남 **1882년** 독일 수학자 에미 뇌터 태어남
1965년 NASA 제미니 3호 발사 **2001년** 러시아 우주 정거장 미르 임무 종료, 남태평양 상공에서 폐기

3월 24일   **1693년** 영국 시계 제작자 존 해리슨 태어남 1776년 같은 날 죽음 **1882년** 로베르트 코흐 결핵균 발견

3월 25일   **1665년** 크리스티안 하위헌스 토성의 가장 큰 위성인 타이탄 발견

3월 26일   **1753년** 영국 물리학자 벤저민 톰슨 태어남 **1941년** 영국 진화 생물학자 리처드 도킨스 태어남

3월 27일   **1817년** 오스트리아 식물학자 카를 폰 네겔리 태어남 **1968년** (구)소련 우주 비행사 유리 가가린 죽음

3월 28일   **1979년** 미국 스리마일 섬 핵 발전소 사고 **2003년** 화학자 일리야 프리고진 죽음

3월 29일   **1807년** H. W. 올버스 소행성 4 베스타 발견 **1974년** 진시황릉 발견

3월 30일   **1944년** 영국 물리학자 찰스 버넌 보이스 죽음

3월 31일   **1596년** 프랑스 철학자 르네 데카르트 태어남 **1727년** 영국 과학자 아이작 뉴턴 죽음
1889년 프랑스 에펠탑 완성 **1906년** 일본 물리학자 도모나가 신이치로 태어남

미라와 기생충

이집트란 나라를 부러워한 적이 있었다. 외계인이 만들었다는 설도 있지만, 아무튼 먼 조상들이 세운 피라미드와 스핑크스를 가지고 얼마나 많은 관광 수입을 올리는가? 또 하나 부러운 건 피라미드 안에 들어 있는 미라였다. 그 미라로 인해 만들어지는 이야깃거리는 한둘이 아닌데, 3탄까지 만들어진 영화 「미이라」 시리즈가 대표적인 예다. ('미이라'는 잘못이며, '미라'가 표준어법에 맞는 표기이다.)

이집트에만 있는 줄 알았던 미라, 한국에서도 발견되다

"서 선생, 미라가 발견됐는데, 혹시 기생충 검사 가능해?" 우리 조상들도 미라나 만들지, 하는 아쉬움에 잠겨 있던 난 다른 대학에 근무하는 교수님의 전화에 화들짝 놀랐다. "우리나라에도 미라가 있어?" 하지만 있었다.

2001년 경기도 양주군에서 어느 양반 가문 묘역의 이장 도중 5세 정도로 추정되는 어린이의 미라가 발견된 것. 방사성 탄소(^{14}C)를 이용해 연대를 측정한 결과 이 미라는 400년 전의 것으로 밝혀졌다. 1991년 알프스 빙하에서

발견된 회격묘. 두꺼운 회가 관을 싸고 있다.

발견된 '아이스맨'이나 페루처럼 건조한 기후 덕에 만들어지는 미라들과 달리 우리나라의 미라는 16~17세기 양반들에게 사용됐던 '회격묘'라는 독특한 묘 덕분에 만들어졌다. 회격묘는 이중으로 된 관 바깥에 회를 넣어 굳힌 것으로, 회의 두께가 워낙 두꺼워 도굴도 어려울뿐더러 벌레와 습기를 비롯한 그 어떤 것도 침투가 불가능하다. 회격묘에 묻혔다고 해서 다 미라가 되는 건 아니지만, 외부와 차단된 환경이 미라가 되는 데 커다란 기여를 했으리라.

자연 미라의 몸속에서 발견된 기생충들

연대가 그리 오래된 건 아니지만, 그 양주 어린이의 미라는 이집트 것에 비할 바가 아니었다. 이집트 미라가 내부 장기를 들어낸 인공 미라인 반면 이건 몸 안의 구조물들이 거의 그대로 보존된 자연 미라였으니까. 미라에 대한 내시경 조사가 시행되었을 때, 간과 폐 등의 장기가 보이는 것에 모두가 감탄했었다. 가장 감동적이었던 순간은 대변이 발견되었을 때였다. 내시경 조사를 할 때 몸 안에 물을 넣는 탓에 대변이 황금색으로 빛나 보였는데, 내가 기생충학을 전공하는지라 같이 있던 사람들이 일제히 기립 박수를 쳤다.

그 대변과 더불어 대장의 일부를 잘라 검사실로 가져간 뒤 현미경으로 관찰해 봤다. '다섯 살인데 기생충이 있겠어?'라는 생각은 2초도 안 되어 오류임이 밝혀졌다. 현미경에는 회충과 편충, 그리고 간디스토마의 알이 우글우글거렸다. 흙을 통해 감염이 가능한 회충과 편충이야 그렇다 쳐도, 민물고기 회를 먹어야 걸리는 간디스토마 알의 존재는 그 당시에는 다섯 살짜리 양반집 자제도 민물고기 회를 먹었다는 걸 말해 준다. 그 밖에도 미라에서는 결핵과 간염의 증거가 발견되었는데, 5년 남짓한 생애 치고는 참 고생 많이 했다 싶다.

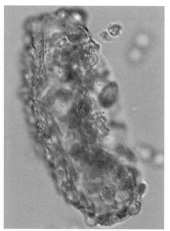

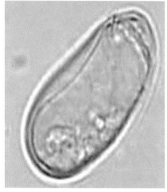

양주 미라에서 발견된 회충의 알(위), 하동 미라에서 발견된 참굴큰입흡충의 알(아래).

굴을 먹었던 조선 시대 하동의 여인

1년 뒤, 경남 하동에서 나이든 여인의 미라가 발견되었다. 조선 시대 사대부 부인의 것이었는데, 보존 상태는 양주 미라만큼 좋지는 않았지만 그녀의 대변 안에는 요코가와흡충의 알과 더불어 매우 획기적인 알이 들어 있었다. 바로 참굴큰입흡충(*Gymnophalloides seoi*)의 알. 참굴큰입흡충은 그 이름처럼 굴을 매개로 전파되는 기생충으로, 1993년 췌장염으로 서울 모 병원에 입원한 환자의 대변에서 이 기생충의 알이 발견된 바 있다. 그때까지만 해도 참굴큰입흡충은 새의 기생충으로 알려졌지 사람에서 나온 적은 없었으니,

세계 최초의 인체 감염 사례인 셈이다. 우리나라 사람들이 굴을 날로 먹기를 좋아하는데도 비교적 최근에 인체 감염이 발견된 이유는 전남 신안군이라는 특수한 지역의 굴에서만 이 기생충이 발견되기 때문이었다. 실제로 이 기생충에 걸린 사람들은 거의 모두가 그쪽 지역에 살거나 그곳에 놀러가서 굴을 먹은 경험이 있었다. 그러니, 신안에서 멀리 떨어진 하동 땅의 미라에서 이 기생충의 알이 나온 것은 나 같은 기생충학자에게 놀라운 소견이었다.

혹시나 싶어 하동 근처의 굴을 100여 개 잡아다 검사를 해 봤을 때 참굴큰입흡충은 없었다. 그렇다면 둘 중 하나였다. 이 여인이 신안 앞바다에 가서 굴을 먹었거나, 400년 전에는 하동 지방의 굴에도 참굴큰입흡충이 있었거나. 나를 비롯한 미라 팀이 후자의 가능성을 더 높게 본 이유는 그 당시엔 교통이 그리 발달하지 않았던데다 여성이 그 멀리까지 여행을 했다는 게 시대적으로 어려웠기 때문이었다. 여기에 대해서는 좀 더 연구가 필요하지만, 만일 하동 근처에서 미라가 또다시 출토되고, 그 미라도 참굴큰입흡충에 감염되어 있다면 자신있게 "후자일 확률이 높다."라고 말할 수 있으리라.

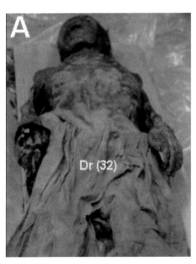

강릉 지방에서 발견된 최 장군 미라.

일본군과 싸운 강릉의 최 장군 미라

2007년에는 강릉 지방에서 미라가 발견되었다. 임진왜란 때 일본군과 싸웠던 최씨 성을 가진 장군의 묘인데, 그때 생긴 것인지는 모르겠지만 턱 근처에 골절의 흔적이 뚜렷이 보였다. 장군의 일생을 기록한 문서가 같이 발견되어, 그가 1561년에 태어나 1622년에 죽어 61세의 삶을 누렸음을 알 수 있었다.

이 미라의 특이한 점은 내부 장

기가 거의 완벽하게 보존이 되어 있었다는 것. CT를 찍어 보니 공기의 통로인 기관(trachea)은 물론이고 폐로 들어가는 기관지까지 식별이 가능했다. 심지어 대동맥까지 관찰이 가능했으니, 그야말로 완벽하게 보존이 된 미라였다. 이 미라에서 편충 알과 회충 알이 나왔다는 건 이제는 그리 놀랄 일은 아니지만, 꽤 높은 지위에 올랐던 장군의 키가 150센티를 갓 넘었다는 건 나로서

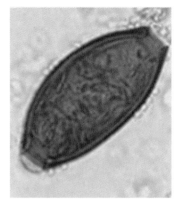

최 장군 미라에서 발견된 기생충 알.

는 의외였다. 당시 우리 선조들의 키가 워낙 작아 그 정도면 큰 키였을 수도 있고, 장군을 뽑을 때 키를 별로 따지지 않았을 수도 있다. 진실이 뭐든 간에 미라 한 구가 말해 주는 것은 이렇듯 많다.

기생충을 알면 과거의 식생활이 보인다

과거를 알아 가는 것은 매우 흥미로운 일이다. 베일에 싸여 있던 조선 시대의 기생충 감염상도 그중 하나, 비교적 귀하게 살았을 양반집 사람들이 죄다 기생충에 걸려 있었다는 사실은 그 시절 사람들 대부분이 몸에 기생충 몇 마리씩은 넣고 살았다는 이야기가 된다. 우리 조상들은 회충을 몸에 넣고도 아름다운 시를 읊고, 편충에 걸린 채 칼싸움을 했구나! 이렇게 과거 유적에서 기생충을 조사함으로써 당시 사람들의 삶을 알고자 하는 학문을 고기생충학(paleoparasitology)이라 하며, 외국에서는 많은 학자들이 이 분야에 뛰어들어 주목할 만한 결과를 내고 있다. 예를 들어 페루의 미라에서 광절열두조충(*Diphyllobothrium latum*)의 알이 발견되었는데, 그 미라는 대략 1만 년 전 것으로 추정되었다. 광절열두조충은 연어를 날로 먹어서 걸리니, 그 시대 사람들은 연어를 날로 먹었다는 걸 알 수 있다. 선사 시대 수렵인이 농

경인보다 기생충에 덜 걸려 있었다는 것도 그들이 얻은 흥미로운 결과다.

　좀 늦긴 했지만, 우리나라에서도 고기생충학 연구가 활발히 진행되고 있는 중이다. 안타까운 건 우리나라의 미라가 조선 시대 것에 국한된다는 사실. 알프스에서 발견된 '아이스맨'이 5,000년 전의 것인 데 반해 우리나라는 가장 오래된 미라라 봤자 대전에서 발견된, 세종 때 미라가 고작이다. 안타까운 일이긴 하지만 너무 좌절할 건 없다. 고기생충학이라고 해서 미라만 가지고 연구해야 하는 건 아니니 말이다. 미라가 없어도 고분의 흙 등 다른 샘플을 통해 얼마든지 연구가 가능하니까. 경주 지방에서 발견된 통일 신라 시대의 유적에서는 편충알이 나오기도 했고, 4,000년 전의 것으로 추정되는 패총에서는 간디스토마의 알이 발견되기도 했다. 그렇긴 해도 진실을 말하는 데 있어서 미라만큼 좋은 자료는 없기에, 오늘도 나는 미라가 발견되었다는 소식을 기다린다.

0으로 나눌 수 없는 이유

많은 사람들이 나눗셈을 할 때 0으로 나눌 수 없다는 말을 들었을 것이다. 0으로 나눌 수 없는 이유는 모든 선생님이 가르쳐 주었을 텐데, 여전히 0으로 나누는 것이 왜 안 된다는 건지 모르겠다는 말을 많이 한다. 다른 수학 문제에 비하면 0으로 나누는 것을 도무지 모르겠다는 사람의 수는 그래도 적은 편이지만, 그래도 끊임없이 제기되는 문제인 것만은 분명하다. 한번 0으로 나눌 수 없는 이유를 짚어 보자.

0으로 나누기, 한번 해 보자

두 실수가 주어지면 나눗셈을 하는 방법은 초등학교 고학년이 되면 배우게 된다. 예를 들어 3.764를 1.9로 나누려고 하면, 아래 그림처럼 나눠 가기 시작한다.

$$
\begin{array}{r}
1.9810\cdots \\
1.9\,)\overline{3.764} \\
\underline{1.9} \\
1.86 \\
\underline{1.71} \\
154 \\
\underline{152} \\
20 \\
\underline{19} \\
100
\end{array}
$$

이런 나눗셈 방법을 '긴 나눗셈', 한자로는 '장제법(長除法)', 영어로는 'long division'이라고 부른다. 이제 같은 방법을 써서 1을 0으로 나눠 보자.

$$0 \overline{)1}$$
$$\frac{\mathbf{0}}{1}$$

좀처럼 나눗셈이 되지 않는 것을 알 수 있다. 물음표 부분에 어떤 수를 쓰더라도 굵게 쓴 부분이 0이 되어 도무지 소거가 안 되는 것이다. 이 경우에는 '아무리 나누고 싶어도 몫을 구할 수 없으므로' 나눗셈이 불가능한 것이다. 어떤 수든 0이 아닌 수를 0으로 나누면 같은 현상이 생긴다. 이번에는 긴 나눗셈을 써서 0을 0으로 나눠 보자.

$$0 \overline{)0}$$
$$\frac{0}{0}$$

이번에는 조금 전과 상황이 다른데, 물음표 부분에는 1을 쓰든, 2를 쓰든 어떤 수를 쓰더라도 나눗셈이 단번에 끝난다. 하지만 이래서야 몫이 1인지, 2인지 알 도리가 없다. 따라서 0으로 나눈 값을 결정할 수가 없다! 이 경우엔 '몫을 정할 수 없어서' 나눗셈이 안 되는 것이다.

컴퓨터도 0으로 나누라고 하면, 못하겠다고 버틴다

이처럼 0으로 나누려고 하면 긴 나눗셈은 통하지 않는다. 그렇지만, 혹시 뭔가 신비하고 특별한 다른 나눗셈을 쓰면 0으로 나눌 수 있지 않을까? 수학자들에게는 숨겨 놓은 비장의 방법이 있지 않을까? 수학의 원리가 가장 잘 들어 있는 컴퓨터에게 0으로 나누기를 시켜 보면 어떨까?

예를 들어 윈도 계열 운영 체제에서는 컴퓨터 프로그램 수행 중에 긴급

상황이 발생하면, '인터럽트(interrupt)'
라는 것을 보내 프로그램을 잠시 멈추
고 컴퓨터의 처리를 기다린다. 그런데,
이런 인터럽트가 발생하는 상황 중 가
장 상위에 있는 것이 바로 '0으로 나누
기'이다. 프로그램이 0으로 나눌 것을
요청하면 "0으로 나누는 것은 오류",
"0으로 나눌 수 없습니다." 영어로는

계산기에 1을 0으로 나눠 본 결과

"Divide by 0"라는 결과를 내보낸다. 이 오류를 잘못 처리하면 심할 경우
파란 화면을 띄우고 나 몰라라 하는 경우도 있다. 예를 들어 윈도 계산기로
1÷0을 시키면 위와 같은 화면을 볼 수 있다.

그런데 컴퓨터는 왜 0으로 나눌 수 없다고 하는 것일까? 먼저 근본적으로
컴퓨터는 나눗셈을 못한다는 것부터 언급해야겠다. 계산 능력이 탁월한 컴
퓨터가 나눗셈을 못하다니 무슨 뚱딴지 같은 소리냐고 오해는 하지 말기를
바란다. 컴퓨터가 나눗셈을 못 한다는 말은, 컴퓨터가 나눗셈을 할 때 '뺄
셈'을 반복해서 처리한다는 뜻으로 한 말이다. 사실은 뺄셈도, 덧셈과 보수
연산을 이용해서 처리한다. 어쨌든 0으로 나누려면 0을 빼는 일을 반복해야
하는데, 0을 아무리 빼도 값이 변하지 않으므로, 뺄셈만 반복하며 무한 루
프에 빠져 버릴 것이다. 그냥 뒀다가는 0만 빼다가 세월 다 보낼 테니, 0으로
나누는 것을 금지할 수밖에 없는 것이다.

나눗셈의 정의를 바꾸지 않는 한, 누구도 0으로는 못 나눈다

사실 이미 감은 잡혔겠지만, 누가 뭐래도 0으로 나누는 것은 불가능하다는 것
을 '증명'할 수 있다. 이를 위해서는 나눗셈이 '곱셈의 역연산'임을 돌이켜 생각
해 보기만 하면 된다. $a \div b$를 계산해 c가 나온다는 것은 $c \times b = a$가 성립한
다는 뜻이다. 예를 들어, $3 \div 2$가 1.5인 것은 $1.5 \times 2 = 3$이 성립하기 때문이다.

이제 예를 들어 3을 0으로 나눌 수 있다고, 즉 $3 \div 0 = c$ 를 만족하는 c를 구할 수 있다고 해 보자. 정의에 따라 $c \times 0 = 3$이 성립한다는 말과 마찬가지다. 그런데 '음수 곱하기 음수는 양수'를 설명할 때 증명한 적도 있지만(2월 3일 「오늘의 과학」참조), 왼쪽 변은 항상 0이다! 따라서 $0 = 3$이 성립하게 되어, 모순이 발생한다. 모순이 생겼다는 것은 중간 단계 어디선가 잘못했다는 뜻인데, 어디가 잘못인지 알기 위해서는 거꾸로 올라가는 것이 도움이 된다. 즉 0이 3과 다르다는 것에서 거꾸로 올라가면, 애초 $c \times 0 = 3$이 성립하는 c가 있다고 가정했던 것이 잘못이라는 뜻, 즉 $3 \div 0 = c$인 c를 구할 수 없다는 뜻이 된다! 따라서 0으로 나누는 것은 불가능하다.

그런데 이런 설명으로는 $0 \div 0$을 구할 수 없다는 이야기를 하기에는 불충분하고, 조금 보충 설명이 필요하다. 이제 $0 \div 0$이 계산 가능하다고 하자. 이때는 $1 \times 0 = 0$, $2 \times 0 = 0$인 것을 알기 때문에 나눗셈의 정의로부터 $0 \div 0 = 1$ 및 $0 \div 0 = 2$가 성립할 것이다. 따라서 $1 = 2$가 되어야 한다. 이것 역시 모순이다. (왜 모순일까?) 이런 모순은 $0 \div 0$이 계산 가능하다는 가정을 한 데서 생기는 모순이다. 따라서 $0 \div 0$ 역시 불가능하다.

그런데 왜 하필 0으로만 나눌 수 없나?

예를 들어 1.8로는 나눌 수 있고, $-\pi$로도 나눌 수 있는데, 왜 하필 0으로만 안 되는 걸까 하는 질문을 해 볼 수 있다. 이미 답은 나온 셈이지만, 0이 뭐 그리 대단한 수라서 그런 특혜를 누리는 걸까? 사실 0은 대단한 수가 아니라고 생각할 수도 있다. 어떤 수든 0을 더해도 그대로이기 때문에, 덧셈에 관한 한 0은 있으나마나 한 변변치 못한 수니까.

그러나 0을 빼놓고 생각하는 덧셈은 '오아시스 없는 사막'이라는 것을 알아 주기 바란다. 0이 덧셈에서는 변변치 못했을지는 몰라도, 곱셈에서만큼은 어마어마하게 사정이 다르다. 가히 무소불위의 권력을 휘두른다. 어떤 수를 곱해도 그 수를 무력하게 만들고 결과를 0으로 만들기 때문이다. 그런데 이런 성질을 갖는 수는 0밖에 없다! 바로 이런 이유 때문에 0으로는 나눌 수 없는 것이다.

본질적으로는 같지만, 조금 다른 방식으로 설명해 보자. 예를 들어 $4 \times b$ 를 생각하자. 이 값은 b가 달라지면 결과가 달라진다. 또한, 모든 수가 곱셈 결과가 될 수 있다는 것도 (예를 들어, 긴 나눗셈을 해 보면) 알 수 있다. 이 두 가지 성질은 4를 다른 수로 바꿔도 성립하는데, 오로지 0만 예외다. $0 \times b$를 생각 하면, b가 달라도 결과가 달라지기는커녕, 결과는 0 하나밖에 안 나온다! 적 어도 곱셈에 대해서는 (따라서 나눗셈에 대해서도) 0만큼은 특별 대접을 하지 않 을 수 없는 것이다.

0으로 나누면 무한대라던데요

0을 맨 처음 수로 취급한 인도에서 0으로 나누는 문제를 맨 먼저 고민했을 거라는 사실은 짐작할 수 있는데, 일례로 12세기의 유명한 인도 수학자 바 스카라(1114~1185년)는 자신의 저서 『릴라바티(*Lilavati*)』에서 $1 \div 0$을 무한대 로 취급했다. 사실 현대 수학자들도 극한의 개념을 써서 이렇게 취급하는 경우가 있을 만큼, 이런 주장에는 장점도 있다. 하지만 섣불리 $1 \div 0$을 무한 대로 취급하는 것은 자칫 오해를 부를 수 있으므로 조심하는 게 좋다. 첫째, $1 \div 0 = \infty$라는 말은, $1 = \infty \times 0$을 뜻하는 말이 아니라는 것이다. ∞는 숫자 도 아니므로 무작정 숫자와 곱셈을 할 수는 없는 것이다. 둘째, $1 \div 0 = \infty$라 면 당연히 $-1 \div 0 = -\infty$로 취급해야 할 것이다. 그렇다고 예를 들어 다음과 같이 주장하는 '우$(愚)$'를 범해서는 안 된다.

$$\infty = \frac{1}{0} = \frac{1}{-0} = -\infty$$

무한대는 수가 아니므로, 무한대와 관련한 연산은 보통의 의미에서의 사 칙 연산의 규칙을 그대로 따르지 않을 수 있기 때문이다. 사실 무한대와 관련한 연산은 '극한의 개념'이나 '확장된 실수계의 개념' 등을 이용할 때 비로소 제대로 된 의미를 가지는데, 그런 개념을 소개하는 것은 이 글이 의도하는 바의 범위를 넘으므로 생략하기로 한다. 그러나 '$1 \div 0 = \infty$'이라는 표기를 쓴다고 해서 여전히 '0으로 나눌 수 있다.'는 이야기는 아님을 다시 한 번 강조해 두고 싶다.

별의 장렬한 죽음

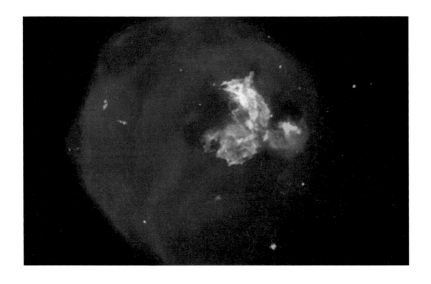

별은 스스로를 태워 우주를 데우고 밝히는 것이 전부가 아니다. 별은 일생 동안 핵융합을 통해 탄소, 산소, 규소, 철과 같은 갖가지 원소들을 만들어 별 내부에 차곡차곡 쌓아놓는다. 별은 물질과 생명체의 재료가 되는 원소들의 생성 공장인 셈이다. 그리고 초신성 폭발은 그것을 우주로 환원하는 과정이 된다. 모든 별이 그냥 조용히 죽음을 맞는다면 우리는 이 세상에 존재하지도 않았을 것이다. 지구상의 모든 것들과 우리 몸을 이루는 원소들은 대부분 별 속에서 만들어진 것이기 때문이다. 그런 의미에서 별은 우리의 고향이며, 우리는 별의 후손이다. 그래서 사람들은 모두 별을 사랑하는지도 모른다.

▲ 은하만큼 밝은 별

처녀자리 방향으로 1500만 광년 거리에 있는 은하(NGC4526) 원반에 초신성(SN1994D)이 나타났다. 사진 왼쪽 아래의 밝은 별이다. 초신성은 1500만 광년이란 엄청난 거리에서도 보일만큼 밝다. 이 은하에는 1000억 개의 다른 별들이 있지만 거의 보이지 않는다. 초신성은 1000억 개의 별을 가진 은하만큼이나 밝다.

▲ 은하수의 가장 젊은 초신성

은하수, 즉 우리 은하에서 발견된 가장 젊은 초신성(은하 좌표 G1.9+0.3)이다. 140년 전에 폭발했다. 이 사진은 찬드라 엑스선 망원경으로 찍은 사진(붉은색)과 전파 망원경(VLA)로 찍은 사진(푸른색)을 합성한 것이다. 별이 터지는 모습이 상상이 된다. 또 폭발의 순간 별이 얼마나 뜨거웠는지 그 열기가 느껴진다. 폭발 순간 별의 온도는 1000억 도에 이른다.

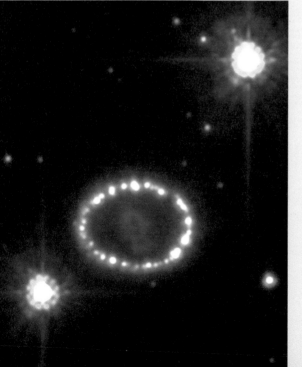

◀ 초신성이 만든 진주 목걸이

대마젤란 은하에 나타난 초신성(SN1987A)이다. 지구에서 폭발이 처음 관측되고(1987년 2월) 20년이 지난(2006년 12월) 모습이다. 팽창하는 별의 가스층이 진주를 꿴 목걸이(가운데 분홍빛 고리)를 연상케 한다. 고리 가운데 남은 별의 잔해가 보인다. 한편 북극과 남극 방향으로 분출된 가스는 더 큰 원을 만들어, 전체적으로 커다란 장구 형태가 되었다. 빛나는 고리는 장구의 몸통이 되고, 2개의 큰 원은 장구의 양쪽 가죽면이 되는 셈이다.

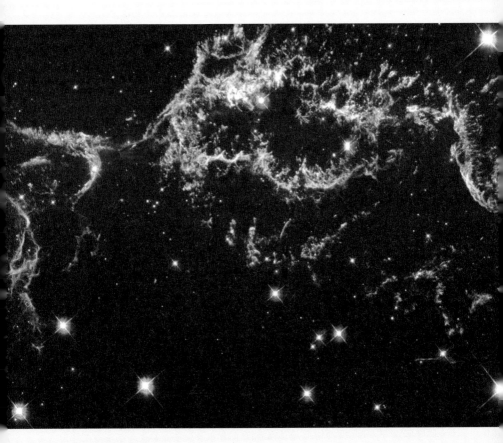

▲ 초신성 폭발의 메아리

340년 전 초신성 카시오페이아 A가 나타났을 때 아무도 알아보지 못했다. 최근 허블 우주 망
원경 관측으로 이 초신성 잔해의 왼쪽 위 부분이 초속 1만 3000킬로미터의 엄청난 속도로 팽
창하는 것처럼 보이는 것이 관측되었다. 그러나 이것은 초신성 잔해 자체가 팽창하는 속도가
아니라, 폭발한 별에서 방출된 빛이 순차적으로 잔해에 반사되어 지구로 도착한 덕에 마치 놀
라운 속도로 잔해가 팽창하는 것처럼 보인 것이다. 마치 네온사인이 빠르게 움직이는 것처럼
보이는 현상과 비슷하다. 이를 '빛의 메아리 현상'이라고 한다. 이 빛의 메아리는 먼 길을 돌아
오므로 마치 시간 여행처럼 과거의 빛을 볼 수 있게 한다. 이 현상을 이용하면 초신성 폭발 당
시의 빛을 관측할 수 있게 될지도 모른다.

▲ 정신 없이 도는 별, 펄서

게 성운의 중심에는 큰 도시만 한 중성자별이 있다. 이 중성자별은 1초에 30번 자전하며 우주 공간으로 전파를 쏘아댄다. 지구에서 보면 수신되는 전파의 강도가 주기적으로 변하여 깜박대는 등대처럼 보인다. 이렇게 주기적으로 전파가 관측되는 별을 펄서(pulsar)라고 한다. 펄서는 왜 그렇게 빨리 도는 것일까? 그 이유는 각운동량 보존 법칙 때문이다. 중성자별은 별이 수축해 크기가 작아진 별이다. 별의 지름이 작아지면 별의 자전 속도는 빨라진다. 마치 팔다리를 몸에 붙임으로써 회전 속도를 빠르게 하는 피겨스케이트 선수처럼. 펄서는 별의 지름이 처음 별의 10만분의 1 정도로 작아졌기 때문에 자전 속도가 엄청나게 빨라진 것이다.

▲ 강한 자기장을 지닌 별, 마그네타

대마젤란 은하에서 수천 년 전에 폭발한 초신성 잔해(N49)이다. 이 성운에서 극도로 강한 감마선 분출이 관측되어 또 다른 중성자별 마그네타(Magnetar)가 있다는 사실을 알게 되었다. 마그네타는 엄청나게 강한 자기장을 갖는 중성자별이다. 우리 근처에 마그네타가 없다는 것이 무척이나 다행이다. 강력한 자기장 때문에 마그네틱 카드를 사용할 수 없었을 테니까. 아니, 그보다 먼저 강한 감마선 때문에 지구에는 어떤 생명체도 존재하지 못했을 것이다.

▲ 우주의 바다에 퍼지는 파문

소마젤란 은하에서 폭발한 초신성 잔해(푸른색)가 별 형성 영역(N76, 분홍색 성운)을 향해 퍼져 가고 있다. 초신성 폭발은 성운의 기체를 밀어 붙여 별 탄생을 촉진하고, 초신성 잔해는 새로운 별과 별 주위에 생겨나는 행성의 재료가 된다. 이 폭발은 2,000년 전에 일어났고 잔해는 50광년 범위까지 퍼졌다. 초신성 폭발의 잔해는 10만 년에 걸쳐 100광년 너머까지 퍼진다.

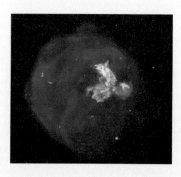

◀ 초신성 폭발 속에 숨은 그림 찾기

초신성 폭발 후 별의 잔해가 흩어지는 모습은 천문학자들에게 중요하다. 주위 가스와 어떻게 상호 작용하고 어떻게 원소들이 퍼져나가는지 알아내는 데 도움이 되기 때문이다. 사진은 대마젤란 은하에서 폭발한 별의 잔해(N63A)인데 그 속에 한 마리 귀여운 여우(다람쥐 같기도 하다.)가 들어 있어 재롱을 부리는 것처럼 보인다.

우주에 떠도는 얇고 투명한 이 리본은 대체 누가 잃어버린 것일까? 그 주인은 1,000년 전 이리자리 방향으로 7,000광년 거리에 있던 별이다. 초신성 폭발로 흩어진 별의 잔해는 다음 세대 별의 원료가 되고, 또 별 주위에 생성되는 행성의 재료가 된다. 태양과 지구는 이런 초신성 폭발의 잔해에서 태어난 2세대 별과 행성이다.

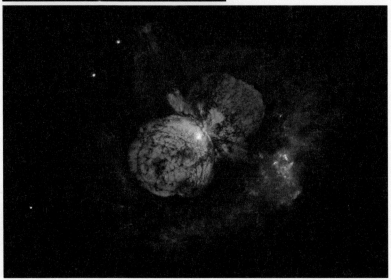

▲ 언제 폭발할지 모르는 에타 카리나

은하수 은하 내에서 어떤 별이 곧 초신성 폭발을 일으킬까? 첫 번째 후보는 용골자리 에타별, 에타 카리나이다. 이 별은 태양 질량의 100배가 넘는 불안정한 별이다. 언제 폭발을 일으킬지 모른다. 현재 이 별(가운데 밝은 점)은 뿜어낸 먼지와 가스 구름에 덮여 거의 보이지도 않는다. 1~2년 뒤일 수도 있고 1,000년 후일 수도 있다. 이렇게 큰 별이 폭발을 일으키면 초신성을 능가하는 극초신성(hypernova)이 되고 중성자별 대신 블랙홀이 만들어질 것으로 예상된다. 그리고 하늘은 또 하나의 달이 뜬 것처럼 밝아질 것이다.

초전도 현상의 비밀

힉스 입자는 기본 입자들에 질량을 부여하는 '신의 입자'이다. 그런데 20세기 과학자들이 발견한 가장 신기한 현상 중 하나인 초전도(superconductivity) 현상이 이 힉스 입자와 관계가 있다면 믿겠는가? 초전도 현상이란 금속의 온도를 절대 0도(섭씨 -273도) 가까이 내렸을 때 전기 저항이 완전히 사라지는 현상이다. 그런데 이 신기한 현상은 표준 모형의 게이지 대칭성이 깨졌기 때문에 일어난다. 자, 초전도 현상의 비밀에 도전해 보자.

20세기가 발견한 신비, 초전도 현상

초전도체에서는 전기 저항이 전혀 없기 때문에 일단 초전도체로 만든 회로 안에 전류가 흐르기 시작하면 전력 손실이 전혀 생기지 않아 영원히 전류가 흐른다. 실험에 따르면 초전도체 안 전류의 수명은 적어도 10만 년 이상이다. 이론적으로 계산한 값은 $10^{10000000}$초로서 우주의 나이(137억 년, 4×10^{17}초)보다 비교할 수 없을 정도로 길다. 그래서 초전도 케이블로 전자석을 만들면 매우 강한 자기장을 얻을 수 있다.

초전도 자석을 이용한 일본의 자기 부상 열차 MLX01.

초전도체 하면 자기 부상 열차가 떠오르는 것도 이 때문이다. 자기 부상 열차의 기본 원리는 열차와 선로의 자기적인 반발력으로 열차를 공중에 띄워 추진력을 얻는다는 것이다. 열차와 선로에 모두 자석을 깔면 좋겠지만 선로의 전 구간에 자석을 깔면 그만큼 비용이 커진다. 그래서 보통 열차 바닥에만 자석을 깔고 선로에는 도체를 설치한다. 도체 주변에서 자기장이 시간에 따라 바뀌면 전자기 유도 현상으로 인해 도체에는 유도 전류가 생긴다. 이때 유도 전류가 주변에 다시 자기장을 형성하는데, 이렇게 유도된 자기장은 열차 바닥의 자석을 밀어낸다. 따라서 열차 바닥의 자석과 선로에서 유도된 자기장이 충분히 크면 열차를 공중 부양시킬 수 있다. 보통의 전자석은 전력 손실 때문에 큰 자기장을 만들기 어렵다. 육중한 열차를 들어 올리려면 초전도 자석이 꼭 필요하다.

초전도체는 어떻게 발견했나

초전도 현상은 1911년 네덜란드의 카메를링 오너스(1853~1926년)가 액체 헬

카메를링 오너스.

륨을 이용해 극저온 실험을 하던 도중에 처음으로 발견했다. 그는 수은의 전기 저항이 헬륨의 액화 온도인 절대 온도 4.2도 근방에서 갑자기 사라지는 현상을 목격했다. 이후 많은 다른 금속에서 초전도 현상이 관찰되었다.

초전도 현상은 대개 매우 낮은 온도에서 나타나는데 이 온도를 임계 온도라고 한다. 금속마다 임계 온도는 제각각 다르다. 1925년 무렵에는 순수한 금속뿐만 아니라 각종 합금에서도 초전도 현상이 발견되었다. 니오븀 (Nb) 합금은 그 최초의 물질로서 니오브티타늄(NbTi)은 지금도 초전도체 소재로 가장 많이 쓰인다. 합금 초전도체의 임계 온도는 대체로 순금속보다 약간 높다. 1986년에는 임계 온도가 절대 온도 30도인 세라믹 계열의 초전도체가 발견되었고 1987년에는 임계 온도 절대 온도 97도인 초전도체가 발견되었다. 이 온도는 질소의 끓는점(절대 온도 77도)보다 훨씬 높아 초전도체의 상업적 활용 가능성을 크게 높였다.

초전도 현상은 전자가 쌍을 이루기 때문에 생긴다

초전도 현상을 이론적으로 완벽하게 설명할 수 있게 된 것은 1957년이었다. 미국 일리노이 대학교의 존 바딘, 리언 닐 쿠퍼, 존 로버트 슈리퍼는 금속 안의 전자들이 전기적인 반발력을 이기면서 하나의 쌍을 이루면 초전도 현상이 나타난다고 설명했다. 전자가 하나의 쌍을 이루는 것을 '쿠퍼쌍 (Cooper pair)'이라고 한다. 이 세 사람 이름의 머리글자를 따 'BSC 이론'이라고 부르는 이 이론은 새로운 입자나 새로운 힘을 전혀 도입하지 않고 초전도 현상을 성공적으로 기술한다.

자석이 액체 질소로 냉각한 초전도 세라믹 위에 떠 있다. 기술자들은 이 효과를 이용하여
열차를 궤도 위에 띄워서 마찰을 없애고 싶어 한다.

　전자들이 쿠퍼쌍을 형성할 수 있는 것은 전자들이 금속 안에서 격자를 형
성하는 원자핵들과 상호 작용을 하기 때문이다. 양전기로 대전된 격자들 사
이를 전자(전자는 전기적으로 음성이다.)가 지나가면 순간적으로 격자들이 전자
의 경로 쪽으로 약간 쏠린다. 그 결과 두 번째 전자는 훨씬 집중된 양전기를
느끼게 된다. 이 과정에서 2개의 전자가 격자들과의 상호 작용을 통해 하나

의 쌍, 즉 쿠퍼쌍을 이루게 된다.

전자 둘이 쿠퍼쌍을 이뤄 하나의 입자처럼 움직이면 놀라운 효과가 생긴다. 개별 전자에서는 전혀 볼 수 없었던 일종의 '방향성'이 생기기 때문이다. 금속의 온도가 임계 온도 아래로 내려가면 전자들이 쿠퍼쌍을 이루기 시작한다. 이때 생기는 쿠퍼쌍들은 똑같은 위상을 가진다. 이는 흡사 시청 광장에 모인 수많은 사람들이 갑자기 모두 한쪽 방향을 향하고 있는 것과도 같다. 이렇게 되면 모든 쿠퍼쌍들이 마치 하나의 덩어리인 것처럼 행동한다. 그리고 같은 방향성을 가진 쿠퍼쌍들은 어지간한 장애물을 만나도 그 상태를 계속 유지한다. 그 결과 전기 저항이 완전히 사라진다.

비슷한 예를 우리는 교통이 혼잡한 교차로, 예를 들면, 신촌 오거리에서 쉽게 찾을 수 있다. 만약 신촌 오거리 일대의 신호등이 갑자기 마비된다면 신촌 오거리는 순식간에 대혼란에 빠질 것이다. 모든 방향으로 진행하려는 차들이 뒤죽박죽으로 한데 뒤엉켜 옴짝달싹도 못하고 경적만 울려댈 것이 분명하다. 모든 차들이 제각각 임의의 방향을 향하고 있기 때문에 이 상태는 대칭성이 있다. 하늘에서 헬기로 이 광경을 지켜보면 헬기가 어느 방향을 향하고 있든 눈에 들어오는 광경은 모두 똑같은 모습, 즉 방향성 없이 무작위로 뒤엉킨 모습이다. 이때 교통 경찰들이 등장한다. 경찰은 체증을 풀기 위해 오거리에 집중된 차들을 우선 한쪽 방향으로 몰아간다. 만약 모든 차들이 예컨대 이대-홍대 방향으로 늘어서 있으면, 그 앞쪽에 정체가 없는 한, 체증은 사라진다. 헬기에서 바라보면 신촌 오거리는 이전에는 없었던 하나의 방향성이 동서축으로 생겼다. 대칭성이 깨진 것이다. 같은 방향을 바라보고 달리는 차들은 마치 모든 객차가 연결된 기차와도 같다. 이들의 진행을 방해하는 흐름은 어디에도 없다.

쿠퍼쌍이 전기 저항을 느끼지 않는 것도 이와 같은 이치이다. 애초에 없던 방향성이 갑자기 생기는 것은 대칭성이 깨진 것과도 같다. 물리적 계의 위상 변화와 관련된 대칭성을 '게이지 대칭성'이라고 한다. 초전도체에서는 이 게이지 대칭성이 깨져 있다. 그래서 초전도 현상이 생기는 것이다.

초전도체의 공중 부양, 마이스너 효과

BCS 이론에서 대칭성 깨짐의 영감을 얻은 난부 요이치로는 이 아이디어를 입자 물리학에 도입해 강력을 설명하는 데에 활용했다. 2008년 노벨상은 그 공로에 대한 것이다. 표준 모형의 기본 입자들이 힉스 입자를 통해 질량을 얻는 과정(힉스 메커니즘)도 이와 비슷하다. 특히 초전도체가 보이는 중요 특성인 '마이스너 효과(Meissner effect)'는 힉스 메커니즘의 원조라 할 수 있다.

마이스너 효과란 외부 자기장이 초전도체 내부를 침투하지 못하는 현상이다. 이는 외부 자기장이 있을 때 초전도체 내부에 초전류가 형성되어 그로 인한 유도 자기장이 외부 자기장을 모두 밀어내기 때문이다. 흔히 자석 위에 초전도체가 공중 부양하는 사진을 쉽게 볼 수 있는데, 이것은 마이스너 효과 때문이다.

마이스너 효과가 생기는 이유는 자기장의 실체라고 할 수 있는 광자가 초전도체 안의 쿠퍼쌍과 상호 작용을 통해 일종의 질량을 갖기 때문이다. 질

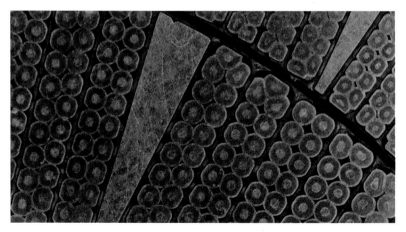

초전도 전자석 케이블의 단면.

량이 커지면 광자가 침투할 수 있는 깊이는 역으로 줄어든다. 이는 마치 치어만 빠져 나갈 수 있는 촘촘한 그물을 다 큰 물고기가 빠져나갈 수 없는 것과도 같다. 원래 광사는 질량이 없다. 이는 전자기력이 게이지 대칭성을 가지고 있기 때문이다. 그러나 쿠퍼쌍은 게이지 대칭성을 깬다. 광자가 초전도체 안에서 이들과 상호 작용하면 없던 질량이 생긴다.

우주는 거대한 초전도체일지도 모른다

초전도체 안에서 광자가 없던 질량을 얻는 과정과, 기본 입자가 힉스 입자와 상호 작용해 질량을 얻는 과정은 근본적으로 똑같다. 그리고 이것이 가능하기 위해서는 두 경우 다 게이지 대칭성이 깨져야만 한다. 초전도 현상이 일어나는 원리와 우리 우주에서 기본 입자들이 질량을 얻는 원리가 근본적으로 같은 것이다. 그러니 우리가 살고 있는 우주가 하나의 거대한 초전도체라고 비유할 수도 있겠다. 말하자면 우리 우주는 임계 온도 아래에 와 있으며 쿠퍼쌍이 생겨나 대칭성이 깨진 상태인 것이다. 그 결과로 기본 입자들이, 그리고 기본 입자로 만들어진 세상 만물이 질량을 얻은 것이다.

초전도체에서는 쿠퍼쌍의 존재가 여러 경로로 확인되었다. 그러나 우주라는 큰 초전도체의 쿠퍼쌍은 아직 실험적으로 검증되지 않았다. 우리가 찾고 있는 힉스 입자 말이다. 초전도체는 그 힉스 입자를 찾는 데 현실적으로 도움을 주고 있다. 유럽의 대형 강입자 충돌기(LHC)는 큰 에너지로 양성자를 가속하기 위해 엄청난 세기의 전자석을 이용한다. 이때 우리가 원하는 자력을 얻으려면 초전도 전자석이 필수적이다. LHC에는 가장 중요한 역할을 하는 전자석 1,232개는 모두 니오브티타늄 소재 초전도 케이블로 만들었다. LHC는 120톤의 액체 헬륨을 이용해 가속기 전체를 절대 온도 1.9도(섭씨 -271.1도)까지 낮춘다. 니오브티타늄은 초전도체가 되고, 이 엄청난 전자석의 힘을 이용해 힉스 입자를 찾는 것이다.

천재와 광인은 분자 하나 차이?

인간의 복잡한 정신을 분자 활동으로 설명할 수 있는 시대가 다가오고 있다. 현재 인간의 사고, 의식과 행동, 감정을 뇌 속 화학 물질의 작용으로 상당 부분 설명할 수 있게 되었다. 그동안의 연구를 통해 뇌에는 신경 전달 물질, 수용체, 2차·3차 전달자들, 각종 기능 단백질을 비롯한 많은 활성 물질이 있고, 이들이 어떤 작용을 하는지가 발견되었다. 그중에서도 신경 전달 물질과 그 수용체들이 가장 중요한 역할을 담당하고 있다. 뇌라는 무대의 더블 캐스팅의 주역인 셈이다.

신경 정신 질환의 원인은 신경 전달 물질계의 장애

정신 분열병, 우울병, 신경증, 파킨슨병, 무도병, 간질, 자폐증, 주의력 결핍 과잉 행동 장애(ADHD), 수면 장애 등과 같은 중요한 신경 정신계 질환이 특정 신경 전달 물질계(신경 전달 물질과 수용체)의 기능 과다 및 감소로 생긴다는 사실이 밝혀지고 있다.

대표적인 예로 신경 전달 물질인 도파민이 유리되어 나오는 도파민 신경 세포가 망가지면 사람은 도파민이 매개하는 운동 기능을 상실한다. 이러면 무하마드 알리와 교황 요한 바오로 2세가 앓았던 파킨슨병이 생긴다. 반대로 도파민 수용체가 과도한 활동을 하면 영화 「뷰티풀 마인드」의 실제 주인공인 존 내시와, 영화 「샤인」의 주인공인 피아니스트 데이비드 헬프갓이 앓았던 정신 분열병이 생기는 것으로 생각하고 있다. 말 그대로 분자 하나가 한 사람의 인생을 바꾼다. 그렇다면 이 분자에서 온 병은 분자로 치료하는 것이 맞을 것이다.

정신병 치료는 약물 치료에서부터

우리 사회에서는 정신 분열병, 우울병 등과 같은 신경 정신 질환을 수치스러운 질병으로 생각하고 약물 치료를 적절히 받지 않는 경우가 많다. 그러나 위장 질환, 간 질환, 신장 질환, 고혈압을 약물로 치료하듯이 신경 정신 질환은 뇌에 오는 뇌 질환이라는 사실을 인식하고 상당 부분 약물로 치료될 수 있다는 믿음을 갖고 적극적으로 치료받는 것이 중요하다. 미국에서 처방되는 약 중 우울증 치료제가 판매 1위이며 세계에서 가장 많이 팔리는 10개 약 중 3~4개가 정신 질환, 즉 뇌 질환 치료제라는 사실을 보면 약물 치료가 정신병 치료의 출발점임을 잘 알 수 있다.

마약, 술, 담배, 인터넷 중독의 핵심 원인, 도파민 이상

그뿐만 아니라 현재 크나큰 사회적 문제를 야기하고 있는 필로폰, 코카인, LSD 같은 환각제, 몰핀 같은 마약, 술, 담배, 인터넷 중독 등도 복측 피개부(VTA)에 있는 도파민 신경 전달 물질계가 과도하게 활성화됨으로써 환각, 행동과 사고의 장애를 보이는 것으로 생각된다. 사랑에 빠지면 중독 때와 마찬가지로 복측 피개부의 도파민의 과도한 활성이 나타난다. 즉 사랑에 빠지면 중독 때와 비슷하게 눈이 멀어 다른 사람들은 모두 매력이 없어지는 것 같다.

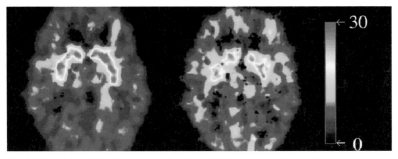

도파민 운반체 사진. 정상인(왼쪽)과 필로폰 중독자(오른쪽)의 차이를 볼 수 있다.

공격성의 원인, 세로토닌 장애

우리 뇌의 맨 위, 맨 앞에 있는 전전두엽에는 사람의 기분과 감정, 그리고 폭력성을 제어하는 세로토닌계가 있다. 이 세로토닌계에 선천적 또는 후천적 이유로 기능 장애가 나타나면 하부 뇌에서 표출되는 감정과 폭력성을 잘 제어하지 못하게 된다. 최근 이러한 세로토닌계의 장애 때문에 폭력성을 제어 못 하면 정상인이 연쇄 살인마로 돌변할 수도 있다는 연구 결과가 보고되고 있다.

또, 최근 영국과 오스트레일리아의 과학자들은 사람의 기분을 좌우하는 세로토닌이 메뚜기들의 잠자던 공격성을 깨운다는 연구 결과를 《사이언스 (Science)》에 발표했다. 메뚜기들은 평소 단독 생활을 하며 순하다. 그러던 메뚜기들이 가뭄으로 먹이가 줄어드는 등 특정 상황에서는 세로토닌 분비량이 3배로 늘어나 무리를 이루어 논밭을 폐허로 만들 정도의 맹렬한 공격성을 나타낸다는 것이다.

앞으로 뇌과학이 보다 발전한다면 사전에 뇌의 장애로 폭력성을 나타내는 경우를 미리 알아낼 수 있게 될 것이다. 그 결과 폭력 사건을 적절하게 예방하거나 치료할 수 있게 될 것이다. 따라서 이로 인한 사회 범죄를 예방하고 경제적 피해를 줄일 수 있을 것이다. 이런 의미에서 뇌과학은 우리 삶에 아주 가까이 있는 '인간 과학'이 되고 있다.

신경 전달 물질을 유리하는 신경 섬유의 말단부에는 수용체가 있다. 흥분 전도를 위해 신경 선달 물질이 신경 세포 말단에서 유리되어 나오면 일부는 다음 신경 세포막에 있는 수용체에 결합해 흥분을 전달한다. 그런데 신경 전달 물질의 일부는 유리되어 나온 자기의 신경 세포 말단에 있는 수용체에 결합한다. 신경 전달 물질의 방출량을 자동으로 조절하기 위해서이다. 신경 전달 물질이 많이 유리되어 나오면 유리되어 나온 자기 신경 섬유 말단에 있는 수용체에 거꾸로 결합해 유리를 억제하게 되며, 적게 유리되어 나오면 이 수용체가 억제되어 신경 전달 물질의 유리량이 증가하게 된다.

이렇게 거꾸로 작용해 기능을 조절하는 것을 되먹임(feedback)이라 하며, 이 수용체를 자동 조절하는 수용체라는 의미에서 '자가 수용체'라 부른다. 예를 들어 뇌하수체 호르몬(성장 호르몬, 성호르몬 등)이 말초 혈액 내로 많이 유리되어 나오면 이 호르몬이 거꾸로 뇌하수체에 있는 수용체에 작용해 호르몬의 유리량을 억제하게 된다. 반면 유리량이 적어지면 거꾸로 뇌하수체 수용체에 작용해 유리량을 증가시킨다. 그 결과 생체는 항상 일정한 호르몬 양을 유지하게 되는데, 이것이 가장 대표적인 되먹임 현상이다.

이 자가 수용체는 신경 전달 물질 유리량을 자동으로 조절해 그 양을 일정하게 유지하는 장치며, 대부분의 신경계가 가지고 있다. 그러나 드물게 자가 수용체가 없는 신경계도 있다. 전두 연합령은 사고, 판단, 창조와 같은 인간만이 가진 고도의 지적 활동을 총괄하는 뇌 부위이다. 이 전두 연합령은 주로 'A10'이라고 이름 붙은 도파민 신경 섬유로 구성되어 있다. 그런데 이 도파민 신경 섬유 말단에는 자가 수용체가 없다. 따라서 되먹임 메커니즘이 작동하지 않아 유리량이 증가해도 억제는 일어나지 않고 정보는 계속 한 방향으로만 흐르게 된다. A10 도파민 신경계가 활성화되면 도파민 유리가 계속되어 정보 전달이 더욱 원활해지고 끝없이 이루어져 아이디어 창조와 창출이 무한히 이루어질 수 있다. 즉 창조가 창조를 낳는다. 이런 의미에서 A10 도파민 신경계는 창조의 본산이라고 말할 수 있다. 이 신경계의 발달 여부가 그 사회의 문화 척도를 결정한다고 해도 과언이 아니다.

도파민의 분자식.

A10 도파민 신경계의 기능이 선천적인 것인지 후천적인 노력으로 발달시킬 수 있는지 확언할 수는 없다. 그러나 분명한 것은 이 신경계는 앞에서 말했듯이 기능의 과다를 막는 장치인 자가 수용체가 없기 때문에 적절히 쓰면 쓸수록 발달된다는 사실이다. 머리는 쓰면 쓸수록 좋아진다는 말이 헛말은 아닌 것이다. 전두 연합령으로 올라가는 A10 신경계의 기능 강화는 천재성으로 나타날 수 있다. 때문에 하부 뇌를 자극하는 본능적이고 감정적인 생각보다 사려 깊고 창조적인 생각을 갖도록 인내심을 가지고 노력하는 일이 중요하다.

천재와 광인은 분자 하나 차이

그렇다고 너무 무리하게 이 신경계를 사용하면 망가진다는 사실을 알고, 적절히 쓰는 것이 좋다. 전두 연합령에서의 도파민의 과잉 활동은 창조를 촉진할 수도 있으나 어떤 원인으로 균형이 깨져 기능 장애가 나타나면 정신 분열병을 일으킬 수도 있기 때문이다. 현재 정신 분열병의 원인은 전두 연합령에서의 기능 장애로 하부로 내려가는 도파민 계의 과잉 활동이 중요한 요인이 된다고 여겨지고 있다. 정신 분열병에서는 상황에 맞지 않고 비합리적이며 제어되지 않는 사고의 비약과 환청, 환시 등 환각이 자주 나타난다. 천재와 광인은 종이 한 장 차이다. 앞으로 뇌의 두 주역인 신경 전달 물질과 수용체의 특성에 관한 연구가 과학의 첨단 연구가 될 것이며, 이 두 주역의 정체 해명으로 인간 정신의 해명, 나아가 생명의 수수께끼를 풀 수 있는 위대한 한 걸음을 내딛게 될 것이다.

원자를 쪼갠 사람들

원자가 내는 방사선을 조사한 어니스트 러더퍼드(1871~1937년)는 방사선에는 알파선, 베타선, 감마선이 있다는 것을 밝혀냈다. 알파선은 양전하를 띠고 있는 입자의 흐름이며, 베타선은 전자의 흐름이고 감마선은 파장이 짧아 큰 에너지를 가지는 전자기파이다. 알파 입자가 헬륨 원자핵이라는 것을 밝

어니스트 러더퍼드.

혀낸 것도 러더퍼드였다. 원자에서 이렇게 다양한 입자와 전자기파가 나온다는 것은 원자의 내부 구조가 복잡하다는 것을 나타낸다.

원자가 더 쪼개질 수 있다는 것을 알게 된 과학자들은 원자의 내부 구조를 연구하기 시작했다. 그러나 원자 내부를 들여다보는 것은 불가능하기 때문에 원자 내부 구조를 연구하기 위해서는 원자 모형을 이용해야 한다.

원자 모형의 춘추전국 시대

원자 모형 만들기는 직접 볼 수 없는 원자의 내부 구조를 설명하는 모형을 제시해 측정된 원자의 성질을 설명하고 설명할 수 없는 성질이 발견되면 그것을 설명할 수 있는 새로운 모형을 제시해 대체하는 과정을 거치며 이론과 실제의 간극을 메워 가는 방식이다. 원자는 더 이상 쪼개질 수 없는 가장 작은 알갱이라는 돌턴의 주장도 하나의 '원자 모형'이었다고 할 수 있다.

일본의 나가오카 한타로 기념 우표.

1903년에 양전하를 띠고 있는 원자핵 주위를 전자들이 행성 주위를 돌고 있는 위성처럼 돌고 있는 원자 모형을 제시한 사람은 일본의 나가오카 한타로(1865~1950년)였다. 그러나 '토성 모형'이라고 부르는 한타로의 원자 모형은 널리 받아들여지지 않았다. 같은 해에 전자를 발견한 영국의 조지프 존 톰슨이 '플럼 푸딩 모형'이라고 부르는 원자 모형을 제안했다. 이 원자 모형에서는 전자들이 원자 안에 골고루 퍼져 있는 양성자들 사이에 여기저기 박혀 있었다. 톰슨의 원자 모형은 원자에서 방사선이 나오는 것과 원자가 이온이 되는 것을 설명하는 데 효과적이었다.

그러나 톰슨의 원자 모형은 그의 제자였던 러더퍼드에 의해 새로운 원자 모형으로 대체되었다. 러더퍼드의 원자 모형은 양전하를 띠고 있는 원자핵과 그 주위를 전자들이 돌고 있는 것이었다. 전체 원자에 비해 아주아주 작은 원자핵이 원자 질량의 대부분을 가지고 있고 전자는 텅 빈 공간이나 다름없는 원자 속을 날아다닌다. 이것은 원자 연구에서 새로운 전환점이 되었다. 그 후 원자 모형은 보어의 원자 모형을 거쳐 양자 역학적 원자 모형으로 발전해 갔다.

러더포드와 보어가 만든 고전적인 원자 모형. 전자가 핵 주위를 돌고 있다. 그러나 나중에 핵은 양성자(빨간색)와 중성자(파란색)로 되어 있으며, 이것들은 다시 3개의 쿼크로 구성되어 있음이 밝혀졌다.

원자의 1만분의 1 크기의 원자핵이 발견되다

원자를 축구장이라고 한다면 원자핵은 축구장 한가운데 놓여 있는 작은 구슬이라고 할 수 있다. 원자에 비해 원자핵이 얼마나 작은지 알 수 있으리라. 원자핵은 원자의 대략 1만분의 1 크기이다. 그러나 이 작은 원자핵 속에는 원자의 질량이 대부분 들어 있다.

　　원자핵을 구성하는 입자는 양성자와 중성자이다. 중성자는 1932년이 되어서야 발견되었기 때문에 그 전에는 원자핵이 양성자로만 이루어진 것으로 생각했었다. 원자의 종류를 결정하는 것은 원자핵 속에 들어 있는 양성자의 수이다. 양성자 하나로 이루어진 원자핵을 가지고 있는 원자는 수소이다. 산소 원자핵은 8개의 양성자를 가지고 있고 탄소 원자핵은 6개의 양성자를 가지고 있다. 양성자의 수를 원자 번호라고 한다. 보통의 원자는 양성자와 같은 수의 전자를 가지고 있다. 그러나 양전하나 음전하를 띤 이온은 전자의 수가 양성자의 수보다 약간 많거나 적다.

양성자와 중성자가 적당한 비율로 들어 있는 원자핵은 안정해서 붕괴되지 않는다. 안정한 원자핵을 이루는 양성자와 중성자의 비율은 알려져 있지 않다. 작은 원자의 경우에는 양성자와 중성자의 수가 같을 때 안정하고 큰 원자핵은 중성자의 수가 양성자의 수보다 많은 원자핵이 안정한 원자핵이라는 것이 실험을 통해 밝혀졌을 뿐이다. 불안정한 원자핵은 스스로 붕괴해 방사선을 내고 다른 원자핵으로 변환된다. 이런 원소를 '천연 방사성 원소'라고 한다. 자연에는 많은 종류의 방사성 원소들이 존재한다. 우라늄은 대표적인 천연 방사성 원소이다.

원자핵 연금술의 탄생

한 종류의 원자를 다른 종류의 원자로 바꾸는 것은 오랫동안 많은 과학자들의 꿈이었다. 특히 중세의 연금술사들은 여러 가지 방법으로 값싼 금속을 금과 같이 비싼 금속으로 바꾸려고 노력했다. 그러나 돌턴의 원자 가설이 등장한 후 그러한 허황된 꿈을 꾸는 사람은 더 이상 없게 되었다. 원자는 더 이상 쪼개지지도 않고 다른 원자로 변하지도 않는 알갱이라고 생각했기 때문이다. 그러나 이제 원자는 원자핵과 그 주위를 돌고 있는 전자로 이루어졌다는 것이 밝혀졌다. 그리고 원자의 종류는 원자핵 속에 들어 있는 양성자 수에 의해 결정된다는 것을 알게 되었다.

그렇다면 원자핵 속의 양성자의 수를 바꾸면 원자를 다른 원자로 바꾸는 것이 가능하지 않을까? 1919년에 러더퍼드는 질소 원자핵에 알파 입자(헬륨 원자핵)를 충돌시켜 질소 원자를 산소 원자로 바꾸는 데 성공했다. 한 종류의 원자를 다른 종류의 원자로 바꾸는 인공 핵변환에 성공한 것이다. 드디어 연금술사들의 오랜 꿈이 실현된 것이다.

1932년에는 러더퍼드의 학생이었던 제임스 채드윅(1891~1974년)이 중성자를 발견했다. 중성자는 질량은 양성자와 거의 같지만 전하를 띠고 있지 않은 입자이다. 중성자의 발견으로 원자핵의 구조기 완전히 밝혀졌을 뿐만 아니라 인공 핵변환이 새로운 전기를 맞게 되었다. 양전하를 띠고 있는 원자핵과 알파 입자를 충돌시키는 것은 전기적인 반발 때문에 매우 어려운 일이었다. 그러나 전기를 띠고 있지 않은 중성자는 쉽게 원자핵과 충돌할 수 있었다. 따라서 인공 원자핵 변환을 훨씬 쉽게 일으킬 수 있게 되었다.

새로운 원자 만들기 경쟁

인공적으로 한 원자핵을 다른 원자핵으로 변환시킬 수 있다는 것을 알게 된 과학자들은 새로운 원소를 만드는 일을 시작했다. 영국의 러더퍼드, 프랑스의 이렌 졸리오 퀴리와 프레드릭 졸리오 퀴리, 독일의 리제 마이트너와 오토 한, 이탈리아의 엔리코 페르미와 같은 사람들이 그 중심에서 새로운 원자핵을 만들어 내는 경쟁을 벌였다.

1933년에 마리 퀴리의 딸과 사위였던 이렌 졸리오 퀴리와 프레드릭 졸리오 퀴리는 알루미늄에 알파 입자를 쏘아 방사성 동위 원소를 만드는 데 성공했다. 마리와 피에르 퀴리는 1903년에 천연 방사성 원소에 대한 연구로 노벨 물리학상을 받았고 그들의 딸과 사위는 1935년에 인공적으로 방사성 원소를 만들어 낸 공로로 노벨 화학상을 받았다. 같은 시기에 로마 대학교의 엔리코 페르미가 원자핵에 전자를 충돌시키는 실험을 시작했다. 그러나 전자로는 별다른 실험 결과를 얻지 못했다. 그 후 그는 양성자로 실험을 했다. 양성자는 원자핵의 양전하에 의해 반발되었기 때문에 별 소득을 거두지 못했다. 중성자가 발견된 후 페르미는 원자핵에 중성자를 쏘아 넣기 시작했고 40개가 넘는 새로운 방사성 원자핵을 만들어 내는 데 성공했다.

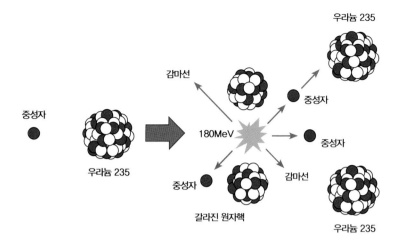

핵분열의 과정. 중성자를 맞은 우라늄 235 원자핵이 쪼개진다.

원자 속의 불을 꺼낸 인류

그러나 원자핵에 중성자를 충돌시켜 큰 원자핵을 두 조각으로 깨트리는 원자핵 분열을 처음 성공시킨 사람은 독일의 오토 한(1879~1968년)과 프리츠 슈트라스만(1902~1980년)이었다.

1938년에 그들은 중성자를 우라늄 원자핵에 충돌시키면 우라늄 원자핵이 불안정해져 두 조각으로 깨진다는 것을 발견했다. 이 실험에 깊이 관계했던 리제 마이트너는 나치를 피해 노르웨이에 가 있었기 때문에 원자핵 분열의 공적을 나누어 가질 수 없었고, 노벨상을 공동으로 수상하지도 못했다. 원자핵 분열이 알려지자 과학자들 중에는 원자핵이 작은 원자핵으로 분열할 때 나오는 에너지를 이용해 엄청난 폭발력을 가진 폭탄을 만들 수 있을 것이라고 주장하는 사람들이 나타났다. 그러나 일부에서는 원자핵 분열에서 나오는 에너지는 아주 작아 이를 이용하려는 것은 달빛을 이용하려는 것이나 마찬가지라고 일축하기도 했다. 하지만 인공적으로 원자핵을 분열시킬 수 있다는 것이 밝혀진 후 10년도 안 되어 원자 폭탄은 만들어졌고 그것은 인류의 운명을 바꾸어 놓았다.

수금지화목토천해

태양계는 태양과 그 주변을 돌고 있는 행성과 소행성 그리고 혜성 등으로
이루어져 있다. 그 외에 카이퍼 띠와 오르트 구름을 이루고 있는 얼음 덩어
리들과 소천체들도 태양계 식구들이다. 그중에 행성은 공전 궤도면이 서로
비슷해, 지구에서 봤을 때 태양이 지나가는 자리를 그대로 따라간다. 현재
태양계 행성(8개)은 특성에 따라 크게 지구형 행성과 목성형 행성으로 나눌
수 있다. 지구형 행성에는 수성, 금성, 지구, 화성이 있는데, 이 행성들은 크
기가 상대적으로 작고 밀도는 높으며, 표면이 고체로 만들어져 있다. 목성
형 행성에는 목성, 토성, 천왕성, 해왕성이 있는데, 이들은 기체로 구성되어
밀도가 상대적으로 낮으며, 아름다운 고리를 가지고 있다. 과거에는 명왕성
도 행성으로 분류했으나, 지구형 행성이나 목성형 행성의 특징을 가지고 있
지 않았다. 그래서 2006년 이후부터는 행성이 아니라 세레스, 이리스와 함
께 왜행성으로 새롭게 분류했다.

▶ 태양과 가장 가까운 수성

태양과 가장 가까운 행성이다. 항상 밝은 태양 가까이 있어 관측하기가 쉽지 않다. 해가 진 직후 서쪽 하늘이나, 해가 뜨기 직전 동쪽 하늘에서만 볼 수 있다. 표면은 지구의 달과 매우 비슷해, 대기가 없고 수많은 운석공으로 덮여 있다. 작은 궤도와 빠른 공전 속도를 가져 공전 주기는 88일밖에 되지 않는다. 그에 비해 자전 주기는 약 58일의 긴 주기를 갖는다. 햇빛을 받는 방향이 바뀌는 데 상대적으로 오랜 시간이 걸리기 때문에 태양 쪽과 반대쪽의 표면 온도 차이가 매우 커진다. 즉 낮에는 온도가 약 400도까지 올라가고, 한밤중에는 −170도 정도까지 내려간다.

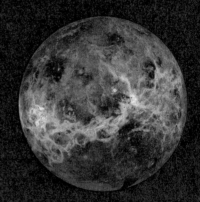

▶ 가장 밝은 행성 금성

옛날 사람들은 새벽에 보이는 금성과 저녁에 보이는 금성을 서로 다른 이름으로 불렀다. 새벽에 보이는 금성은 '샛별'로, 저녁에 보이는 금성은 '개밥바리기'라 불러 왔다. 금성은 지구의 달처럼 위상이 변하는데, 이것은 갈릴레오가 망원경을 통해 처음 발견했다. 그리고 자전 방향이 지구와 반대여서, 금성에서 태양을 본다면 서쪽에서 떠서 동쪽에서 질 것이다. 대기는 두꺼운 이산화탄소로 둘러싸여 있다. 따라서 표면의 열이 우주 공간으로 쉽게 빠져 나가지 못하는 온실 효과가 발생해 표면 온도가 뜨겁다. 또한 대기가 두꺼워 반사되는 햇빛의 양이 많으며, 지구와도 가장 가까이 있기 때문에 8개 행성 중에서 가장 밝게 보인다. 사진은 마젤란 탐사선이 레이더로 관측한 금성이다.

▶ 우리가 사는 지구

태양계 세 번째 행성인 지구는 하나의 위성인 달을 가지고 1년에 한 바퀴 태양 주변을 회전한다. 지구의 나이는 약 46억 년으로 태양이 형성될 당시 주위에 있던 수많은 미행성의 충돌과 결합으로 만들어졌다고 알려져 있다. 당시 대기는 금성과 비슷했지만, 지구 내부의 작용 등으로 현재처럼 변화되었다. 현재 대기의 주성분은 질소이며, 산소, 이산화탄소 등 생물들이 살아가는 데 필요한 성분들로 채워져 있다. 또한 태양으로부터 적당한 거리에 놓여 있어 따뜻한 기온이 유지되고, 자전축이 약 23.5도 기울어져 계절의 변화가 생긴다. 이 모든 것이 생명이 사는 지구의 환경을 만들었다.

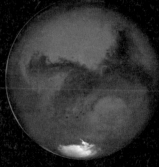

▶ 붉은 행성 화성

사람들은 과거 화성에 물이 존재해 생명체가 있을 것이라고 믿어 왔다. 최근 탐사선이 보내온 관측 자료를 분석한 결과, 아직 특이한 흔적은 발견하지 못했다. 그러나 여전히 많은 연구와 관심을 받고 있는 행성이다. 화성도 지구와 마찬가지로 자전축이 약 25도 기울어져 있어서 계절 변화가 있다. 화성은 매우 희박한 이산화탄소의 대기를 가지고 있어서 온도가 낮다. 표면에는 커다란 화산이 있어 과거에 활발한 지각 활동이 있었다는 것을 말해 준다. 또한 산화철이 주성분인 붉은색의 자갈과 모래로 덮여 있어 전체적으로 붉게 보인다. 극지방에는 흰색의 극관이 있는데, 위쪽은 드라이아이스, 아래쪽은 얼음으로 되어 있다. 이들은 계절이 바뀜에 따라 그 크기가 변한다.

▶ 가장 큰 행성 목성

목성은 태양계 내에서 가장 크고 무거운 행성으로, 지구보다 약 11배나 크다. 조금만 더 컸다면 핵반응이 일어나 별이 되었을지도 모른다. 크기는 지구의 1,400배나 되지만 질량이 지구의 약 318배이기 때문에, 밀도는 지구보다 낮다. 목성은 수소와 헬륨 등의 기체로 이루어져 있어서 위도에 따라 자전 주기가 다르다. 또한 빠른 자전으로 인한 대류 현상 때문에 표면에 줄무늬가 만들어진다. 뜨거운 공기가 상승하는 지역은 밝게, 차가워진 공기가 하강하는 지역은 어둡게 보인다. 그리고 표면에 있는 붉은색의 커다란 반점은 태양계 행성들 중에서 가장 커다란 소용돌이인 대적점(大赤點, Great Red Spot)이다. 목성의 고리는 얇고 작은 암석들로 이루어져 있어 희미하게 보인다.

▶ 97도로 누워 있는 천왕성

1781년 이전 사람들은 토성 바깥쪽에 다른 행성이 존재할 것이라고 생각하지 못했다. 천왕성은 윌리엄 허셜이 처음 발견했다. 천왕성은 대기에 존재하는 메탄이 태양 빛의 붉은색은 흡수하고 푸른색을 반사해 푸른색으로 보인다. 목성과 토성처럼 고리를 가지고 있지만 천왕성의 고리는 검은 물질로 되어 있기 때문에 어둡게 보인다. 천왕성의 특이한 점은 자전축이 약 97도 기울어져 있어 공전 궤도면에 거의 평행하게 누워서 자전하는 것이다. 따라서 남북극은 항상 태양이나 지구를 향해 있게 된다.

◀ 고리가 아름다운 토성

토성은 행성 중에서 가장 아름다운 고리를 가지고 있다. 이 고리는 1만개가 넘는 얇은 고리가 모인 것인데, 두께가 약 7만 킬로미터에 달한다. 작은 알갱이부터 10미터가 넘는 큰 얼음들이 빛을 약 80퍼센트까지 반사해 다른 행성에 비해 고리가 더욱 뚜렷하게 보인다. 또한 고리의 중간에는 안과 밖을 구분 짓는 검은 선인 '카시니의 틈'도 보인다. 토성의 대기는 목성처럼 수소와 헬륨으로 이루어져 있으며, 위도마다 자전 속도가 다르다. 토성은 태양계 행성 중에서 가장 빠르게 자전하기 때문에 가운데가 볼록한 모양을 가지고 있다. 밀도는 무척 낮아서 만약 토성을 물 그릇 속에 넣는다면 물에 떠 있게 될 것이다.

▶ 청록색 진주 해왕성

천왕성의 발견 이후 또 다른 행성이 있을 것이라 생각해 탐색한 결과, 추가로 발견된 것이 해왕성이다. 태양계의 청록색 진주라 불리는 해왕성은 2006년에 명왕성이 태양계 행성에서 제외되면서 태양계의 마지막 행성이 되었다. 태양으로부터 멀리 떨어져 있어 꽁꽁 얼어붙은 상태이다. 적도 근처에 있는 어둡고 검은 대암점(大暗點, Great Dark Spot)은 꽁꽁 언 메탄의 결정체가 모인 것으로, 초속 수백 킬로미터의 속도의 폭풍이 휘몰아치고 있다. 해왕성의 고리는 얼은 메탄 조각들로 구성되었으며, 꽈배기 모양을 하고 있는 고리도 발견되었다.

식도 통과 시간 9초

몸에 이상을 느껴 병원에 가서 진찰을 받으니 의사가 걱정 말라며 약을 처방해 주었다. 약국에 가서 약을 구입하는 순간 약사는 "식사 후에 한 알씩 드세요."라고 했다. 그래서 약을 호주머니에 잘 넣어 두었지만 식사를 하고 물을 마실 때 깜빡 잊고 약을 먹지 않았다. 잠시 후 '아차, 약을 안 먹었군!' 하며 약을 먹어야 한다는 사실을 떠올렸지만 막상 약을 먹으려니 물을 찾을 수가 없다. 가까운 가게라도 가려면 100미터는 족히 걸어가야 하고, 오로지 약을 먹기 위해 생수 한 병을 구입하는 것이 아깝다는 생각도 들었다. 그렇다고 약을 안 먹을 수는 없으니 어떻게 할까를 고민하고 있는데 함께 있던 친구가 "그냥 삼키면 되잖아."라고 한다.

알약을 물 없이 그냥 삼켜도 될까?

약을 먹을 때 물을 함께 마시는 것은 약이 다른 문제를 일으키지 않고 위로 잘 들어가게 하기 위해서다. 입으로 섭취하는 약은 일반적으로 위에 도달하면 위액에 녹으면서 작은 입자로 분해된다. 그리고 작은창자에서 벽을 통해 흡수된 다음 혈관을 타고 온몸을 돌아다니다가 필요한 곳에 가서 기능을 함으로써 인체의 생리 작용에 영향을 주어 치료 효과를 가져온다. 알약을 입에 물고 오래 있다 보면 침에 의해 약이 녹으면서 쓴맛과 같은 특정한 맛을 느낄 수도 있고, 캡슐에 싸인 약은 입에 오래 머물다 보면 캡슐이 열리면서 내용물이 쏟아져 나오는 경우도 있다. 그러므로 입안 치료 같은 특수한 경우가 아니라면 약은 얼른 삼키는 것이 좋다.

입을 통과해 간 알약이 물과 함께 있으면 음식이 내려갈 때보다 훨씬 빨리 위에 도달한다. 즉 입을 지나 위로 가는 데에 걸리는 시간은 매우 짧다. 입과 위 사이에 식도가 있다는 사실은 누구나 알고 있는데 식도는 도대체 무슨 기능을 하길래 이렇게 빠른 시간에 음식물을 지나 보낸다는 이야기일까?

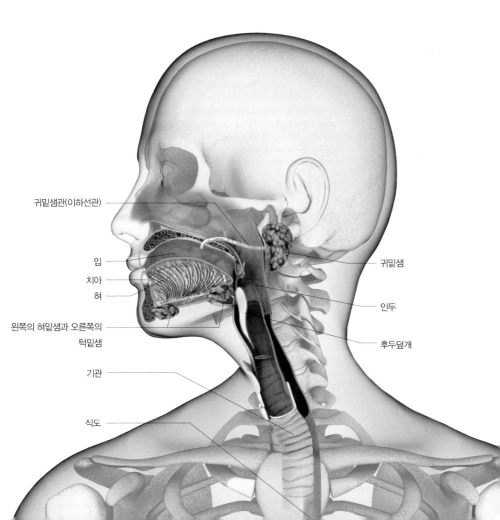

귀밑샘관(이하선관)

입

치아

혀

왼쪽의 혀밑샘과 오른쪽의
턱밑샘

기관

식도

귀밑샘

인두

후두덮개

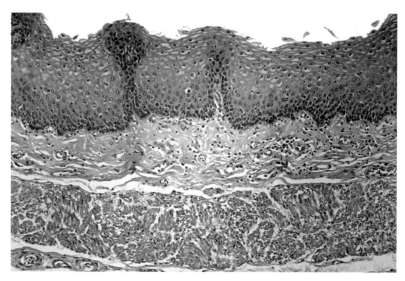

두텁게 발달된 식도의 상피 세포.

코와 입은 통한다

입은 몸에서 필요한 영양분을 얻기 위한 음식을 받아들이는 곳이고, 코는 몸에서 필요로 하는 산소를 얻기 위해 공기를 받아들이는 곳이다. 입으로 들어온 음식은 식도를 통해 위로 들어가고, 코로 들어온 공기는 기도를 통해 폐로 들어간다. 그런데 코와 입으로 들어가는 길이 서로 통한다는 사실은 사람들이 잘 모르는 경우가 있다.

감기에 걸려 코가 막히는 경우 숨을 쉬기가 곤란해진다. 이 때 산소를 잘 받아들이기 위해 자신도 모르게 입으로 숨을 쉬게 되고, 코를 막고 숨을 참는 경우에도 다시 숨을 쉬기 시작할 때 코와 입으로 동시에 공기를 받아들이게 된다. 코 속에는 코털과 같이 공기 속에 포함된 먼지 등을 거르기 위한 장치가 잘 발달되어 있지만 입은 그렇지 않다. 그러니, 입으로 숨을 쉬는 것이 바람직하다고 할 수는 없다. 그러나, 몸에 산소가 부족하면 즉시 이상이 나타나게 되므로 입에서 공기를 정화시키는 기능이 부족하다 하더라도 급히 산소를 받아들여야 할 필요가 있으면 코를 대신해 입이 일을 한다.

콧물이 심하게 흐르는 경우에는 코와 입이 통하는지를 직접 시험할 수도 있다. 코를 풀기 위해 손수건이나 휴지를 코 밑에 자꾸 대다 보면 피부가 자극을 받아서 헐어 통증이 생길 수 있다. 이때 코를 풀기 싫다고 코를 들이마시면 콧물이 몸으로 들어가게 된다. 그런데 폐는 액체와 맞지 않는 장기이므로 폐에 액체가 들어가면 문제가 생기기 쉽다. 그렇다면 들이마신 콧물은 어디로 간 것일까?

약간은 지저분한 이야기가 되겠지만 위에서 목구멍까지 역류한 물질을 "엑" 하며 끌어올려 뱉어내듯이 콧물을 "흐으윽" 하며 들이마신 후 "엑" 하며 입으로 끌어올리려는 노력을 하면 코로 들이마신 콧물을 입으로 빼낼 수도 있다. 이것이 바로 코와 입이 통하는 증거가 된다.

코와 입이 통하는 장소는 기도의 맨 위쪽에 있는 후두덮개(후두개) 바로 윗부분이다. 코와 후두 사이에 위치한 인두는 흔히 호흡 계통에 속하는 기관이며, 코인두, 입인두, 후두인두 등 세 곳으로 나뉜다. 입인두와 후두인두는

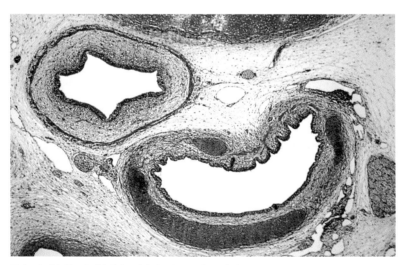

음식물이 지나가는 식도(왼쪽)와 공기가 지나가는 기도(오른쪽)의 단면.

음식물과 공기가 함께 지나가는 통로의 역할을 한다. 입으로 들어온 음식물이 위로 가지 않고 후두를 통해 폐로 가면 곧바로 호흡 과정에 문제가 생겨 숨쉬기 곤란해진다. 이를 방지하기 위해 후두 입구에는 음식물이 들어오지 못하도록 막는 기능을 하는 후두덮개가 존재한다. 음식을 먹거나 물을 마실 때 목구멍을 통과하는 순간 캑캑거리며 기침이 나오는 경우가 있는데 후두덮개가 제대로 기능을 하지 못한 것이 원인이다. 즉 후두덮개가 음식이 후두 쪽으로 들어오지 못하게 막아 주어야 하지만, 이 기능을 제대로 못하는 경우 음식이 후두 쪽으로 들어오게 된다. 그러면 반사 작용을 통해 음식을 밀어내게 되는데, 이 현상이 바로 기침으로 나타나는 것이다. 흔히 "사레 들렸다."라는 것이 바로 이 경우를 가리킨다.

뜨거운 국에도 끄떡없는 두터운 식도 상피

식도는 지름 2센티미터, 길이 25센티미터 정도의 관 모양을 하고 있으며, 인두 아래쪽 끝에서 시작된다. 주된 기능은 입구로 들어온 음식물을 위로 보내는 것이며, 이를 위해 근육이 잘 발달되어 있다. 식도 표면 세포는 아주 두터운 층으로 되어 있다. 이유는 여러 가지 자극을 잘 견뎌야 하기 때문이다. 실수로 입에 뜨거운 음식을 넣은 경우 뱉어내야 바람직하지만 순간적으로 놀란 경우에는 자신의 의사와 관계없이 뱉어내기보다 삼켜 버리는 경우가 있다.

입은 뜨거운 감각을 잘 느끼지만 식도나 위는 뜨거운 것을 거의 느끼지 못하므로 입안의 음식물을 삼키면 응급 처치(?)가 된다는 것쯤은 경험으로 알고 있을 것이다. 그러나 이와 같은 일이 발생하는 경우 식도는 입에서부터 식지 않고 넘어온 뜨거운 음식에 대한 자극을 고스란히 이어받게 된다. 그러므로 식도 상피 세포는 두터워야 한다. 혹시나 뜨거운 국을 먹을 때와 같이 뜨거운 음식이 입에 들어가는 경우 음식을 뱉어내고 난 후에도 입천장 등에서 세포가 떨어져 나오는 경험을 하신 독자들이 있을 것이다.

뜨거운 자극은 식도의 상피 세포가 정상적인 경우보다 훨씬 빨리 떨어져 나가게 하는 원인이 된다. 따라서 식도의 상피 세포는 두껍게 되어 있어야 뜨거운 자극 등에 의해 일부가 떨어져 나가더라도 나머지가 제대로 기능을 할 수 있게 된다. 피부에 손상이 생겼을 때 시간이 지나면 원상 회복되는 것과 마찬가지로 식도와 같이 몸 속에 존재하는 상피 세포도 계속해서 바깥쪽으로 자라나고, 수명을 다 하면 탈락된다. 식도는 뜨거운 자극뿐 아니라 마찰, 차가움, 화학 물질 등에도 잘 견뎌야 하므로 상피 세포는 두꺼울 수밖에 없다.

음식물을 잘 통과시키기 위해서 식도에는 점액을 분비하는 점액샘이 발달되어 있다. 점액샘에서 분비된 점액은 상피 표면에서 음식물이 잘 이동해 갈 수 있도록 윤활 작용을 한다. 이에 따라 음식물은 식도벽에 달라붙지 않고, 순탄하게 아래로 내려갈 수 있게 된다.

음식을 삼킨 후 위에 도달하는 시간은 9초

입에서 물리·화학적 자극을 통해 잘게 부서진 음식물이 목구멍을 통과해 가려면 삼키는 과정을 거쳐야 한다. 질긴 음식과 같이 쉽게 목구멍을 넘어가지 못하는 경우에는 의식적으로 음식물을 삼켜야 하지만 무의식적으로 삼키는 현상이 일어날 수도 있다. 삼키는 과정이 일어나기 위해서는 음식물의 강도와 재질이 삼키기 쉽게 가공되어야 한다. 입에서 일어나는 소화는 삼키는 과정을 위해 존재하는 것이라 할 수도 있다.

삼키는 과정은 음식물의 위치에 따라 구강기, 인두기, 식도기, 위로 들어가는 시기 등 네 시기로 구분할 수 있다. 구강기는 음식물을 입안 뒤쪽으로 밀어 넣는 과정이다. 이 과정은 삼키는 과정 중 유일하게 자신이 직접 조절할 수 있는 시기이다. 인두기는 후두덮개가 후두를 막아서 음식물이 폐로 들어가지 않도록 한 후 삼킴 반사(swallowing reflex)를 통해 음식물이 인두를 거쳐 식도로 들어가게 한다. 식도기는 식도에 존재하는 근육의 운동에 의해 음식물을 아래로 내려 보내며, 식도아래조임근이 열리면 음식물은 위로 들어간다. 음식물의 종류, 물리·화학적 성질에 따라 삼키는 과정에 소요되는 시간에 차이가 있지만 일반적으로는 9초면 입에서부터 인두와 식도를 지나 위로 들어가는 과정이 끝난다.

물을 마시는 경우에는 1~2초 만에 물이 위에 다다를 수 있고, 마른 떡처럼 식도를 통과하기가 만만치 않은 음식은 삼키는 과정에서 음식물이 얼른 내려가지 않고 목구멍을 답답하게 하는 현상이 일어날 수 있다. 이때는 위에 도달하기까지 더 많은 시간이 걸릴 수 있으며 물을 마시면 답답한 느낌이 해소되면서 음식물이 위에 쉽게 도달할 수 있게 된다.

음식물이여! 거꾸로 올라오지 마라

구토는 위로 들어간 음식물이 입으로 올라오는 현상이다. 구토는 아주 불쾌한 느낌을 가지게 한다. 일단 위로 들어간 음식물은 위액과 섞이게 된다. 위액에는 강한 산성을 띤 염산과 소화를 담당하는 효소가 포함되어 있다. 위벽 세포처럼 위액에 잘 적응할 수 있는 세포는 그렇지 않지만 식도 세포는 위액에 포함된 채로 역류한 염산 등으로 인해 손상을 입기가 쉽다. 그러므로 구토를 하면 기분이 나쁠 수밖에 없다. 일단 위로 들어간 음식물은 절대로 식도로 올라오지 않으면 좋겠지만 구토와 같은 심하고 특징적인 경우를 제외하고도 자신이 의식하지 못하는 사이에 식도를 역류해 올라오는 일이 벌어질 수 있다. 식도의 두 번째 중요한 기능이 바로 위 내용물의 역류를 방지하는 것이다.

식도의 위쪽 3분의 1의 근육층은 골격근으로 이루어져 있고, 아래 3분의 1은 민무늬근으로 구성되어 있으며, 중간의 3분의 1은 이 두 가지 근육층이 혼합되어 있다. 식도의 위와 아래 끝부분에는 돌림 근육이 발달되어 있어 조임근의 기능을 한다. 식도 아래 끝에 위치한 조임근은 음식물이 식도에서 빠져나가 위로 들어가는 경우에는 열리지만 평상시에는 수축되어 있어서 위 내용물이 식도로 거꾸로 올라오는 것을 막는 기능을 한다.

식도에 생기는 대표적인 질병, 식도염

식도에 발생하는 대표적인 질병은 식도염이다. 식도염은 식도에 염증이 생기는 현상이다. 염증(inflammation)이란 물리·화학적 자극 때문에 사람의 세포가 빨갛게 되거나, 열이 나고, 붓고, 통증이 있고, 기능이 상실되는 현상 등이 나타나는 경우를 가리킨다. 식도에 염증이 발생하는 주된 원인은 위액이 역류하기 때문이다. 위액에는 염산뿐 아니라 소화 효소가 들어 있으나 식도는 염산과 소화 효소에 대한 저항력을 거의 지니지 못하므로 위액이 역류되면 상피 세포가 떨어져 나가고, 이러한 외부 자극으로 인한 염증이 발생하게 된다.

위암과 위궤양을 조기 발견하기 위한 목적으로 위 내시경 검사가 널리 행해지고 있다. 위 내시경 검사를 하다 보면 우리나라 사람들 중 꽤 많은 이들이 위나 식도에 염증을 가지고 살아간다는 것을 알게 된다. 염증이 있다는 것은 뭔가 문제가 있음을 뜻하지만 그 자체가 문제가 되는 것은 아니므로 특별한 문제가 없다면 의사들이 굳이 치료를 권하지 않을 수도 있다. 그러나 통증과 같이 문제가 있는 경우에는 식도염을 해결하기 위해 약을 투여할 수도 있다.

위액이 역류해 발생하는 식도염을 '역류성 식도염'이라 한다. 역류성 식도염이 발생하는 가장 흔한 원인은 식도 아래쪽에 위치한 조임근이 기능을 제대로 못하는 경우다. 치료법에는 여러 가지가 있으므로 전문의의 진단을 받아서 가장 좋은 치료법을 찾는 것이 좋다. 역류성 식도염 다음으로 식도염의 흔한 원인은 감염으로 인한 것이다. 세균 감염에 의한 식도염은 흔치 않지만, 대상포진 바이러스나 칸디다(Candida) 진균 등이 식도에 감염되면 염증을 일으킬 수 있다. 치료는 원인에 따라 그 병원체를 해결할 수 있는 약을 투여하면 된다.

0의 0제곱은?

윈도에 내장되어 있는 계산기('공학용 보기'를 이용)를 이용해서 0의 0제곱을 계산해 보면 1을 출력한다. 인터넷 포털 사이트의 계산기를 이용해도 같은 결과가 나온다. 그렇다면 $0^0 = 1$일까?

계산기(공학용)으로 0^0을 계산한 결과, 1이 나온다.

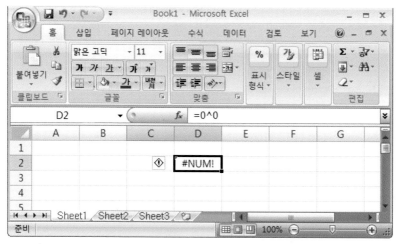

엑셀로 0^0을 계산한 결과, 에러 메시지가 나온다.

한편, 업무용 프로그램인 엑셀(Excel)에 0의 0제곱을 입력하면 오류 메시지가 출력된다. 수학용 프로그램으로 유명한 매스매티카(Mathematica)에서도 0^0을 "Indeterminate(정할수없는, 不定)"로 처리한다.

어떤 프로그램에서는 0^0을 1로 처리하고, 어떤 프로그램에서는 처리할 수 없다고 하니, ― 심지어 같은 회사가 만든 프로그램에서도! ― 참으로 이상한 일이 아닐 수 없다. 전혀 궁금하지 않다는 사람들도 많겠지만, 0^0을 무엇으로 생각해야 할지는 역사적으로 오랫동안 논쟁 및 고민거리의 하나였다.

'0'번 곱했다는 것이 무슨 뜻이며, '음수'번 곱했다는 것은 무슨 뜻일까?

'거듭제곱'이란 '거듭해 자신을 곱한다'는 뜻인데, 세 번 거듭 곱하거나, 스무 번 거듭 곱하는 것은 누구나(?) 무슨 뜻인지 안다. a가 수일 때 a를 n개 곱한 것을 a^n으로 나타내는데, 지수 n이 자연수일 때는 그 뜻이 분명하다. 따라서 이 표기법에 따르면 지수 n이 자연수인 한 당연히 $0^n = 0$이다.

그렇다면 지수가 0이나 음수인 경우는 어떻게 될까? a를 0개 곱하거나 −3개 곱하거나 할 수는 없으므로 곧이곧대로는 정의할 수 없다. 따라서 '음수끼리 곱하면 양수'라는 설명을 했을 때와 마찬가지로, 어떻게 정의하는 것이 합리적인지 생각해 볼 필요가 있다. 그 열쇠를 쥔 것은 m과 n이 자연수일 때 성립하는 다음 등식, 즉 '지수 법칙'이다.

$$a^m \times a^n = \underbrace{(a \times a \times \cdots \times a)}_{m \text{개}} \times \underbrace{(a \times a \times \cdots \times a)}_{n \text{개}} = a^{m+n}$$

이 지수 법칙이 음의 지수에 대해서도 성립하도록 a^{-3} 같은 것을 정의하려면, 다음과 같은 등식이 성립하는 것이 좋을 것이다.

$$a^5 \times a^{-3} = a^{5-3} = a^2$$

양변을 a^5으로 나눠 주면, a^{-3}은 $a^2 \div a^5$ 임을 알 수 있다. 이때 문제가 하나 있는데 양변을 a^5으로 나누려면 이 수가 0이 아니어야 한다. 만약 $a=0$이라면 이런 논법이 통하지 않는다. a가 0이 아닐 때는 다음과 같다.

$$a^2 \div a^5 = \frac{a \times a}{a \times a \times a \times a \times a} = \frac{1}{a \times a \times a} = \frac{1}{a^3}$$

따라서 $a^{-3} = \dfrac{1}{a^3}$으로 생각하는 것이 합리적이다. 일반적으로는 $a^{-n} = \dfrac{1}{a^n}$으로 생각하는 것이 합리적이다. 이 식의 양변에 a^n을 곱하면, $a^n \times a^{-n} = 1$이고, 좌변에서 지수 법칙이 성립하면 $a^{n-n} = a^0$이 된다. 따라서 a^0은 1로 정의하는 것이 가장 타당하다. 그런데, 이 경우 역시 음의 지수를 이용해서 설명했으므로, a가 0이 아니라는 단서가 붙어야만 하므로, 이 결과로부터 $0^0 = 1$이라고 주장할 수는 없다. 오히려, 억지로 a에 0을 대입하면 $0^0 = 1$은커녕 다음과 같은 무의미한 식이 되어 버린다.

$$0^0 = 0^{n-n} = 0^n \div 0^n = 0 \div 0$$

이렇게 음수와 0에 대해서도 지수를 정의해 주면(밑이 0일 때는 제외하고) 고맙게도 지수 법칙 $a^m \times a^n = a^{m+n}$이 여전히 성립한다. 예를 들어, $a^{-3} \times a^{-4} = a^{-7}$임을 확인할 수 있다. 거듭제곱과 지수의 관계에 대한 이상의 설명에서 알 수 있듯, 자연수 n에 대하여 $0^n = 0$이고, 0이 아닌 수 a에 대하여 $a^0 = 1$이지만, 밑과 지수가 모두 0인 0^0에 대해서는 아무런 정보도 주지 않는다. 그렇다면 0^0은 어떻게 정의하는 것이 합리적일까? 과연 합리적인 정의라는 게 가능하기는 한 걸까?

0^0은 1이라니까! 1탄, 다항식이 편해진다

특히 다항식과 관련한 경우, 0^0을 1로 두면 수식이 간단해지는 경우가 많다. 예를 들어 다음과 같은 다항식을 생각해 보자.

$$x^3 - 5x^2 + 7x + 2$$

여기에서 x^3은 3차항, $-5x^2$은 2차항이다. $7x$는 1차항인데, $7x^1$이라 쓰면 차수를 알 수 있게 해 주므로 일관성이 있다. 남아 있는 상수항 2는 0차항으로 생각하는 것이 합리적이므로 $2x^0$이라 쓰는 것이 편리할 것이다. 따라서 차수를 고려해서 다항식을 표현하면, 아래와 같이 쓸 수 있다.

$$x^3 - 5x^2 + 7x^1 + 2x^0$$

원래 다항식에 $x = 0$을 대입하면 당연히 값이 2인데, 차수를 밝혀 준 식에 대입할 경우 $0^0 = 1$이어야 양변이 일치한다! 따라서 $0^0 = 1$이라고 보는 것이 합리적이다.

0⁰은 1이라니까! 2탄, x^x의 극한을 생각해 보자

고등학교에서 배우는 극한 문제 가운데 꽤 어려운 편에 속하는 x^x의 극한도 $0^0=1$을 뒷받침하는 근거로 많이 이용됐다. x^x의 그래프를 그려 보면 다음과 같다. x가 양수 쪽에서 0으로 접근하면 x^x는 1로 접근한다. 즉 $\lim_{x \to 0+} x^x = 1$ 이다.

이처럼 극한 이론이 발전하면서 $0^0=1$로 간주하자는 주장이 크게 공감을 얻었다. 물론 모두가 그런 것은 아니어서, 예를 들어 프랑스의 위대한 수학자로 극한 이론을 엄밀하게 정립한 오귀스탱루이 코시(1789~1857년)는 1821년에 쓴 저서에서 여전히 0^0은 정의할 수 없는 것으로 분류했다.

뫼비우스의 굴욕, 0⁰은 다시 안개 속으로

1830년대에 이탈리아의 수학자 굴리엘모 리브리(1803~1869년)는 $0^0=1$을 증명하는 논문을 썼는데 내용이 다소 명확하지 못해, S라는 서명으로만 알려진 익명의 수학자의 비판을 받았다. 우리에게 '뫼비우스의 띠'로 유명한 독일의 수학자 아우구스트 페르디난트 뫼비우스(1790~1868년)는 얼마 후 리브리의 주장을 옹호하는 논문을 한 편 발표하였는데, 그의 주장은 다음과 같다.

$$\text{만약} \lim_{x \to 0+} f(x) = \lim_{x \to 0+} g(x) = 0 \text{ 이면} \lim_{x \to 0+} f(x)^{g(x)} = 1 \text{이다.}$$

이것은 $\lim_{x \to 0+} x^x = 1$을 한껏 확장한 것으로, 비록 $0^0=1$에 대한 직접적인 증명은 아니지만, 0^0을 1로 정의하는 것이 합리적이라는 주장을 뒷받침하는 결정적 한 방이었다. 그러나 익명의 수학자 S는 여기에 대해 $a > 1$일 때, $f(x) = a^{-1/x}, g(x) = x$라는 너무나도 간단한 함수를 반례로 제시하였다.

계산해 보면 $f(x)^{g(x)} = (a^{-1/x})^x = \dfrac{1}{a}$이 되어, a의 값을 바꿔 줌에 따라 1보다 작은 모든 양수가 극한값이 될 수 있으므로, 뫼비우스의 주장이 틀렸음을 허무할 정도로 쉽게 알 수 있다. 결국 대수학자의 굴욕과 함께 0^0은 정할

수 없는 것(不定)으로 논쟁이
끝났다. 나중에 뫼비우스의
논문집이 간행될 때, 이 논
문은 그의 논문 목록에서 조
용히 삭제되었다.

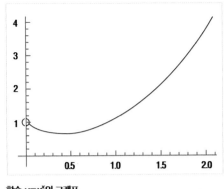

함수 $y = x^x$의 그래프

0^0은 1이라는 또 다른 주장

가끔 $a^0 = 1$에 대하여 "거듭
제곱은 1에 어떤 수를 곱하
는 과정이다. 그런데 지수가 0이면 아무것도 곱하지 않았다는 뜻이므로 그
값은 1이 될 수밖에 없다."라는 식으로 설명하는 사람을 볼 수 있다. 이것이
거듭제곱을 이해하는 한 가지 방편일 수는 있겠으나, 엄밀히 말하면 앞뒤가
바뀐 설명이다. 거듭제곱을 이런 식으로 생각하는 것은 "$a^0 = 1$이므로 a^n은
(지수 법칙에 따라) 1에 a를 n번 곱하는 것이다."와 같은 말이다. 즉 $a^0 = 1$을 가
정한 상태에서, 다시 이로부터 $a^0 = 1$이 된다고 말하는 셈이다. 따라서 이런
식으로 $0^0 = 1$이라고 설명하는 것은 옳지 않다.

0^0에 대한 세 줄 요약

수식도 많고, 글도 길어져서 필자도 미안하게 생각한다. 읽기 힘든 분을 위
하여 마무리를 겸해 내용을 요약하면 다음과 같다.

1. 0^0은 정의하지 않는다. (값을 아직도 모른다는 말이 아니다.)
2. 그렇지만 '주의하여 사용한다면' 편의상 $0^0 = 1$로 정의할 수 있다.
3. 위대한 수학자도 실수할 때가 있다.

작은 별의 아름다운 죽음

별의 수명은 그 질량에 따라 달라진다. 질량이 큰 별은 초신성 폭발로 생을 일찍 마감하지만 태양처럼 질량이 작은 별들은 비교적 오래 그리고 조용히 생을 마감한다. 별이 핵융합으로 중심핵에 있던 수소를 소진하면 핵융합의 불길은 중심핵 외곽으로 옮겨 간다. 이때 별의 바깥층이 크게 가열되므로 별은 팽창하기 시작한다. 별이 팽창하면 별의 표면 온도가 떨어지므로 별은 붉은색을 띠게 된다. 적색 거성이 되는 것이다.

적색 거성이 어느 한도 이상 커지면 별의 표면층이 중력을 벗어나서 우주 공간으로 유출되기 시작한다. 그리고 마침내 별 속에서 진행되던 핵융합이 멈추면 별은 더 이상 스스로의 중력을 지탱하지 못하고 수축하기 시작한다. 그동안 별을 지탱하던 핵융합의 열로 인한 '팽창하려는 힘'이 사라졌기 때문이다. 태양 정도 크기의 별은 대략 지구 정도의 크기까지 줄어든다. 그 이유는 별의 수축으로 인해 전자들 간의 거리가 가까워져서 전자들 사이에 작용하는 반발력이 수축을 방해하고, 지구 정도 크기에서 수축하려는 힘과 같아지기 때문이다. 이렇게 지구 크기로 줄어든 별은 작지만 매우 온도가 높은 흰색의 별, 백색 왜성이 된다. 이와 동시에 별의 외곽층은 별의 중력을 벗어나 우주 공간으로 흘러나가 밝게 빛나는 성운이 된다. 이 성운을 행성상 성운이라 한다. 이 이름은 작은 망원경으로 보면 행성처럼 둥근 원반 모양으로 보이기 때문에 붙었다. 행성상 성운이 펼치는 아름다운 우주 쇼는 1만 년 정도 지속되다가 천천히 우주 공간 속으로 사라진다.

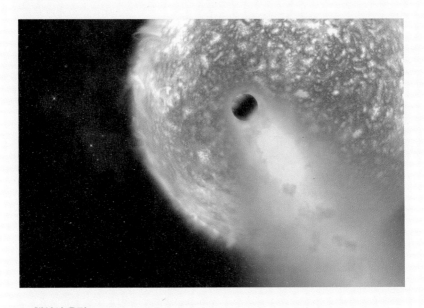

▲ 행성의 운명

태양이 죽음을 맞으면 행성들은 어떻게 될까? 사진은 태양과 비슷한 별(HD 209458) 주위를 도는 행성의 대기가 증발하는 상상도이다. 목성과 비슷한 기체 행성이 모성에 너무 가까이(궤도 반경 700만 킬로미터) 있어서 초당 1만 톤의 수소 기체를 잃고 있다. 이 행성은 대기를 모두 잃고 작은 중심핵만 남게 될 것이다. 태양이 죽으면 목성의 운명도 이와 비슷하다. 수성이나 금성은 태양이 부풀어 올라 적색 거성이 되면 그 불길 속으로 들어가게 된다. 지구는 이 재난을 피해 갈 가능성이 있지만 행성상 성운의 불길을 피해 갈 수는 없다. 지구의 바다와 대기는 순식간에 증발해 우주 공간으로 날아가고 지각은 녹아 내릴 것이다. 다행인 것은 이런 일이 50억 년 후에 일어난다는 것이다.

▲ 죽어 가는 별

허블 우주 망원경이 촬영한 죽어 가는 별(NGC 2818)의 모습이다. 태양과 질량이 비슷한 별이 일생의 마지막 단계에서 만들어 낸 이 성운은 뜨거운 중심별에서 방출한 기체 껍질로 이루어져 있다. 중심별이 내는 전자기파 때문에 들뜬 기체 원자들이 특유의 빛을 낸다. 질소는 붉은색, 수소는 초록색, 그리고 산소는 푸른색이다. 성운은 수만 년에 걸쳐서 서서히 어두워져서 어둠 속으로 사라진다. 이 성운은 나침반자리 방향으로 1만 광년 거리에 있다.

▼ 빛의 연못

모든 행성상 성운의 중심에는 작고 뜨거운 흰색의 별, 즉 백색 왜성이 있다. 이 성운(NGC 3132)의 중심에도 밝은 흰 별(10등급)이 보인다. 하지만 이 성운을 만든 별은 그 별이 아니라 그 옆에 보이는 희미하고 작은 별(16등급)이다. 이 별은 지구만 하지만 표면 온도가 10만도가 넘는 뜨거운 별이다. 태양보다 16배나 더 뜨겁다. 이 성운은 남반구의 돛자리 방향에 있고 고리 모양을 하고 있기 때문에 '남쪽 고리 성운'이라 불리지만, 물이 고인 연못처럼 보인다. '남쪽 고리 성운'은 돛자리 방향으로 약 2,000광년 거리에 있다.

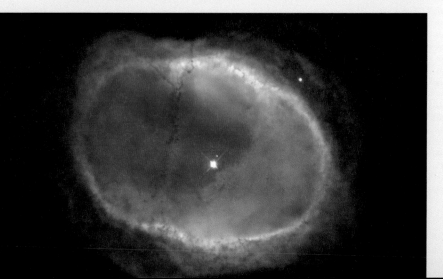

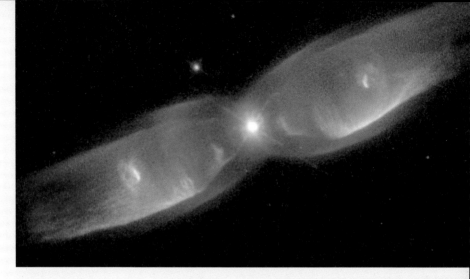

▲ 나비의 날개

행성상 성운의 모양은 다양하다. '양극 성운' 또는 '쌍둥이 제트 성운'이라 불리는 이 성운(M2-9)은 나비처럼 나풀거리는 긴 날개를 가졌다. 이런 날개는 어떻게 생겨난 것일까? 태양은 홀로 있는 별이지만 우주의 많은 별들은 다른 별들과 쌍성을 이룬다. 이 성운을 만든 별도 쌍성을 이루는 별이다. 이 별은 동반성과 함께 커다란 기체 원반 안에서 서로 돌고 있는데, 이 원반이 별에서 분출된 기체들을 양쪽으로 갈라서 날개 모양으로 변하게 만들었다. 아울러 동반성은 별 표면으로부터 기체를 끌어 당겨 우주 공간으로 빠르게 유출되도록 돕는 작용을 하는 것이 아닌가 생각된다. 이렇게 행성상 성운은 그 별이 가진 동반성, 자전 속도, 자기장, 행성 등의 변수로 다양한 모양을 가진다.

▼ 우주의 개미

왜 이 성운은 특이한 개미 모양을 하고 있을까? 이 개미 성운(Mz 3)도 양극 성운(M2-9)처럼 양쪽으로 제트를 분출하고 있지만, 그 분출 속도가 양극 성운보다 10배나 더 빨라서 초속 1,000킬로미터가 넘는다. 행성상 성운의 기체 분출 속도가 이 정도로 빠른 것은 드문 일이다. 이 성운을 만든 중심별도 동반성이 있어서 그 동반성이 강한 조석력(밀물과 썰물을 만드는 힘)을 미쳐서 유출하는 기체의 모양을 결정짓는 것이 아닌가 생각된다. 이 동반성은 지구와 태양 사이 거리만큼 가까이 있을 가능성이 있다.

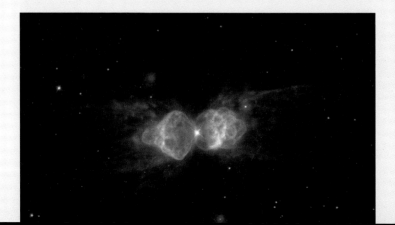

▲ 우주에서 가장 찬 곳

부메랑 성운은 알려진 우주에서 가장 차가운 곳이다. 중심별로부터 시속 60만 킬로미터(초속 164킬로미터)로 불어오는 기체와 먼지 바람이 대칭 모양의 구름을 만들었다. 가스의 급격한 팽창은 성운 가스의 분자들의 온도를 절대 온도 1도(섭씨 −272도)까지 냉각시켜 이 성운을 우주에서 가장 차가운 곳으로 만들고 있다. 부메랑 성운은 켄타우루스자리 방향으로 5,000광년 거리에 있다.

▼ 양파 껍질 속의 고양이 눈

고양이 눈 성운(NGC 6543)은 매우 복잡한 구조를 갖고 있다. 허블 우주 망원경으로 관측한 고양이 눈 성운은 고속의 제트와 충격파로 만들어진 매듭 모양 주위로 양파 껍질처럼 둘러싼 동심원 구조가 보인다. 이 껍질은 모두 11겹이나 되는데 이것은 중심별이 대략 1,500년마다 한 번씩 많은 양의 기체를 방출했기 때문이다. 고양이 눈 성운은 용자리 방향으로 3,000광년 거리에 있다.

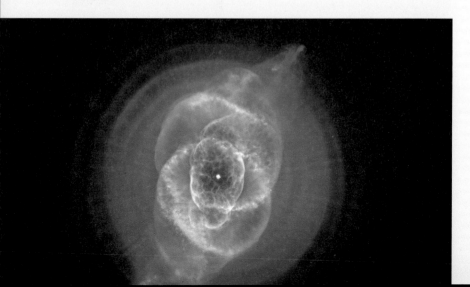

▲ **꽃송이가 된 고리 성운**

고리 성운은 하늘에서 토성의 고리 다음으로 유명한 고리이다. 그런데 스피처 적외선 망원경으로 관측한 이 사진에는 우리가 익히 알던 고리 둘레로 꽃잎처럼 둘러싼 루프 구조가 보인다. 잘 보이지 않던 구조가 적외선 관측으로 선명하게 드러난 것이다. 이제는 이 성운을 '고리 성운'이 아니라 '꽃송이 성운'으로 불러야 하는 것은 아닐까? '고리 성운'은 거문고자리 방향으로 약 2,000광년 거리에 있다.

▼ **50억 년 후의 태양**

우리 태양의 운명은 어떻게 될까? 사진은 물병자리 방향으로 약 600광년 거리에 있는 나선 성운(NGC 7293)이다. '신의 눈'이라고도 불리는 이 성운은 전형적인 행성상 성운이다. 이 성운의 중심에 있는 백색 왜성의 표면 온도는 12만도나 된다. 50억 년 후 동반성이 없는 우리 태양도 바깥 껍질이 떨어져나가 이와 유사한 행성상 성운을 만들 것이고 나머지 중심 부분은 수축해 지구 크기의 백색 왜성이 될 것이다.

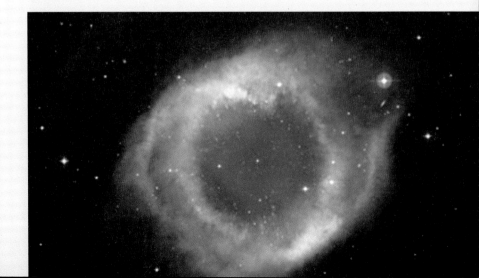

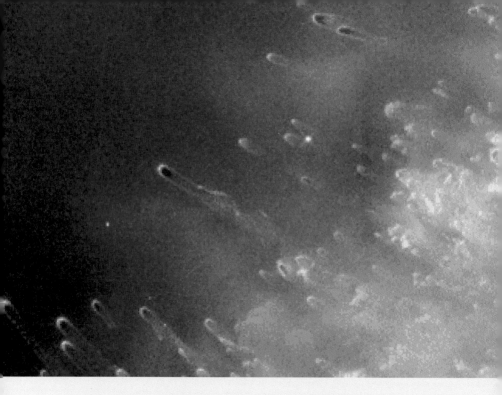

▲ 나선 성운 속의 혜성 매듭

나선 성운(NGC 7293)의 안쪽 가장자리를 허블 우주 망원경으로 확대 촬영한 사진이다. 왼쪽 위가 중심별 방향이고 오른쪽 아래는 성운이 팽창해 나가는 방향이다. 혜성처럼 생긴 덩어리가 많이 보인다. 이것을 '혜성 매듭'이라고 부르는데 머리의 지름은 수십억 킬로미터, 꼬리의 길이는 수백억 킬로미터나 된다. 머리 하나의 크기가 우리 태양계만 하다. 나선 성운에는 이런 혜성 매듭이 수천 개나 있다. 혜성 매듭은 나중에 분출된 뜨겁고 빠른 기체 껍질이, 먼저 분출된 느리고 차갑고 밀도가 높은 기체 껍질과 만나면서 엉겨 붙어 만들어지는 것으로 추측된다.

조개와 물고기의 공생

물은 물고기의 집일뿐더러 조개의 집도 된다. 온 세상의 강과 호수에 사는 물고기와 조개, 곧, 어패류(魚貝類)는 절묘한 '더불어 살기', '서로 돕기'를 한다. 공생(共生), 공서(共棲)라는 것 말이다. 조개는 물고기 없으면 못 살고 물고기 또한 조개 없으면 살 수 없다. 불가사의하다고나 할까, 오랜 세월 함께 살아오면서 '공진화'를 한 탓이다.

조개는 물고기 없이 못 살고
물고기는 조개 없이 못 산다

여기서 공진화(共進化, coevolution)
란 생물들이 서로 생존이나 번식
에 영향을 미치면서 진화하는 것
이다. 포식자와 피식자, 기생자와
숙주끼리 한쪽의 적응적 진화에
대해서 대항적 진화 또는 협조적

두드럭조개, 한국 고유종, 멸종 위기 야생 동물 식물1급.

인 진화를 하는 것을 말한다. 한마디로 긴 세월 질곡의 삶이 만들어 낸 산물이다. 나 없이는 너 못 살고 너 없이는 내가 못 산다? 악연이든 선연(善緣)이든 간에 둘이 이렇게 연을 맺고 산다니 정녕 신묘하다.

우리나라 강에 살고 있는 민물고기 210여 종(외래종 포함) 중에 유독 납자루아과(亞科)에 속하는 납줄개속(屬) 4종, 납자루속 6종, 큰납지리속 2종 등 12종과 모래무지 아과의 중고기속 3종, 모두 합쳐 15종의 어류가 조개에 알을 낳는다. 물고기는 다 물풀이나 돌 밑에다 알을 낳는데 이 무리들은 기이하게도 반드시 조개에 산란한다. 그런가 하면 우리나라에 서식하는 17종 조개 중에서 말조개, 작은말조개, 칼조개, 도끼조개, 두드럭조개, 곳체두드럭조개, 대칭이, 작은대칭이, 귀이빨대칭이, 펄조개 등 6속 10종의 석패과(石貝科, Unionidae)의 돌처럼 야문 조개들은 유생을 물고기에 달라 붙인다. 조개는 껍데기 2장을 가지고 있다. 그래서 이매패(二枚貝)라고 한다. 조개를 꼭지 끝이 위로 가게 두고 볼 때 오른쪽 끝에 수관 2개가 있다. 위에 자리 잡은 가는 것이 출수관이고 아래 굵은 것이 입수관이다. 물은 입수관으로 들어와서 아가미를 거쳐 출수관으로 나간다.

물고기가 조개 속에 알을 낳는다
앞서 이야기한 이 물고기들은 산란기가 되면 갑작스레 암수 몸에 변화가 일

임실납자루 수컷, 혼인색이 선명하다.

어난다. 수컷은 몸빛이 아주 예쁜 혼인색(nuptial color)을 띠어 멋쟁이가 된
다. 암컷은 여태 없던 산란관(産卵管, 알을 낳는 관)이 항문 근처에 늘어나니 줄
을 길게 달고 다니는 산불 끄는 헬기 꼴이 된다. 산란관의 길이는 종에 따라
달라서 큰 조개에 산란하는 놈은 제 몸 길이보다 긴가 하면 작은 것에 산란
하는 녀석들은 제 몸길이의 반이 안 된다. 이 산란관은 수란관(輸卵管)이 길
어진 것이고, 산란 후엔 몸으로 빨려 든다. 이렇게 멋진 혼인색과 긴 산란관
은 발정의 신호다.

　잘생기고 건강해야 좋은 짝을 만날 수 있고, 그래야 훌륭한 후사를 보게
되는 것이니 '성(性)의 선택'이라는 것이다. 곱씹어 말하지만 물고기나 사람
이나 후손을 잇지 못하면 도태하고 만다. 헌데, 요상하게도 이 물고기들은
언제나 산 조개에만 알을 낳는다. 플라스틱으로 만든 진짜 닮은 가짜 조개
는 쳐다보지도 않는다. 물론 조개를 찾아내는 것은 수놈 몫이다. 제가 차지
한 조개 가까이에 다른 수컷이 나타났다가는 난리가 난다. 휙휙! 주둥이로
들이박거나 몸을 비틀어 후려쳐 텃세를 부린다. 그러다가 관심을 보이는 암
놈이 나타나면 가까이 다가가 부라린 눈에 몸을 부르르 떨기도 하고, 방아
찧기, 곤두박질치기, 지그재그로 갖은 교태(嬌態)를 다 부려 암놈을 산란장
(조개)으로 유인한다. 다 그런 거지! 곡진한 애정이다.

　눈치 빠른 암놈은 순간적으로 벌어진 조개 수관에 산란관을 꼽아 넣어 알

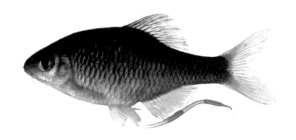

임실납자루 암컷, 산란관이 늘어져 있다.

을 쏟고 내뺀다. 어물거리면 조개가 입을 닫으니 동작이 재빠르다. 그러기를 반복하면서 여기저기에 알을 낳는다. 중고기 무리는 입수관에, 납자루 무리는 출수관에 산란한다. 옆에서 시켜본 수놈은 잽싸게 달려가 입수관 근방에다 희뿌연 정자를 뿌린다. 입수관으로 물과 함께 들어간 정자는 외투강(중고기 무리의 알이 듦)이나 아가미관에 끼어 있는 알을 수정시킨다. 아가미에 가득 끼어 있는 물고기 알들이 조개의 숨쉬기를 힘들게 하는 것은 당연하다.

조개에서 태어난 물고기는 다시 그 조개를 찾는다

물고기의 모정과 부정이 가득 고여 있는 조가비, 조개는 피 한 방울 안 섞인 다른 자식을 품은 대리모가 된 셈이다. 무슨 이런 기구한 운명인가! 조개 몸속의 알(한두 개에서 30~40개 정도)은 다른 물고기에 먹히지 않고 고스란히 다 자라서 나오는지라 여읜 자식이 하나도 없다. 강물에는 조개를 통째로 꿀꺽 삼키는 동물이 없지 않은가. 인큐베이터(incubator) 속에서 자라 나온 미숙아라고나 할까. 그래서 이 물고기들은 다른 물고기들에 비해서 알을 적게 낳는다. 예로, 붕어 한 마리가 평균 67,827개를 낳는 것에 비해 이들은 알을 300~400여 개밖에 안 낳는다. 이런 것을 보상 작용이라고 하는데, 요새 사람들이 유아 사망률이 낮아진 것 때문에 출산을 적게 하는 것과 똑같다. 수정란은 조개 속에서 약 한 달간 자라서 1센티미터 정도의 어린 물고기가 되어 밖으로 나온다.

이 어린 물고기가 다 자라 어른 물고기가 되어 새끼 칠 때가 될라치면 제가 태어난 안태본(安胎本)인 조개를 찾는다. 연어가 모천(母川)을 찾아들 듯이 자기를 탄생시켰던 바로 그 조개들을 찾아가 알을 낳는다. 유전 인자(DNA)에 각인되어 있는 것으로 일종의 귀소 본능이요 회귀 본능인 것이다. 너무나 신비로운 어류들의 비밀스러운 생태다.

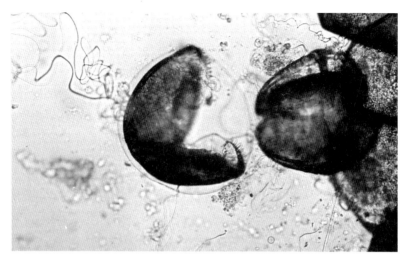

클로키디움. 왼쪽 위쪽으로 유생사를 볼 수 있다.

물고기를 따라 여행을 떠나는 조개 유생

아무튼 세상에 공짜 없다. 반드시 갚음을 한다. 그래서 이제는 조개가 물고
기에게 신세를 질 차례다. 우연일까 필연일까? 물고기와 조개의 산란기가
거진 반 일치하니 말이다. 석패과 조개는 어린 물고기 시절 한 달 가까이 붙
어 살았던, 돌아온 어미 물고기(母魚)의 향긋한 젖내를 잊지 못한다.

물고기가 조개에 산란키 위해 주변에 얼쩡거리면 재빨리 알을 훅훅! 내
뿜는다. 여기서 '알'이라고 했지만, 실은 이미 꽤나 발생이 진행한 1.5밀리
미터가량의 '유패(幼貝)'로, 이를 갈고리라는 뜻의 '글로키디움(glochidium)'
이라 부른다.

클로키디움에는 이미 두 장의 여린 껍데기가 있고, 그 끝에 예리한 갈고
리(hook)가, 그 갈고리에 수많은 작은 갈고리(hooklet)가 있다. 그 갈고리로
물고기의 지느러미나 비늘을 쿡 찍어 물고 늘어진다. 그뿐 아니다. 글로키
디움은 가늘고 긴 유생사(幼生絲, larval thread)라는 실을 늘어뜨려 놓는다. 일
종의 올가미인 셈인데, 종에 따라서는 몸길이의 60배나 된다. 물고기가 근

방을 지나치면서 올가미에 걸리면 몸을 감아서 무전여행(無錢旅行)을 한다.

물고기는 숙주이고 글로키디움은 기생충이다. 녀석들은 물고기의 몸속 깊숙이 헛뿌리(haustorium)를 박아서 체액이나 피를 빤다. 글로키디움이 더 덕더덕 떼거리로 많이 달라붙으면 까뭇까뭇 육안으로 보일 정도이다. 이러면 숙주인 물고기가 기진맥진 죽는 수도 있고, 2차 세균 감염으로 생채기가 심해 형편없는 몰골이 되기도 한다. 정말 갚음하기 어렵다! 한편 조개마다 글로키디움의 크기나 모양이 다르기에 종 분류의 검색 열쇠가 된다. 새끼를 물고기에 붙여놓은 조개는 제 새끼가 다른 동물들에게 잡혀 먹힐 걱정이 없다. 게다가 기동성 좋은 물고기 배달부가 종횡무진 새끼들을 멀리까지 옮겨 주니 얼마나 좋은가. 신천지를 개척하는 유리한 적응 방산(adaptive radiation)을 하는 것이다. 조개 유생은 역시 근 한 달간 탈바꿈해 조개 모양새를 갖추면 강바닥에 떨어져 거기서 살아간다. 제2의 탄생인 것이다.

공생은 상생이다!

이들 두 동물의 주고받기는 유전 인자에 프로그래밍되어 있는 것. 숙명적인 만남, 뗄 수 없는 상생(相生)이다. 그래서 강에 조개가 절멸하면 물고기가 잇따라 전멸하고 물고기가 없어지는 날에는 조개도 따라 사라진다. 도미노 같은 것이다. 찬탄이 절로 나온다. 서로 없이는 못 사는 이런 관계를 두고 인연이라 하는 것. 모든 사물은 다 연(緣)에 의해서 생멸(生滅)한다. 넌 물고기 난 조개, 부디 우리의 귀한 연분을 가볍게 여기지 말자.

자연의 복불복?
표준 모형의 난제들

요즘 리얼 버라이어티 쇼의 인기가 절정이다. 필자는 그중 「1박 2일」을 좋아한다. 「1박 2일」의 참맛은 뭐니뭐니 해도 복불복이다. 6명의 출연자들이 제작진과 게임을 해 식사와 잠자리와 용돈을 결정한다. 이런 복불복은 해 보면 어떨까? 우선 제작진이 6명에게 거금 100만 원씩을 용돈으로 지급한다. 그리고는 하루가 지난 뒤 각자의 남은 돈을 비교해서 6명의 잔액이 1원 단위까지 똑같으면 6명의 모든 소원을 들어 주기로 한다. 물론 6명이 짜고 할 수는 없다. 당장의 거액과 모든 소원, 하지만 언뜻 보아도 무척 낮은 확률……. 「1박 2일」의 MC 강호동은 이 제안을 받아들일까? 여러분이라면 어떻게 할까?

100양분의 1짜리 복불복

실제 확률을 계산하면 이렇다. 두 명의 잔액이 똑같을 확률은 100만분의 1이다. 실제로는 1원 단위의 잔돈이 남을 일이 없겠지만, 여기서는 가능하다고 가정하자. 나머지 네 명의 잔액까지 똑같을 확률은 100만의 5제곱분의 1, 곧 $\frac{1}{10^{30}}$ 에 이른다. 우주의 나이가 대략 4×10^{17}초이니까 우주가 태어난 뒤 매초마다 사진을 찍어도 이런 일을 목격하기 어렵다. 이런 제안은 거부해야 된다. 하지만 쇼에서 이런 제안을 한다면 6명의 출연자들은 제작진 몰래 잘 짜기만 하면 된다고 생각하여 받아들일 것이고, 결국 어느 한 명의 배신으로 실패할 것 같다.

놀랍게도 현대적인 기본 입자 물리학의 표준 모형에서는 이보다 훨씬 더한 상황이 벌어진다. 표준 모형은 "세상은 무엇으로 만들어졌을까?"라는, 탈레스 이래 2,600년을 이어 온 원초적인 질문에 대한 우리 인류의 모범 답안이다. 표준 모형은 지난 40여 년 동안 수많은 실험적 검증을 통과해 오며 가장 성공적인 이론 중의 하나로 평가받고 있다. 단 하나, 다른 모든 기본 입자들에게 질량을 부여하는 힉스 입자만이 발견되지 않고 있을 뿐이다.

힉스 입자는 '다이어트 신'의 입자인가?

그런데 아직 발견도 되지 않은 힉스 입자에는 한 가지 비밀이 있다. 양자 역학이 지배하는 미시 세계에서는 순간적으로 입자들이 생겨나고 사라지는 일이 다반사로 일어난다. 이런 현상이 생기면 이 과정과 관련된 기본 입자들의 질량이나 전기 전하량이 영향을 받는다. 그래서 기본 입자가 가진 질량은 원래 가진 질량에 이렇게 입자가 생겼다 사라졌다 하는 양자 역학적인 효과로 인한 값을 보정을 해 줘야 된다. 우리가 알고 있는 전자의 질량은 이런 보정을 거친 값인 것이다.

이해를 돕기 위해 권투 선수에 비유해 보자. 어떤 권투 선수가 있다. 이 권투 선수는 공식적으로 체중을 재 보면 75킬로그램의 미들급 체중이 나온다. 그런데 누구나 알듯이 권투 선수는 체중 조절을 한다. 예를 들어 이 선수가 체중 조절을 안 한 상태의 체중이 82킬로그램이라고 한다면 이 선수는 다이어트를 통해 7킬로그램 정도를 줄이고 있는 것이다. 보통 권투 선수들은 체

대형 강입자 충돌기(LHC)의 건설 현장을 찾은 힉스 입자 이론의 창시자 피터 힉스.

중의 10퍼센트 정도를 뺀다고 한다.

　우리가 측정하는 기본 입자의 질량은 이렇게 체중 조절(양자 역학적 보정)이 된 값이다. 그런데 힉스 이외의 기본 입자는 얼마나 체중 조절(다이어트 혹은 과식)을 했는지 계산을 해 보면 원래의 값과 큰 차이를 보이지는 않는다. 보통 권투 선수나 마찬가지인 셈이다. 그런데 유독 힉스 입자의 질량에 대한 양자 역학적 보정값을 계산하면 통제 불능 상태로 걷잡을 수 없이 커진다. 반면 과학자들은 여러 가지 근거를 들어 힉스의 질량이 양성자 질량의 수백 배 정도에 불과할 것으로 추정한다. 이것을 설명하는 가능한 해석은 원래의 힉스의 질량이 처음 부터 커서 아주 크게 나오는 양자 역학적 보정값을 상쇄한다는 것이다.

　이 설명을 권투 선수의 비유에 적용하자면, 힉스는 천문학적인 체중을 가지고 있는데 엄청난 다이어트(양자보정)를 해서 체중을 재면 항상 미들급 정도가 된다는 것이다. 대단한 권투 선수가 아닐 수 없다. 이 시나리오가 옳다면 우리는 천문학적으로 큰 숫자를 더하고 빼서 매우 작은 숫자를 남겨야만 한다. 그렇게 요구되는 정확도는 무려 $\frac{1}{10^{32}}$ 에 이른다. 이것은 「1박 2일」의 여섯 명이 100만 원씩 쓰고 남은 잔액이 모두 일치할 확률보다 100배나 낮다. 과학자들은 이 문제를 '미세 조정(fine tuning)의 문제'라고 부른다. 표준 모형이 맞다면 자연은 힉스 입자의 질량을 안정시키기 위해 $\frac{1}{10^{32}}$ 의 초정밀도로 미세 조정되어 있는 상태다.

과연 이런 고난도의 미세 조정이 실제로 자연에서 일어나고 있는 것일까? 많은 과학자들이 이에 대해 불편하게 여기고 있다. 미세 조정의 문제는 표준 모형의 가장 큰 난제 중 하나다.

중력을 설명 못하는 표준 모형

그러나 표준 모형은 또 다른 문제들도 안고 있다. 먼저 표준 모형은 중력을 설명하지 못한다. 표준 모형은 강력과 약력과 전자기력에 대한 양자 역학적인 이론이다. 표준 모형에는 중력과 관련된 요소가 하나도 없다. 아직까지 중력은 아인슈타인의 일반 상대성 이론으로 설명하고 있으나 양자 역학과는 궁합이 잘 맞지 않는다. 보통의 경우 중력은 다른 세 가지 힘보다 무척이나 약하다. 그래서 보통은 기본 입자들이 반응할 때 그 기본 입자들 간의 중력에 대해서는 별로 고려할 필요가 없다. 그러나 만일 기본 입자들이 주고받는 에너지가 굉장히 커지면, 중력도 다른 힘들만큼 중요해진다. 그 경계를 '플랑크 에너지'라고 부르는데, 양성자 질량의 10^{19}배 정도 된다. 에너지의 단위로 질량을 사용하는 것은 질량과 에너지가 $E=mc^2$이라는 유명한 공식으로 환산할 수 있기 때문이다. 따라서 플랑크 에너지 근방에서 표준 모형은 더 이상 믿을 만한 이론이 못 된다. 이 영역에서는 새로운 '양자 중력 이론'이 필요하다. 초끈 이론(superstring theory)이 각광받는 이유는 그것이 현재로서는 가장 유력한 양자 중력 이론이기 때문이다.

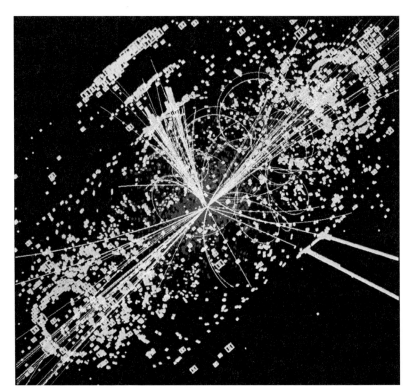

힉스 입자의 발견을 모의 실험한 데이터 영상.

표준 모형의 체급 문제

중력을 잠시 모른 체하더라도 표준 모형은 여전히 많은 문제를 가지고 있다. 특히 기본 입자들의 질량과 관련해서는 아는 것이 거의 없다. 단지 힉스 입자로 인해 게이지 대칭성이 자발적으로 깨지면 기본 입자들이 질량을 가질 것이라고 짐작할 뿐, 구체적으로 어떻게 대칭성이 깨지는지 알 수가 없다. 또한 표준 모형이 설명하는 기본 입자들의 질량은 그야말로 천차만별이다.

표준 모형에서 중성미자나 톱 쿼크나 모두 기본 입자의 지위를 가지고 있다. 그런데 중성미자의 질량은 전자에 비해서 50만 배 이하인 것은 분명하고, 질량이 0이냐 아니냐가 논란일 정도로 극히 미미할 것으로 추정된다. 반면에 톱 쿼크의 질량은 전자와 비교하면 30만 배가 넘는다. 어떻게 하나의 이론에서 더 이상 쪼갤 수 없는 기본 입자라고 설명하는 입자들 간의 질량이 이렇게 차이가 날 수가 있을까? 중성미자가 100억 개 있어도 톱 쿼크보다 가볍다니, 뭔가 이상하지 않은가? 그리고 표준 모형에는 우리가 임의로 정해 줘야 하는 자유 인자가 19개 있다. 쿼크나 전자 등 각 기본 입자들의 질량도 여기에 속한다.

보는 입장에 따라서는 이 개수는 많을 수도, 적을 수도 있다. 그러나 만일 신이 있다면, 신이 우주를 만들 때 자신이 임의로 정해 줘야 하는 것들이 10개를 훨씬 넘게 설계하지는 않았을 것이라고 여기는 과학자들이 많다.

말 그대로 정체 불명이 암흑 물질의 존재

또한 표준 모형은 암흑 물질을 설명하지 못한다. 우주에 있는 모든 물질과 에너지는 역시 $E=mc^2$에 따라 모두 에너지로 환산할 수 있다. 암흑 물질은 이렇게 모든 물질과 에너지를 에너지로 환산했을 때 우주의 전체 에너지를 구성하는 중요 요소로서 전체의 약 22퍼센트를 차지하는 것으로 관측되었다. 암흑 물질은 말 그대로 전자기적인 상호 작용을 하지 않아서 빛을 내보내지 않기 때문에 어둡다.

암흑 물질이 우주에 존재한다는 것은 여러 가지 실험적인 증거들로부터 거의 확실하며, 그것이 '물질(matter)'의 일종이라는 것도 알고 있다. 그러나 그 정체는 아직도 오리무중이다. 우주에는 우리가 정체를 아는 물질이 우주 전체 에너지의 4퍼센트밖에 없다. 불행히도 표준 모형에는 암흑 물질이 될 만한 후보가 하나도 없다! 한때 중성미자가 유력한 후보였으나 곧 배제되었다. 강원도 양양의 지하에서 서울대 김선기 교수가 이끄는 KIMS(Korean Invisible Mass Search) 연구팀이 암흑 물질의 정체를 추적하는 실험을 진행 중이다. KIMS는 한때 전기료 450만 원이 없어 실험 중단 위기를 겪기도 했다.

표준 모형이 암흑 물질을 설명하지 못한다는 점이 최근에는 표준 모형의 큰 약점 중 하나로 부각되고 있다. 그래서 표준 모형을 넘어서는 새로운 이론 체계를 만들 때 암흑 물질의 후보를 포함하고 있는 이론은 좋은 이론으로 평가된다. 사실 표준 모형을 조금만 확장하면 암흑 물질의 후보를 얻기가 아주 어렵지는 않다.

표준 모형은 최종 이론을 위한 디딤돌

이런 이유들 때문에 표준 모형은 자연을 설명하는 궁극의 이론, 혹은 최종 이론은 결코 아닐 것이라고 모두들 믿고 있다. 표준 모형은 양성자 질량의 약 1,000배 정도 되는 에너지 수준까지는 잘 맞는 이론이지만 그 이상의 에너지에서는 새로운 물리학의 패러다임이 필요할지도 모른다. 유럽의 대형 강입자 충돌기(LHC)는 바로 이 가능성을 직접 타진할 수 있는 설비이다. 표준 모형이 궁극적인 이론은 아니지만, 우리가 앞으로 한 발 나아가는 데에 큰 디딤돌이 되는 것은 분명하다. 특히 힉스 입자의 질량에 대한 미세 조정의 문제는 지난 수십 년 동안 표준 모형을 넘어선 새로운 물리학을 추구하는 데에 강력한 원동력이 되었다. 그중에서 가장 대표적인 이론이 바로 '초대칭(supersymmetry) 이론'이다.

갱년기 대책, 호르몬 대체 요법

여성은 평균적으로 51.5세가 되면 폐경(menopause)에 이른다. 폐경이란 매달 하던 생리를 더 이상 하지 않는다는 뜻이고, 이 말은 곧 난소에서 더 이상 에스트로겐(estrogen, 난포 호르몬)이 만들어지지 않는다는 이야기이기도 하다. 아주 오래전만 해도 대부분의 여성들은 폐경에 도달할 때까지 살지 못했다. 하지만 평균 수명이 75~80세가 된 지금, 많은 나라의 여성들은 인생

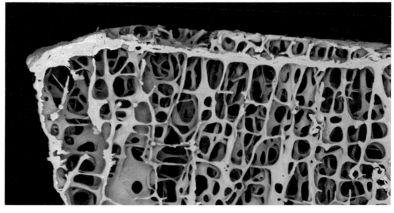

골다공증에 걸린 뼈.

의 30퍼센트가량을 폐경 상태에서, 극히 미량의 에스트로겐만을 가지고 지내야 하게 됐다. 폐경 상태를 '폐경기'라고도 하고 '갱년기'라고도 한다.

여성 인생의 30퍼센트가 갱년기

에스트로겐이 없어지면 어떻게 될까? 2차 성징을 발현시키고 생리를 유발하는 것 이외에도 에스트로겐은 여러 가지 역할을 한다. 근육의 양을 줄이고 지방을 연소시키며, 자궁내막의 성장을 촉진하고 혈액 응고에도 관여한다. 최근에는 에스트로겐이 여성의 정신 건강에 지대한 영향을 미친다는 사실이 밝혀지기도 했다.

폐경이 되어 에스트로겐이 없어지면 많은 여성들이 안면 홍조증을 비롯해서 식은땀, 불면, 심계 항진, 우울증, 식욕 감퇴, 손과 발에 바늘로 찌르는 느낌 등의 증상에 시달린다. 또한 에스트로겐은 뼈의 흡수를 막아 주는 역할을 하는지라, 골다공증의 위험성이 증가한다. 에스트로겐 대체 요법을 시행하는 건 바로 이런 이유에서다.

효과적인 에스트로겐 호르몬 대체 요법

폐경 이후 여성들이 겪는 증상은 에스트로겐을 투여해 주면 거의 대부분 없어진다. 골밀도 감소를 막아 줘 골절의 위험으로부터 보호해 주는 것도 호르몬 대체 요법으로 인한 커다란 이익이다. 심지어 대장암도 감소시킨다니, 정말 유익한 치료가 아닐 수 없다. 물론 이에 대한 반론도 꾸준히 제기되고 있다. 폐경은 자연적인 노화 현상이지 치료를 받아야 하는 질병이 아니라는 게 그 하나고, 두 번째는 미국 국립 보건원(NIH)이 지적했듯이 호르몬 대체 요법이 심혈관계 질환과 유방암의 확률을 증가시킨다는 것이다.

첫 번째 주장에 대해서는 노화가 자연스러운 현상이라 해도 그 불편함을 감수할 필요가 있겠느냐는 반론이 가능할 듯한데, 문제는 두 번째다. 과연 호르몬 대체 요법이 심혈관계 질환과 유방암을 증가시킬까? 유방암에 대해

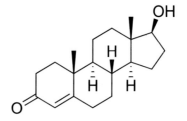

테스토스테론의 분자식.

서는 증가시킨다는 문헌들이 더 많다. 에스트로겐만 쓰면 자궁내막암의 위험이 있는지라 대부분의 대체 요법이 프로게스틴(progestin)이라는 호르몬을 같이 투여해 자궁내막의 증식을 억제하는데, 이 경우 유방암의 확률이 증가된다고 한다. 어느 정도일까? 한 논문에 따르면 50~64세 여성을 놓고 봤을 때 2년 이상 호르몬 대체 요법을 쓰면 3배가량 유방암이 증가했다고 한다.

즉 대체 요법을 쓰지 않은 집단에서는 1,000명당 3명이 유방암에 걸린 데 반해 대체 요법을 쓴 집단에서는 약 1,000명당 9명이 유방암에 걸렸다. 그럼 심혈관계 질환은? 여기에 대해서는 상반되는 결과가 많아 섣불리 단정하기 어렵지만, 최근에는 대체 요법이 정맥의 혈전을 더 생기게 함으로써 뇌졸중의 확률을 약간이나마 증가시킨다는 쪽이 우세하다. 그러니 안면 홍조증 등 폐경으로 인한 증상이 있을 경우 제한적으로 호르몬 대체 요법을 시행하라는 게 미국 국립 보건원의 권고다.

남성에게도 폐경기가 있을까?

그렇기는 해도 폐경 여성에서는 호르몬 대체 요법이 널리 이용되고 있다. 그럼 남성은 어떨까? 여성에서 에스트로겐이 중요한 호르몬이듯, 남성에서 결정적인 역할을 하는 호르몬은 바로 고환에서 만드는 테스토스테론이다. 태아 때 남성이 되도록 하고, 사춘기에서 2차 성징을 유도하며, 정자를 만들고 성욕을 유발하는 건 다 이 호르몬이 하는 일이다. 다들 짐작하다시피 남성은 폐경처럼 호르몬 분비가 갑자기 중단되는 일은 없다. 혈중 테스토스테론 농도는 40대 이후부터 1년에 평균 1.2퍼센트씩 감소할 뿐이다. 그렇다면 이 호르몬의 감소는 어떤 결과를 가져올까?

1939년 베르너라는 사람은 50대 남성에서 신경 과민, 우울증, 기억력 감퇴, 쉽게 피로해짐, 불면증, 성욕 감퇴 등의 증상이 나타난다고 주장하며 이를 '남성 갱년기(male climacterium)'라고 명명했다. 하지만 이러한 증상은 일부 남성에서만 일어나므로 잘못 붙여진 용어라는 게 입증되었다.

또한 여성의 폐경기에 해당하는 용어인 '남성 폐경(male menopause)'이란 용어도, 남성의 경우에는 생식 능력의 소멸이 없으며, 남성 호르몬의 감소도 개개인에 따라 다르므로 적합한 용어는 아니었다. 더 중요한 것이 남성 갱년기 증상과 혈중 테스토스테론 농도가 비례하지 않는다는 사실이었다. 다시 말해서 위에서 언급된 갱년기 증상들은 테스토스테론의 감소에 따른 게 아니란 말이다.

남성을 위한 테스토스테론 대체 요법의 효과는 입증되지 않아

그러니 나이든 남성에서 테스토스테론 대체 요법을 시행해야 하는지 헷갈

테스토스테론의 결정.

릴 수밖에 없다. 그동안 테스토스테론 투여는 성 호르몬 분비를 조절하는 뇌하수체의 기능이 떨어져 있거나 태어날 때 X 염색체를 하나 더 가지고 있는, 소위 클라인펠터 증후군(Klinefelter syndrome) 환자들에게만 제한적으로 이루어졌는데, 후자의 경우에는 테스토스테론 생성이 충분치 않았기 때문이다. 하지만 미국의 경우를 보면 나이든 사람들에게 테스토스테론 대체 요법을 처방하는 건수는 점점 늘어나고 있다고 하니, 우리나라도 그런 추세로 갈 것 같다. 과연 테스토스테론은 필요한 것일까?

세계적인 병원인 메이요 클리닉(Mayo Clinic)에서는 이에 대한 연구를 시행했다. 연구자들은 60세 이상의 테스토스테론 수치가 낮은 남자 57명을 구해 테스토스테론 혹은 테스토스테론 제제를 2년간 투여했고, 31명에게는 가짜약(플라세보)을 줬다. 호르몬의 효과는 근육량과 산소 요구량, 체지방 지수 등 신체적 능력, 인슐린에 대한 혈당 강하 정도, 삶의 질 등을 가지고 판단했는데, 결과는 다음과 같았다. "호르몬을 투여한 집단에서는 혈중 호르몬 농도가 분명히 상승했지만, 신체적 능력, 인슐린 반응성, 삶의 질 등에서 그다지 이득을 주지 못했다." 이 결과는 《뉴잉글랜드 의학 저널(New England Journal of Medicine)》에 실렸는데, 이 저널은 전 세계 의학 학술지 중 인용 빈도가 가장 높아 그 권위를 인정받고 있다. 우리나라 비뇨기과 의사들이 쓴 『남성과학』이란 책에도 비슷한 말이 있다. "이 호르몬(테스토스테론 제제)은 다양한 노화 억제 효과가 있는 것으로 알려져 있어 회춘 호르몬으로까지 인식되고 있으나 이를 입증할 만한 구체적인 증거는 빈약하다."

남성의 고민을 해결할 새로운 호르몬 요법을 기다린다

물론 테스토스테론 대체 요법으로 효과를 봤다는 문헌도 많이 있다. 하지만 나이든 남성의 고민을 단번에 해결해 줄 약제가 나오려면 연구가 더 필요한 것 같다. 50세가 몇 년 남지 않은 나는 이런 생각을 한다. "앞으로 7년 안에는 되겠지!"

작은 수를 읽는 법

일상 생활에서는 정수, 실제로는 자연수만 사용해도 거의 불편 없이 지낼 수 있다. 그렇지만 정밀한 측정을 위해 1분을 60초로 나누고 1초도 또다시 나누듯이, 길이와 무게 등의 작은 단위도 더 세분할 필요가 있다. 분수와 소수는 이렇게 작은 양을 나타내기 위한 수 표기법이다. 작은 수로 표현되는 양은 실생활과 자연에서 쉽게 찾아볼 수 있는데, 다음은 그 예다.

$$\text{식품 포장용 랩의 두께}: 0.000025\text{m} = 2.5 \times \frac{1}{10^5}\text{ m} = 2.5 \times 10^{-5}\text{m}$$

$$\text{전자의 전하량}: \text{약 } 0.00000000000000000016\text{쿨롬} = 1.6 \times \frac{1}{10^{19}}\text{ 쿨롬}$$

$$= 1.6 \times 10^{-19}\text{쿨롬}$$

1보다 작은 수는 어떻게 읽는가?

현재 소수 123.456은 '일백이십삼점사오육'과 같이 소수점 이하는 수사(數詞, 수의 이름)를 붙이지 않고 숫자만 읽고 있다. 그런데 이렇게 소수를 읽게 된 것은 자릿값이 있는 인도·아라비아 수 체계의 효율적인 기수법에 따라 소수를 나타내는 방법이 발견된 뒤인데, 소수는 서양에서 16세기 후반에야 등장했다. 그 전이나 다른 문명권에서는 작은 수를 나타내는 나름대로의 방법이 있어야 했다. 우선, 일, 십, 백, 천, 만 등과 같이 큰 수를 위한 수사가 있듯이 작은 수를 위한 수사가 필요하다. 영어권에서는 tenth(0.1), hundredth(0.01), thousandth(0.001), millionth(0.000001) 등과 같이 큰 수의 수사에 'th'를 붙여 작은 수를 나타내는 데 만족했으며, 작은 수를 위한 별도의 수사는 만들지 않았다.

작은 수에도 이름을 붙인 동양의 수학

그렇지만 동아시아의 선조는 큰 수뿐만 아니라 작은 수의 이름을 만드는 데도 부지런했다. 동아시아의 전통 수학인 산학에서는 1 미만의 수를 '소수(小數)'라 한다. 소수(素數, prime number)와는 다른 개념이니, 헷갈리지 말길 바란다. 소수의 수사를 작아지는 순서로 나열하면 다음과 같다.

분　리　호　사　홀　미　섬　사　진　애　묘　막　모호　준순　수유
(分)　(釐)　(毫)　(絲)　(忽)　(微)　(纖)　(沙)　(塵)　(埃)　(渺)　(漠)　(模糊)　(逡巡)　(須臾)
순식　탄지　찰나　육덕　허공　청정
(瞬息)　(彈指)　(刹那)　(六德)　(虛空)　(清淨)

수유(須臾)부터는 불교와 인도의 영향을 받은 수사인데, 순식(瞬息)은 '눈 깜빡할 사이', 탄지(彈指)는 '손가락을 튀길 동안'을 뜻한다. 소수는 통상 사(沙)까지만 주로 사용되었고, 그 미만의 수사는 거의 사용되지 않았다. 이에 따라 진(塵) 이하의 수사는 세월이 지남에 나타내는 값이 바뀌고, 수사 자체가 바뀌기도 했다.

우리나라에서 19세기 중엽까지 분(分)은 0.1이고 리(釐)는 0.01이며 이와 같이 10분의 1씩 줄어들어 사는 0.00000001이고, 그 뒤부터는 1억분의 1씩

줄어들어 진은 10^{-16}, 애(埃)는 10^{-24}, ……, 정(淨)은 10^{-128}이었다. 그러나 19세기 말부터는 사 이하도 10분의 1씩 줄어들어 진은 10^{-9}, 애는 10^{-10}, …, 육덕(六德)은 10^{-19}이며, 허(虛)와 공(空)이 합쳐진 허공(虛空)은 10^{-20}, 청(清)과 정(淨)이 합쳐진 청정(清淨)은 10^{-21}을 나타내고 있다.

실력을 십분 발휘하면 이길 확률이 다분하다?

여기서 0.1의 수사인 분(分)은 '푼'으로 읽기도 했는데, 우리의 일상 언어에도 깊이 남아 있다. 예를 들면, "실력을 십분 발휘하다."에서 '십분(十分)'은 '충분히'를 뜻하는데, 실제로 십분(十分)은 '열로 나눈 것 중 열'이므로 비율로 나타내면 100퍼센트이다. '거의'를 뜻하는 '팔구분(八九分)'은 말 그대로 '열로 나눈 것 중 여덟이나 아홉'을 나타낸다. '꽤 많다.'를 뜻하는 '다분(多分)하다.'가 있고, '팔푼이'와 '칠푼이'의 뜻도 수량적으로 쉽게 설명할 수 있다.

앞에서 나열한 수사를 이용해서, 예를 들어 소수 '0.56789'는 '오분육리칠호팔사구홀'로 읽고, 전자의 전하량은 다음과 같이 읽을 수 있다.

19세기 중엽 이전: 1.6×10^{-19}쿨롬 $= 16 \times 10000 \times 10^{-24} = 16$만애 쿨롬

19세기 중엽 이후: 1.6×10^{-19}쿨롬 $= 1 \times 10^{-19} + 6 \times 10^{-20} = 1$육덕6허공쿨롬

19세기 후반 이후 개화기의 우리나라 교과서들은 소수를 읽을 때 예외 없이 수사를 사용했는데, 이를테면 "0.345는 '기령(또는 콤마)삼분사리오호'라 읽는다."라고 명시하고 있다. 그 뒤 일제 강점기를 거치면서, 세계적 추세에 따라 간단한 소수에 대해서는 소수점 이하는 수사를 붙이지 않고 그냥 숫자만 읽고 있다.

작은 수의 이름은 도량형 단위로도 사용되었다.

산학에서 도량형의 작은 단위명은 소수의 수사를 그대로 이용했는데, 기초

적인 단위의 $\frac{1}{10}, \frac{1}{100}, \cdots$에 해당하는 단위를 차례로 푼(分), 리(釐), ……로 나타냈다. 길이의 단위에서는 치(寸) 미만을 소수로 나타냈는데, 길이의 단위 사이에는 다음 관계가 성립한다. 참고로 1자(尺)는 현재는 약 30.3센티미터이다. 그러나 예전에는 23~24센티미터였다고 알려져 있다.

장(丈)	자(尺)	치(寸)	푼(分)	리(釐)	호(毫)	사(絲)	홀(忽)
1장 =	10자 =	10^2치 =	10^3푼 =	10^4리 =	10^5호 =	10^6사 =	10^7홀
		1치 =	10푼 =	10^2리 =	10^3호 =	10^4사 =	10^5홀

이런 단위명이 사용된 예로, "원의 지름이 1장이면 둘레는 약 3장 1자 4치 1푼 5리 9호 2사 7홀이다."라는 산학의 기록이 있다. 넓이의 단위에서는 무(畝) 미만을 소수로 나타냈는데, 넓이의 단위 사이에는 다음 관계가 성립한다. (넓이의 단위 畝를 '묘'로 읽기도 한다). 1무(畝)는 6000제곱자(尺)로 약 166.7평에 해당한다.

경(境)	무(畝)	푼(分)	리(釐)	호(毫)	사(絲)	홀(忽)
1경 =	10^2무 =	10^3푼 =	10^4리 =	10^5호 =	10^6사 =	10^7홀
1무 =	10푼 =	10^2리 =	10^3호 =	10^4사 =	10^5홀	

금, 은 등의 무게를 나타낼 때는 단위 전(錢) 미만을 소수 푼, 리, 호 등으로 다음과 같이 나타냈다. 참고로 1전(錢)은 현재의 1돈과 같다.

냥(兩)	전(錢)	푼(分)	리(釐)	호(毫)
1냥 =	10전 =	10^2푼 =	10^3리 =	10^4호
	1전 =	10푼 =	10^2리 =	10^3호

야구의 할푼리는 어디서 나온 말?

위에서 소수의 이름은 '분리호사……'라고 했는데, '할푼리'와의 관계는 무엇인가? 현 초등학교 교과서에도 분명히 서술하고 있듯이, '할푼리'는 수가 아니라 야구에서의 타율과 같은 비율을 나타낼 때 사용한다.

할푼리는 일본의 고유한 비율의 단위로 개화기에 우리나라로 전래되었다고 한다. 일본에서는 리(釐)를 약해서 리(厘), 모(毫)를 약해서 모(毛)를 나타냈다. 그리고 비율을 나타내는 $\frac{1}{10}$ 은 할(割), $\frac{1}{100}$ 은 푼(分), $\frac{1}{1000}$ 은 리(厘), 은 모(毛), $\frac{1}{10000}$ 은 사(絲), $\frac{1}{100000}$ 은 $\frac{1}{1000000}$ 홀(忽) 등과 같이 소수의 수사가 할푼리에서는 10분의 1씩 작은 값을 나타낸다. 소수는 1을 기준으로 했지만, 할푼리에서는 할을 기준으로 할의 $\frac{1}{10}$ 을 푼, 푼의 $\frac{1}{10}$ 을 리, ……와 같이 정하기 때문이다.

이에 따라 소수가 수를 나타낼 때와 비율을 나타낼 때를 엄밀하게 구분하려면, 그것을 읽는 방법이 달라야 한다. 예를 들어 '1의 $\frac{1}{8}$ 은 $\frac{1}{8}$ 이다.'는 소수를 이용해서 '1의 0.125는 0.125이다.'와 같이 나타낼 수 있는데, 가운데 0.125는 비율을 나타내고 마지막 0.125는 수를 나타낸다. 그러므로 이는 '1의 1할 2푼 5리는 1분 2리 5호이다.'와 같이 읽어야 한다. 할푼리와 함께 일본에서 유래한 수사의 예가 있다. 우리와 중국 문헌에는 가장 큰 수의 이름이 일관되게 무량수(無量數)로 기록되어 있는데, 일본에서는 이를 무량대수(無量大數)라 한다. 또 10^{-25} 을 나타내는 허공(虛空)을 일본에서는 공허(空虛)라 한다.

프랙털이 분수의 차원을 가지고 있다는 생각은 오해

프랙털(fractal)에 대해서는 앞으로 자세하게 설명할 기회가 있을 것이다. 여기서는 프랙털의 차원이 '분수'라고 설명한 책이 있어서 이에 대해서만 언급하겠다. 이는 'fractional dimension'을 번역할 때, 'fraction'을 분수로 해석했기 때문으로 보인다. 그런데 보통 프랙털의 차원은 무리수이다. 아래

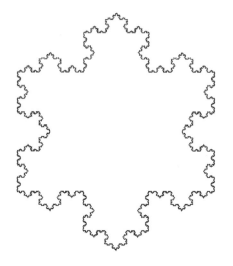

코흐 곡선의 차원

$$D = \frac{\log 4}{\log 3} \fallingdotseq 1.2618$$

시에르핀스키 스펀지
(Sierpinski sponge) 또는
멩거 스펀지(Menger Sponge)
의 차원

$$D = \frac{\log 20}{\log 3} \fallingdotseq 2.7268$$

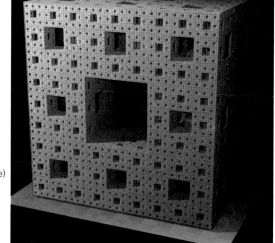

그림의 그림을 참고하기 바란다.

역사적으로 영어권에서 fraction은 '정수가 아닌 수'를 일컫는 데 사용했다. 정수가 아닌 수 중에서 분수는 common(또는 vulgar) fraction, 소수는 decimal fraction으로 구분해서 나타낸다. fraction은 통상 분수를 뜻하지만 분명히 소수도 나타낸다. 이런 fraction에 대응하는 우리의 수학 용어가 없다. '정수가 아닌 수'보다는 좀 더 뜻 깊고 간단한 용어가 있으면 좋겠다. 그리고 현재 소수점이 있는 수를 지칭하는 소수라는 용어도 적절해 보이지 않는다. 3.14도 소수이고 100000.2도 소수이다. 작음을 뜻하는 '소(小)'와 어울리지 않는다. 산학의 소수가 진짜 소수이다. 게다가 약수가 2개인 2 이상의 자연수를 뜻하는 소수(素數)라는 용어와 혼동된다. 소수(素數)를 '솟수'로 나타내어 구별하는 것보다('소인수(素因數)'와 '서로 소(素)'라는 용어도 있으므로) 차라리 부적절한 용어인 소수(小數)를 바꾸는 것이 좋겠다. 네티즌의 지혜로 훌륭한 수학 용어가 탄생하기를 기대한다.

아인슈타인의 특수 상대성 이론

갈릴레오 갈릴레이(1564~1642년)는 1632년에 『두 체계에 관한 대화』라는 책을 출판했다. 코페르니쿠스의 태양 중심 천문 체계와 프톨레마이오스의 지구 중심 천문 체계를 비교한 이 책에서 갈릴레이는 밖을 볼 수 없는 갑판 아래의 방에서는 어떤 실험을 하더라도 배가 움직이고 있는지 서 있는지를 알아낼 수 없다고 설명했다. 그것은 서 있는 상태와 같은 속도로 달리는 상태는 물리적으로 동등하다는 것을 뜻한다. 다시 말해 우주 공간에 나만 남고 모든 것이 사라져 버린다면 내가 서 있는지 달리고 있는지 알 수 있는 방법이 없다는 뜻이다. 서 있다거나 달린다는 것은 상대방과의 거리가 어떻게 변하는지를 나타내는 상대적인 개념일 뿐이기 때문이다.

갈릴레오 갈릴레이.

갈릴레오의 상대성 이론: 내가 등속도로 움직이는지 서 있는지 알 수 없다

물리 법칙은 물리량 사이의 관계를 나타낸다. 따라서 물리 법칙이 있기 위해서는 물리량이 있어야 한다. 물리량은 측정된 양이다. 물리학이 수학과 다른 것은 수학은 정의된 양 사이의 관계를 다루고 물리량은 측정된 양(측정 가능한 양)들 사이의 관계를 다룬다는 것이다. 따라서 어떤 양이 물리량이 되기 위해서는 객관적인 측정 방법이 제시된 양이어야 한다. 두 가지 다른 상태가 물리적으로 동등하다는 것은 두 상태에서 측정한 물리량들 사이의 관계를 나타내는 물리 법칙이 같다는 뜻이다. 따라서 물리량들 사이의 관계를 알아보는 어떤 실험을 해도 정지해 있는지 달리고 있는지를 알 수 없다.

이런 원리를 우리는 상대성 원리라고 한다. 빠르게 달리고 있는 지구 위에서 우리가 편안하게 살아갈 수 있는 것은 상대성 원리 때문이다. 이러한 상대성 원리를 바탕으로 뉴턴 역학의 기본이 되는 갈릴레이의 상대성 이론이 성립되었다. 갈릴레이의 상대성 이론에서는 정지해 있으면서 측정한 물리 법칙과 달리면서 측정한 물리 법칙이 같을 뿐만 아니라 물리량도 같아야 한다고 했다. 갈릴레이 상대론에 의하면 측정하는 사람의 상태에 따라 달라지는 양은 속도뿐이어야 한다. 달리고 있는 자동차에서 측정한 기차의 속도와 서 있는 사람이 측정한 기차의 속도가 다르다는 것은 우리 모두가 경험을 통해 잘 알고 있는 사실이다. 속도가 측정하는 사람의 상태에 따라 달라지는 것은 속도는 상대방과의 거리의 변화를 나타내는 양이기 때문이다. 갈릴레이의 상대성 이론은 우리가 일상 경험을 통해 알고 있는 사실을 물리학적으로 표현한 것이라고 할 수 있다.

빛의 속도는 항상 같다는 섬광 같은 깨달음

독일에서 태어나 독일에서 고등학교를 다니고 있던 알베르트 아인슈타인 (1879~1955년)은 고등학교를 중퇴하고 사업을 위해 이탈리아로 이사해 살고 있던 부모님을 찾아갔다. 부모님들은 아인슈타인을 설득해 스위스의 취리

아인슈타인과 그의 첫 아내였던 밀레바 마리치의 1905년경 사진.

히 연방 공과 대학에 진학하도록 했다. 아인슈타인은 수학이나 물리학에서 뛰어난 재능을 보이기도 했지만 모범적인 학생은 아니었다. 후에 아인슈타인의 상대성 이론을 수학적으로 완성하는 데 중요한 역할을 했던 헤르만 민코프스키 교수는 그에게 게으른 강아지라는 별명을 붙여 주었다. 교수들에게 인정받지 못했던 아인슈타인은 대학원 진학에 필요한 추천서를 받지 못해 대학원에 진학하지 못하고 베른에 있는 특허 사무소에 취직했다.

아인슈타인이 학교를 다니는 동안에 미국의 앨버트 마이컬슨(1852~1931년)과 에드워드 윌리엄스 몰리(1838~1923년)는 정밀한 측정을 통해 빛의 속도가 지구의 공전 속도의 영향을 받지 않고 항상 일정한 값을 가진다는 것을 밝혀냈다. 아인슈타인이 특수 상대성 이론을 완성하기 전에 마이컬슨과 몰리의 실험 결과를 알고 있었는지에 대해서는 확실하지 않다. 아인슈타인이 자신이 이에 대해 조금씩 다른 이야기를 했기 때문이다.

갈릴레이 상대론에 의하면 관측자의 상태에 관계없이 속도를 제외한 모든 물리량은 같은 값으로 측정되어야 하고 이들 사이의 관계를 나타내는 물리 법칙도 같아야 한다. 그러나 빛의 속도가 모든 관측자에게 같게 관측된다는 것은 이러한 갈릴레이의 상대성 이론이 옳지 않다는 것을 뜻한다. 그것은 200년 동안 가장 완전한 물리 법칙으로 생각해 온 뉴턴 역학이 틀렸다는 것을 뜻하는 것이었다.

물리학자들은 이 문제를 해결하기 위해 여러 가지 아이디어를 제안했다. 그러나 어떤 제안도 모든 문제들을 한꺼번에 해결할 수는 없었다. 그들의 제안은 대부분 기존의 물리 체계 안에서 문제를 해결하려는 것들이었다. 그러나 특허 사무소에서 물리학계와는 거의 아무런 관계를 갖지 않은 채 생활하고 있던 아인슈타인은 기존의 물리 체계에 얽매일 필요가 없었다. 1905년 그는 모든 문제를 해결할 수 있는 획기적인 제안을 했다.

특수 상대성 이론: 광속 불변의 법칙 위에 세운 새로운 역학

그는 정지해 있는 상태나 같은 속도로 운동하는 관측자에게 같은 물리 법칙이 성립되어야 한다는 상대성 원리를 받아들였다. 그리고는 빛의 속도는 누구에게나 항상 같은 값으로 측정된다는 광속 불변의 원리를 받아들였다. 그리고 이 두 가지가 사실이기 위해서는 서로 다른 관성계에서 측정한 물리량이 달라야 한다고 제안했다. 그리고는 정지한 상태에 있는 관측자가 측정한 물리량을 일정한 속도로 달리고 있는 관측자가 측정한 물리량으로 환산하는 환산식을 제안했다. 이 식이 바로 로렌츠 변환식이다.

아래에 나타낸 로렌츠 변환식은 정지해 있는 관측자가 측정한 물리량을 v의 속도로 x 방향으로 달리는 관측자가 측정한 양으로 환산하는 식이다.

$$x' = \frac{x - vt}{\sqrt{1 - v^2/c^2}} \qquad y' = y \qquad z' = z \qquad t' = \frac{t - vx/c^2}{\sqrt{1 - v^2/c^2}}$$

그러니까 아인슈타인의 특수 상대성 이론은 한마디로 말해 모든 관성계에서 같은 물리 법칙이 성립하고 빛의 속도가 일정하기 위해서는 서로 다른 운동 상태에 있는 관측자가 측정한 물리량이 달라야 한다는 이론이라고 할 수 있다. 상대성 원리와 빛의 속도를 위해 물리량을 희생시킨 이론인 것이다. 빛의 속도와 물리량 모두를 지킬 수 없다는 것을 알게 되었을 때 아인슈타인은 과감하게 빛의 속도를 선택했던 것이다.

시간과 공간에 대한 낡은 관념을 버려라!

이렇게 보면 특수 상대성 이론은 참 간단한 이론 같아 보인다. 하지만 여기에는 우리가 받아들이기 어려운 여러 가지 사실이 포함되어 있다. 두 다른 상태에 있는 관측자에게 같은 물리 법칙이 성립하고 빛의 속도가 일정하도록 하기 위해 물리량을 변화시키다 보면 우리가 절대 변하지 않을 것이라고 생각했던 물리량도 변해야 한다. 관측자의 상태에 따라 길이가 다르게 측정된다는 것은 그래도 쉽게 받아들일 수 있다. 그러나 시간과 질량마저 다른 값으로 측정되어야 한다는 데 이르면 깜짝 놀라지 않을 수 없다. 그것은 우리가 가지고 있는 시간과 공간에 대한 기본적인 생각마저 바꾸지 않으면 상대성 이론을 받아들일 수가 없다는 것을 뜻한다.

오랫동안 과학자들은 시간은 우주에서 일어나는 사건들과는 관계없이 일정하게 흐르는 것이라고 생각했다. 다시 말해 시간의 흐름 속에서 우주가 생겨나고 진화하고, 생명체가 나타나는 사건들이 일어난다고 생각한 것이다. 그러나 이제 시간마저도 관측자의 상태에 따라 달라지는 상대적인 양이 되어 버린 것이다.

에너지가 질량이 되고, 질량이 에너지가 된다: $E=mc^2$

다른 상태에 있는 두 관측자에게 똑같이 운동량 보존 법칙이 성립하려면 질량도 관측자의 속도에 따라 달라지는 양이어야 한다. 속도가 빨라져서 빛의 속도에 다가가면 질량은 엄청나게 커진다. 정지해 있는 물체에 에너지를 가해 속도를 높이면 물체의 운동 에너지가 증가한다. 뉴턴 역학에서는 질량은 일정한 채 속도가 증가해 운동에너지가 증가한다고 설명했다.

그러나 특수 상대성 이론에 따르면 속도가 빨라지면 질량이 증가해야 한다. 따라서 물체에 가해 준 에너지의 일부는 속도를 빠르게 하는 데 사용되지만 일부는 질량을 증가시키는 데 사용된다. 다시 말해 에너지가 질량으로 변환될 수 있다는 것이다. 질량과 에너지 사이의 이런 관계를 나타내는 것이 우리가 잘 알고 있는 $E = mc^2$이라는 식이다.

특수 상대성 이론은 이제는 상식

상식으로 받아들이기 어려운 이런 내용 때문에 상대성 이론은 오랫동안 많은 사람들의 논쟁의 대상이 되었다. 그러나 현재 특수 상대성 이론은 여러 가지 장치를 설계하거나 실험을 할 때 없어서는 안 되는 중요한 이론이 되었다. 특히 빛의 속도와 비교할 수 있을 정도로 빠른 속도로 운동하는 입자들을 다루는 입자 가속기의 설계와 제작에는 특수 상대성 이론을 적용하지 않으면 안 된다. 1905년에 발표된 특수 상대성 이론은 기존의 역학 체계를 뒤흔드는 혁명적인 이론이었다. 그것은 시간과 공간에 대한 우리의 이해를 새롭게 한 사건이었다. 그러나 아인슈타인은 여기에서 만족하지 않았다. 등속도로 운동하는 관성계에만 적용되는 특수 상대성 이론을 완성시킨 아인슈타인은 곧 가속도를 가진 계에도 일반적으로 적용되는 일반 상대성 이론을 만들기 위한 새로운 여행을 시작했다.

뇌를 알고 가르치자

두뇌와 교육은 뗄 수 없는 깊은 관계가 있다. 교육이 학습에서 비롯되는 것이고 이러한 일을 담당하는 곳은 사람의 뇌이기 때문이다. 그러나 지금까지의 우리 교육 환경을 보면, 아이들의 뇌 발달의 이해를 바탕으로 효과적인 교육이 되고 있다고 보기는 어렵다. 뇌를 기반으로 한 교육이 이루어지지 않았다는 것이다.

아동의 두뇌 발달 과정을 이해해야 교육이 산다

많은 학부모들이 아기가 출생하기 전 뱃속에 있을 때부터 조기 교육에 열중하고 있다. 남보다 더 먼저 일찍, 더 많이 공부하면 공부를 더 잘해서 높은 점수를 받고 좋은 대학에 갈 수 있다는 잘못된 생각 때문이다. 즉 선행 교육, 양적 교육에 집중하고 있는데, 이런 강제적인 교육 방법은 좋지 않다.

우리 아이들의 뇌는 모든 뇌 부위가 다 성숙되어 회로가 치밀하게 잘 만들어진 어른의 뇌와 다르다. 아이들의 뇌의 시냅스 회로는 마치 가느다란 전선과 같다. 가느다란 전선에 과도한 전류를 흘려 보내면 과부하 때문에 불이 일어나게 되는 것처럼 시냅스 회로가 아직 가는데도 과도한 조기 교육을 시키게 되면 뇌에 불이 일어난다. 각종 신경 정신 질환이 발생할 수 있는 것이다.

특히, 아이는 '감정과 본능이 없는 인간'이 아니라 '감정과 본능이 가장 예민한 인간'이라는 사실을 알아야 한다. 감정과 본능을 억누르는 교육 방식으로는 청소년 비행 등 부작용을 낳을 수밖에 없다. 지성과 창조력은 정서와 감정과 밀접하게 연관되어 있다는 점을 이해해야 한다. 감정과 정서의 충족이 없는 편중 교육, 단시간에 효과를 내는 암기 교육, 아이의 특성이나 적성의 고려 없이 일률적인 인간을 만들어 내는 두뇌 평준화 교육은 결코 바람직하지 못하다. 우리는 아이들의 뇌가 발달하는 과정을 제대로 이해하고 진정으로 효과적인 교육 방법이 무엇인지 고민해야 한다.

뇌 발달의 일반 원칙

뇌 발달의 첫째 원칙은, 뇌는 적절 자극에 발달하나 과잉, 장기간 자극에 손상된다는 것이다. 뇌는 휴식과 수면이 필수이다.

뇌 발달의 둘째 원칙, 뇌는 끊임없이 창조된다. 죽은 신경 세포는 살릴 수 없으나 시냅스는 새로 만들어진다.

뇌 발달의 셋째 원칙, 뇌는 평생을 통해 발달할 수 있다.

뇌 발달의 넷째 원칙, 지성과 창의력은 정서(감정)와 밀접하게 연관되어 있다.

그리고 다섯째 원칙, 특정한 뇌 기능은 특정한 시기(기간)에 효율적으로 더 잘 습득된다.

마지막으로 여섯째 원칙, 환경 요인(스트레스와 풍족한 환경)은 뇌 발달과 기능(이성과 감정)에 중대한 영향을 미친다.

이 원칙들을 유념하면서 아이들의 교육 계획을 세워야 한다. 미래의 뇌과학은 교육에 지대한 영향을 미칠 것이다.

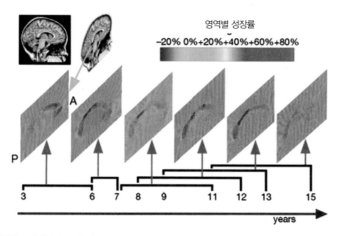

연령별 두뇌의 발달. 붉은 빛이 도는 부분이 발달하고 있는 곳이다. 유아 시절은 두뇌 앞부분이, 나이가 들수록 뒤 부분이 발달하는 것을 보여 준다.

성장기에는 앞쪽에서 뒤쪽으로

출생 시 태아의 뇌는 성인 뇌의 25퍼센트 정도인 350그램 정도밖에 되지 않는다. 이렇게 작은 뇌가 생후 3년 만에 1000그램 정도로 성장하며 이후 10세 정도까지 빠르게 자라다가 사춘기가 지나면서 성인 뇌 무게인 1300~1500그램에 도달하게 된다.

머리가 좋다, 나쁘다는 대뇌피질의 각 영역이 어떻게 얼마나 잘 발달했는가로 판별이 난다. 인간이 만물의 영장이라고 자부할 수 있는 것도 이 대뇌피질이 다른 포유류보다 훨씬 발달했기 때문이다. 대뇌피질은 꼬불꼬불한 고랑처럼 홈이 파여 있고, 표면에 굵직하게 나 있는 몇몇 홈을 기준으로 앞쪽은 전두엽, 뒤쪽은 후두엽, 양옆은 측두엽, 위쪽은 두정엽으로 영역을 구분한다. 전두엽은 가장 넓게 차지하고 있는 부위로 사고와 언어에 대한 일을 관장한다. 두정엽은 신체를 움직이는 일과 입체 공간적 인식 기능을 담당한다. 측두엽은 언어적 능력과 청각에 관련된 일을 한다. 후두엽은 눈으로 보고 느끼는 시각적인 정보를 담당한다.

두뇌는 20세 전후까지 서서히 발달하나, 좌우 뇌를 연결하는 뇌량(corpus callosum) 발달로 볼 때 앞의 전두엽부터 뒤의 후두엽 쪽으로 이동하면서 발달하는 경향이 있는 것으로 보고되고 있다.

연상 사고와 언어 기능의 연령별 성장률을 관찰한 그림에서 보면, 만3~6세의 아동은 앞쪽의 뇌량의 성장률이 60~80퍼센트에 달한다. 그러나 언어기능은 아직 완전히 발달하지 않았음을 확인할 수 있다. 만6~7세의 아동에서는 언어 기능을 담당하는 영역인 뇌량협부(callosal isthmus)에서 85퍼센트 이상의 가장 빠른 성장률을 보인다. 만7~11세의 아동에서도 80퍼센트 이상의 빠른 성장을 보이고 있다. 만 11~15세경의 아동에서도 20~25퍼센트의 성장률을 보이며, 여전히 측두엽 부위의 뇌 발달이 진행되고 있음을 보여주고 있다. 즉 언어 기능의 정확한 조율은 비교적 늦은 아동기(만6~15세)에서 일어나는 것으로 보인다.

영유아기(만 0~3세): 감성과 정서는 이때 결정된다

신경 세포의 회로는 만3세까지 일생을 통해서 가장 활발하게 발달한다. 또, 다른 시기와는 달리 고도의 정신 활동을 담당하는 대뇌피질을 이루는 부분, 즉 전두엽, 두정엽, 후두엽이 골고루 발달한다. 그러므로 이 시기에는 다양한 영역의 정보를 왕성하게 전달받을 수 있도록 하는 것이 두뇌 발달의 기초가 된다. 즉 어느 한 부분의 뇌가 발달하는 것이 아니라, 모든 뇌가 골고루 왕성하게 발달하므로, 한쪽으로 편중된 학습은 좋지 않다. 예를 들어서 독서만 많이 시킨다든지, 언어 교육을 무리하게 시킨다든지, 카드 학습을 지속적으로 시키는 등의 일방적이고 편중된 학습 방법은 큰 도움이 되지 않는다. 오감 학습을 통해 두뇌를 골고루 자극할 때 뇌 발달이 효과적으로 이루어진다.

잠깐 스치듯이 지나가는 정보는 신경 회로를 만들긴 하지만, 곧 없어지고 만다. 꾸준하고 지속적으로 정보를 주어야 신경 회로가 튼튼하고 치밀하게 자리를 잡는다. 특히 이 시기에는 감정의 뇌가 일생 중에 가장 빠르게 그리

영유아기에는 감성, 정서 발달이 중요하다.

고 예민하게 발달하기 때문에 사랑의 결핍은 후일 정신 및 정서 장애로 연
결되는 경향이 많다.

만 3~6세: 세 살 버릇 여든 간다. 인간성의 결정기

전두엽은 인간의 종합적인 사고와 창의력, 판단력, 주의 집중력, 감정의 뇌
를 조절하는 가장 중요한 부위일 뿐만 아니라 인간성, 도덕성, 종교성 등 최
고의 기능을 담당한다. 이 시기는 전두엽이 보다 빠른 속도로 발달한다. 따
라서 초등학교 1학년에 배우는 내용을 암기 위주로 선행 학습을 강요하는
것은 좋지 못하다. 새롭고 자유로운 창의적 지식, 한 가지의 정답보다 다양
한 가능성을 지닌 지식을 가르쳐 주는 것이 전두엽 발달에 긍정적 영향을
미친다. 또한 이 시기에 예절 교육과 인성 교육 등이 다양하게 이루어져야
성장한 후에도 예의 바르고 인간성 좋은 아이가 될 수 있다. "세 살 버릇이
여든 간다."라는 말이 과학적으로 맞는다는 사실이 입증되고 있다. 전두엽

발달은 성인이 된 후에도 계속 발달하기 때문에 나이가 들수록 다른 사람과의 관계 및 인간성이 계속 성숙되어 고상한 품격을 갖추게 된다.

만 6~12세: 언어 능력의 발달기. 책을 읽혀라

2~3세 시기에 세 단어 문장을 사용하기 시작하고 접미사, 조사 등 문법적인 형태소의 사용이 시작되며 언어는 사고, 인지 기능과 상호 작용하면서 같이, 그리고 서서히 발달한다. 창의적 상상의 발달이 4~5세 사이에 절정을 이룬다는 보고로 볼 때 모국어에 의한 활발한 사고의 발달이 이루어질 수 있도록 하는 것이 언어와 사고 발달에 도움이 된다.

측두엽은 언어 기능, 청각 기능을 담당하는 곳으로, 측두엽이 발달하는 시기에 외국어 교육을 비롯한 말하기·듣기·읽기·쓰기 교육이 효과적으로 이루어질 수 있다. 또한, 공간 입체적인 사고 기능, 즉 수학·물리학적 사고를 담당하는 두정엽도 이때 빨리 발달한다. 이 시기의 아이는 자신의 의사

초등학교 시절의 독서가 평생 국어 실력을 좌우한다.

표현을 제대로 할 수 있고, 논리적으로 따지기를 좋아하는 특성이 있는데, 이런 측면도 뇌 발달과 관계가 있다. 뇌 발달에 맞춰 본다면 언어 기능을 담당하는 측두엽이 이 시기에 가장 빠른 속도로 발달하므로 만 6세 이후에 본격적으로 한글 학습을 시키는 것이 효과적이다. 너무 빨리 한글 교육을 시키게 되면 초등학교에 들어와서는 이미 배운 내용을 학습하기 때문에 국어 교육에 재미를 느끼지 못하는 경우가 많다. 이 시기는 언어 기능의 뇌가 집중적으로 발달하기 때문에 조금만 자극을 주어도 쉽게 이해하고 재미있어 한다. 따라서 초등학교 시절에 세계 명작들을 재미있게 그러나 지루하지 않게 많이 읽고 접할 수 있도록 해 주는 것이 좋다. 이때의 경험과 실력이 평생 국어 실력을 좌우한다.

글로벌 시대를 맞아 영어 잘하는 것이 최고의 경쟁력으로 부각되면서 영어 조기 교육의 붐이 일고 있다. 부지런한 엄마는 아이가 뱃속에 있을 때부터 영어를 들려주면서 자극을 준다. 대부분 유치원에 들어가기 전부터 영어 교육을 시작하는 경우가 많은데, 뇌 발달에 맞춰 보면 별로 교육적인 효과가 크지 않다. 자연스러운 환경 속에서 이중 언어 환경이 잘 구비되어 있는 경우, 즉 집에서는 한국어를 쓰고 밖에서는 영어를 쓰는 외국에 사는 아이라면 2개의 언어를 동시에 쉽게 습득할 수 있다. 그러나 아직 시냅스 회로가 발달되어 있지 않고 이중 언어 환경이 잘 마련되어 있지 않을 때 2개 언어를 동시에 강제적으로 많이 주면 상호 경쟁하기 때문에 2개 언어 모두 효과적으로 잘 받아들일 수 없다. 모국어보다 외국어를 너무 강제로 가르치려 하면 모국어까지도 발달이 지연될 수 있다.

즉 한국에서 사는 아이는 학원이나 비디오 등으로 잠깐 영어를 배운 뒤에 대부분 생활 속에서는 한국어를 사용하기 때문에, 교육 효과가 기대만큼 크지 않다. 영어를 이해하고 말할 때 한국어로 번역해 이해하게 되고 한국어를 영어로 작문한 다음에 영어로 말하게 되기 때문에 그만큼 비효율적이다. 설사 아이가 잘 따라 한다고 해도 뇌에서 동기 유발을 해 주지 않기 때문에 별 재미가 없고, 그러다 보면 아이는 영어에 대한 스트레스가 쌓여 평생 영어를 싫어할 수도 있게 된다.

뇌 학자들은 너무 일찍 마구잡이로 시키는 것보다는 초등학교 입학 전후 시기부터 본격적으로 외국어 교육을 시키는 것이 더욱 효과적이라고 말한다. 언어는 단순한 단어의 연결이 아니라 사물을 이해하고 인식하는 인지 기능과 감정이 같이 들어가 있어야 참다운 언어가 만들어진다. 따라서 인지 기능과 감정이 같이 발달하는 시기에 언어 교육이 이루어져야 자연스러운 언어 습득이 이루어질 수 있다. 또 언어 교육을 시킬 때는 다양한 내용의 자극을 주면서 재미있게 학습하는 방법이 좋다. 똑같은 내용을 강제로 단순 반복 · 암기 교육을 시키면 뇌에 있는 일부의 회로만이 자극을 받아 발달한다. 따라서 특정 내용을 암기하는 당장의 효과는 있을지 몰라도, 편협하고 감정이 메마른 지식의 소유자로 성장할 수 있다.

만12세 이후: 후두엽의 발달. 외모에 대한 관심이 절정에 이른다!

이 시기에는 시각 기능이 발달해서 자신의 주위를 훑어보고 자신과 다른 사람의 차이를 선명하게 알게 되며 자신의 외모에 큰 관심을 갖게 된다. 보기에 화려하고 멋진 연예인이나 스포츠맨들에 빠져 열광하는 것도 시각 기능이 발달한 이 시기의 뇌 발달 특징과 관련이 깊다. 따라서 이 시기에 잘 나타나는 이런 특징들을 나무라고 못하게 하는 것 보다 자연스럽게 느끼게 해주고 다른 것의 중요성도 알도록 해 주는 것이 자기 발전을 위한 성찰의 계기가 될 수 있다.

각뿔의 부피는 얼마일까?

실험으로 확인하는 각뿔의 부피는 각기둥의 3분의 1

초등학교에서 각종 평면 도형의 넓이를 구한 다음, 중학교에서는 여러 가지 입체 도형의 부피를 구하게 된다. 이때 각뿔의 부피를 구하는 과정은 조금 이해하기가 어렵다. 다른 입체 도형의 부피와 달리 수학적인 설명이 아니라 무려 '실험'을 통해 확인하기 때문이다. 수학 교과서에서는, 각뿔 모양을 만들어 모래나 쌀을 채운 다음, 각기둥 모양에 부어 넣으면 각뿔 높이의 3분의 1까지 채워진다는 실험을 제시한다. 이 사실로부터 밑면의 넓이가 S,

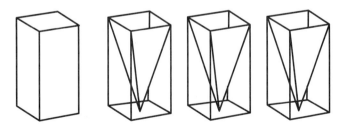

사각뿔 3개에 모래를 채우고 사각기둥에 부으면 딱 맞게 채워진다.

높이가 h인 각뿔의 부피 V는 다음과 같다고 설명한다.

$$V = \frac{1}{3}Sh$$

이런 설명에 의문을 품어 본 사람도 있을 것이다. 실험 오차를 생각하면, 각기둥의 부피에 곱해야 하는 진짜 수는 $\frac{1}{3}$ 이 아니라 $\frac{1}{2.9}$ 가 될 수도 있는 일이지 않은가? 정밀하게 실험할수록 $\frac{1}{3}$ 에 가까워지겠지만, 알고 보니 소수점 아래 9가 100만 개쯤 나열된 $\frac{1}{2.99\cdots9}$ 가 참값이라면, 이런 건 실험으로 확인할 수 있는 수준이 아니다. 물론 실용적인 목적이라면 이 정도 실험으로도 $\frac{1}{3}$ 을 곱하면 된다고 할 수 있지만, 실용적으로 원의 넓이가 반지름의 제곱에 3.14를 곱하면 충분하다고 해서 원주율이 정확히 3.14라고 생각할 수는 없지 않은가.

고대 수학자들은 어떻게 각뿔의 부피 공식을 증명했을까?

각뿔의 부피가 각기둥 부피의 $\frac{1}{3}$ 이라는 진짜 증명은 고등학교에서 적분을 배울 때에나 나온다. 구분구적법이 바로 그 방법으로, 각뿔을 얇은 판자를 쌓은 형태로 근사한 다음, 판자의 두께가 0에 가까워질 때 전체 부피가 어떤 값에 가까워지는지를 계산하는 것이다. 적분에 대해서는 이따가 설명하기로 하겠다. 그런데, 각뿔의 부피는 고대 그리스 수학자들도 알고 있던 지식이었다. 적분이 없던 시절, 그들은 어떻게 각뿔의 부피 공식을 증명할 수 있었을까?

기원전 3세기 무렵의 에우클레이데스가 당대의 수학 지식을 집대성한 『원론』에서 각뿔의 부피가 각기둥의 $\frac{1}{3}$ 임을 보인 방법은, 먼저 밑면의 넓이와 높이가 같은 두 삼각뿔의 부피가 같음을 보인 다음 삼각 기둥을 다음과 같이 3개의 삼각뿔로 분할하는 것이었다. 밑면의 넓이와 높이가 같은 두 삼각뿔의 부피는 같다고 치고, 삼각 기둥을 3개의 삼각뿔로 분할하면 어떻

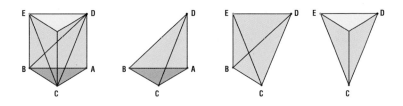

게 되는지 살펴보자.

삼각 기둥 ABCDEF를 칼로 잘랐다고 상상하자. 그러면 삼각뿔 ABCD, 삼각뿔 BCDE, 삼각뿔 CDEF로 나눌 수 있다.

삼각뿔 ABCD와 삼각뿔 BCDE는 밑면을 삼각형 ABD와 삼각형 BDE로 생각하면 부피가 같다. 삼각형 ABD와 삼각형 BDE는 직사각형 ABED를 2개로 나눈 것이기 때문에 넓이가 같다. 또한 두 삼각뿔 높이는 모두 점 C에서 직선 AB까지의 거리이다. 그래서 부피가 같다.

삼각뿔 BCDE와 삼각뿔 CDEF는 밑면을 삼각형 BCE와 삼각형 CEF로 생각하면 부피가 같다. 삼각형 BCE와 삼각형 CEF는 직사각형 BCFE를 2개로 나눈 것이기 때문에 넓이가 같다. 또한 두 삼각뿔 높이는 모두 점D에서 직선 EF까지의 거리이다. 그래서 부피가 같다.

삼각뿔 CDEF와 삼각뿔 ABCD는 밑면을 삼각형 ABC와 삼각형 DEF로 생각하면 부피가 같다. 삼각기둥에서 마주보고 있는 두 삼각형은 합동이기 때문이다. 높이는 둘다 직선 CF의 길이이다.

삼각기둥을 3개로 삼각뿔로 나누었는데, 3개의 삼각뿔의 부피가 서로 같은 것이다. 따라서 삼각뿔의 부피는 삼각기둥의 $\frac{1}{3}$ 이 된다.

이제, 밑면과 높이가 같은 두 삼각뿔의 부피가 같다는 것을 볼 차례이다. 하지만, 유클리드의 증명에서 밑면과 높이가 같은 두 삼각뿔의 부피가 같다는 증명은 꽤 복잡하다. 그리고 이것은 사실상 원시적인 적분의 개념을 사용하는 것이다.

적분으로 확인하는 삼각뿔의 부피

삼각뿔의 부피를 구하는 좀더 세련된(?) 방법이라면 역시 적분을 이용하는 것이다. 밑면의 넓이를 S라고 하고, 꼭짓점에서 거리 x만큼 떨어진 단면의 넓이를 S(x)라고 하자. 이제 다음과 같이 삼각뿔의 부피를 구할 수 있다. 면적의 비는 거리의 제곱에 비례한다는 것을 이용하면 아래와 같이 쉽게 계산할 수 있다.

$$S(x) : S = x^2 : h^2$$

$$S(x) = \frac{x^2}{h^2} S$$

$$V = \int_0^h S(x)\, dx = \int_0^h \frac{x^2}{h^2} S\, dx = \left[\frac{x^3}{3h^2} \right]_0^h S = \frac{1}{3} hS$$

그러니까 $\frac{1}{2.9}$ 가 아니라 정말로 $\frac{1}{3}$ 을 곱하는 것이다. 그런데, 각뿔의 부피 공식은 적분 없이는 정말 구할 수 없는 것일까?

힐베르트의 세 번째 문제

한 세기가 바뀔 무렵인 1900년, 프랑스 파리에서 열린 국제 수학자 회의(International Congress of Mathematicians)에서 기조 연설을 맡은 수학자는 당시 가장 위대한 수학자로 손꼽히던 독일의 다비트 힐베르트(1862~1943년)였다. 새로운 세기가 시작하는 것을 기념해, 힐베르트는 20세기 수학이 나아갈 방향을 제시하면서 23개의 미해결 문제를 제기했다. 실제로 수학의 여러 분야를 아우르는 이 문제들을 해결하는 과정에서 20세기 수학은 크게 발전했다. 미국의 클레이 수학 연구소(Clay Mathematics Institute)에서 2000년에 제기한 밀레니엄 현상 문제도 힐베르트의 23개 문제를 본딴 것이다.

힐베르트가 제기한 문제 가운데 세 번째 문제가 바로 각뿔의 부피에 대한 것으로, 삼각뿔을 잘라 다시 붙여 삼각 기둥을 만들 수 있느냐는 것이었다.

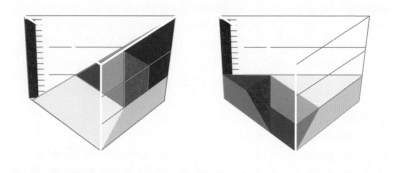

어떤 삼각뿔은 삼각기둥과 가위 합동이다. 그러나 모든 삼각뿔이 그렇지는 않다. **사진 제공** 수학사랑

평면 도형에서는 삼각형을 잘라 사각형을 만드는 것이 당연히 가능하다. 이처럼 한 도형을 분할하고 재조합해 다른 도형을 만들 수 있을 때, 두 도형을 '가위 합동(scissors-congruent)'이라 부른다. 실제로 위 그림처럼, 어떤 삼각뿔은 삼각 기둥과 가위 합동이다. 힐베르트의 질문은 부피가 같은 삼각뿔과 삼각 기둥이 언제나 가위 합동이냐는 것이다. 만약 이것이 참이라면 적분 개념을 쓰지 않고도 각뿔의 부피 공식을 증명할 수 있게 된다.

힐베르트의 문제들은 20세기 내내 많은 수학자들이 풀기 위해 노력했고, 그 중에는 아직도 해결되지 않은 문제가 있을 정도이지만, 세 번째 문제만큼은 의외로 바로 몇 달 만에 제자인 막스 덴(1878~1952년)에 의해 간단히 해결되었다. 덴은 '덴 불변량'이라는 교묘한 개념을 이용해 정사면체와 삼각 기둥이 가위 합동이 아님을 증명했다. 즉 정사면체를 어떻게 잘라 다시 붙이더라도 삼각 기둥을 만들 수는 없다. 그러니까 일반적으로 삼각뿔을 잘라 삼각 기둥을 만들 수는 없다는 뜻이다. 중학교에서 삼각뿔의 부피를 실험이라는 이상한 방식으로 설명하는 것은 어떤 의미에서 그렇게 할 수밖에 없기 때문이다.

기획 네이버캐스트팀

한국 대표 포털 네이버(NHN)의 인기 콘텐트인 '네이버캐스트'의 기획·운영팀. '365일 전문 정보와 깊이 있는 콘텐트를 만난다!'를 캐치프레이즈로 문화, 생활, 과학, 인물 등 다양한 분야의 정보와 콘텐트를 전문가들과 함께 기획하고 만들고 네티즌들에게 전달하는 팀이다. 현재 네이버캐스트에서는 '오늘의 과학' 외에 '오늘의 인물', '아름다운 한국', '철학의 숲', '오늘의 클래식', '옛날 신문', '오늘의 문학', '포토 樂 보드' 등 유용하고 흥미로운 다양한 캐스트가 개설되어 있다.

곽영직

수원대학교 물리학과 교수이자 같은 대학교 자연 과학 대학 학장. 서울대학교 물리학과와 미국 켄터키 대학교 대학원을 졸업했다. 전공은 물리학이지만 과학사와 천문학까지 아우르며 과학의 세계를 대중에게 깊이, 널리 알리는 데 힘쓰고 있다. 「Q&A 과학사」, 「데굴데굴 공을 밀어 봐」, 「곽영직 교수의 물리 5부작」, 「곽영직의 과학캠프」, 「CD-ROM과 함께 가는 별자리 여행」, 「과학기술의 역사」 등의 저서가 있다.

권오길

강원대학교 생물학과 명예 교수. '달팽이 박사'로도 유명한 전설적인 과학 저술가이자 과학 대중화의 선구자. 서울대학교 생물학과와 같은 대학교 대학원을 졸업했고, 수도여자중·고등학교, 경기고등학교, 서울사범대학부속고등학교, 강원대학교에서 학생들을 가르쳤고, 글쓰기와 방송, 강의 등으로 대중의 깊은 사랑을 받고 있다. 「꿈꾸는 달팽이」, 「어린 과학자를 위한 몸 이야기」, 「생물의 다살이」, 「생물의 애옥살이」, 「생물의 죽살이」, 「달과 팽이」, 「열목어 눈에는 열이 없다」 등의 저서가 있다.

김충섭

수원대학교 물리학과 교수. 서울대학교 물리학과를 졸업하고, 같은 대학교 대학원에서 박사 학위를 받았다. 한양대학교, 서울시립대학교, 서울대학교 등에서 학생들을 가르치고 연구를 해 왔다. 아름다운 별자리 이야기들을 통해 과학의 즐거움과 아름다움을 소개하고 있다. 「별자리 따라 봄 여름 가을 겨울」, 「CD-ROM과 함께 가는 별자리 여행」 등의 저서가 있다.

박부성

경남대학교 수학교육과 교수. 수학 이야기꾼을 자부하는 유쾌한 수학자이자 자타공인 국내 최고의 수학 퍼즐 전문가이다. 학생에서 일반 성인까지 즐길 수 있는 수학 이야깃거리를 끊임없이 개발하고 있다. 서울대학교 수학교육과를 졸업했고, 같은 대학교 수학과 대학원에서 박사 학위를 받았다. 고등과학원(KIAS) 계산 과학부 연구원으로 재직하기도 했다. 「재미있는 영재들의 수학퍼즐」(전2권), 「천재들의 수학 노트」 등의 저서가 있다.

서민

단국대학교 의과 대학 의예과 교수. 서울대학교 의과 대학을 졸업하고 기생충학 연구에 매진해 왔다. 한편 '기생충 탐정 문학' 또는 '엽기 생물 문학'이라고 할 수밖에 없는 기상천외하고 흥미진진한 과학 소설 「대통령과 기생충」과 기생충의 내면을 들여다볼 수 있게 해 주는 글들을 인터넷은 물론, 여러 지면을 통해 발표해 교양 과학의 세계를 넓혀 왔다. 「대통령과 기생충」 외에도 「헬리코박터를 위한 변명」, 「기생충의 변명」의 저서를 썼다.

서유헌

서울대학교 의과 대학 교수. 동시에 서울대학교 의대 신경과학연구소 소장, 교육과학기술부 치매정복창의연구단 단장을 맡고 있다. 서울대학교 의과 대학을 졸업하고 같은 대학교 대학원에서 의학 박사 학위를 받았다. 미국, 독일, 영국, 일본 등지에서 교환 교수와 객원 교수를 역임했고 뇌 연구 촉진법 제정 준비 위원장, 한국뇌학회 초대 회장, 아태신경화학회 회장, 한국인지과학회 회장, 대한약리학회 회장, 국가과학기술위원회 위원 등으로 활동하며 한국 뇌과학의 기초를 닦았다. 저서로 「머리가 좋아지는 뇌 과학 세상」, 「두뇌 짱이 되고 싶다」, 「두뇌 장수학」, 「너의 뇌를 알라」 등의 저서가 있다.

예병일

연세대학교 원주 의과 대학 교수. 의학의 과학, 역사, 문화, 철학을 하나로 엮어 소개하는 의학사 이야기꾼이기도 하다. 다양한 매체에서 많은 저술 활동으로 대중에게 의학사와 의학계의 비밀스러운 속살을 드러내 보이고 있다. 연세대학교 의과 대학과 같은 대학원을 졸업했다. 『내 몸을 찾아 떠나는 의학사 여행』, 『의학사의 숨은 이야기』, 『현대 의학, 그 위대한 도전의 역사』, 『전쟁의 판도를 바꾼 전염병』 등의 저서가 있다.

이은희

'하리하라'라는 필명으로 활약 중인 과학 전문 작가. 연세대학교 생물학과를 졸업하고 같은 대학교 대학원에서 신경생리학을 전공했다. 고려대학교 과학언론학 박사 과정을 수료했다. 과학과 신화, 이공계와 인문계, 성인과 청소년의 경계를 넘나들며 만인을 위한 과학 글쓰기에 도전하고 있다. 저서로 『하리하라의 생물학카페』, 『과학 읽어주는 여자』, 『하리하라의 과학고전카페』(전2권), 『하리하라, 미드에서 과학을 보다』 등이 있다.

이종필

입자 물리학을 연구하는 이론 물리학자. 서울대학교 물리학과를 졸업하고 같은 대학교 대학원에서 박사 학위를 받았다. 연세대학교, 고려대학교, 고등과학원 등에서 연구를 하며 30여 편의 논문을 발표했다. 현재 연세대학교 연구원으로 재직 중이다. 기본 입자들이 요동치는 미시 세계만이 아니라 인간의 감정과 욕망이 소용돌이치는 현실 세계에 대해서도 기고와 저술 활동을 통해 적극적으로 발언해 왔다. 저서로는 『대통령을 위한 과학 에세이』, 『신의 입자를 찾아서』 등이 있다.

정경훈

서울대학교 기초교육원 강의 교수. 서울대학교 수학과에서 학사·석사·박사 학위를 받았다. 그 후 포항공과대학, 연세대학교, 위스콘신 대학교 등지에서 박사 후 과정을 밟았다. 누구나 알지만 왜 그런지는 전혀 모르는 대수학과 관련된 재미있는 이슈들을 알기 쉽게 소개하는 필력을 보여 주고 있다.

하동환

중앙대학교 첨단영상대학원 교수. 브룩스 인스티튜트 오브 포토그래피를 졸업하고 오하이오 대학교에서 석사 학위를, 한양대학교 교육공학과에서 박사 학위를 받았다. 중앙대학교 첨단영상대학원의 디지털 과학 사진팀을 이끌며 과학과 사진의 만남을 시험하고, 과학 사진을 이용한 교육 프로그램 개혁을 시도하고 있다. 『사진가를 위한 디지털 사진 A to Z』, 『예술, 과학과 만나다』, 『디지털 포트폴리오』 등의 저서가 있다.

허민

광운대학교 수학과 교수. 서울대학교 수학교육과를 졸업하고 미국 코네티컷 대학교에서 박사 학위를 받았다. 중국 원나라 시대에 편찬된 방대한 산학서인 『산학계몽』을 필두로 동서양 수학사의 위대한 순간들을 다룬 여러 수학사 책을 번역해 우리나라 수학 교양의 깊이를 더하는 데 진력해 왔다. 『영부터 무한대까지』, 『수학의 위대한 순간들』, 『수학적 경험』(전2권), 『오일러가 사랑한 수 e』 등의 대작들을 번역했고, 『수학사의 뒷모습』(전3권) 등을 저술했다.

한국천문연구원(KASI)

천문 우주 과학의 발전에 필요한 학술 연구와 기술 개발을 종합적으로 수행하고 그 성과를 보급하기 위해 설립된 전문 연구 기관. 국가 표준시의 관리 등 국가 천문 업무를 수행하는 것은 물론 대형 천문대 같은 대형 관측 시설의 운영 및 개발 사업, 천문학과 우주 과학에 대한 연구 및 국내외 관련 기관과의 협력 및 공동 연구 등 우주 시대를 선도하는 최고 수준의 천문 우주 연구 기관이라는 비전을 바탕으로 다양한 임무와 사업을 수행하고 있다.

가

가모브, 조지 24, 86

가소성 127

가시광선 178, 180, 253, 256

가우스, 카를 프리드리히 132

　가우스 소거법 132

가위 합동 366

가이슬러, 요한 하인리히 빌헬름 248

가족고랑 41

각운동량 보존 법칙 274

간니 184

간디스토마 261, 264

갈락토오스 75

갈릴레이, 갈릴레오 115~116, 348

감각 중추 128

감마선 275, 290

감마아미노부티르산(GABA) 207

감칠맛 151

강입자 117

강한 핵력 87, 117, 171~173, 175, 224, 283

개미 성운 319

개밥바라기 297

갱년기 337

거대 과학 65

거듭제곱 311, 315

거품 상자 174

검출기 120

게발선인장 30

게 성운 90, 274

게이지 대칭성 223~224, 282, 284

겔만, 머리 173

결합 법칙 162

경입자 175

고기생충학 263

고리 성운 321

고양이 눈 성운 320

고유근 147

고전 역학 38

고피질 125

골격근 308

공생 168, 323

공진화 323

과잉 학습 장애 증후군 40

관성의 법칙 35

광속 불변의 원리 351

광자 177

광절열두조충 263

광학 36

괴델, 쿠르트 105

교감 신경 76

교차 감염 99

교환 법칙 109

구강 건조증 76

구구법 135~136

구분구적법 363

구상 성단 113

구아닌 218

궁수자리 111

귀밑샘 75~76, 303

귀밑샘관 303

균류 168

극초신성 277

극한 50~51

글래쇼, 셸던 176

글루탐산 207

글리세롤 243

금강초롱 80

금성 297

기계론 36

기관 303

기생충 259

기수법 234

기제류 166

김선기 27, 334

나

나가오카 한타로 291

나선 성운 321~322

나오브티타늄 284

나침반자리 318

난부 요이치로 176, 225, 283

난포 호르몬 336

남성 갱년기 339

남성 폐경 339

남쪽 고리 성운 318

내염성 세균 82

내인근 147

노랑어리연꽃 29

노화 337

녹말 75

뇌 기능 유전자 43

뇌 기반 교육 41

뇌 발달 40

뇌 연구 촉진 법 44

뇌 질환 관련 유전자 43

뇌량 357

뇌량협부 357

뇌의 10년 44

뇌줄기 41

뇌하수체 340

뉴턴, 아이작 33~38, 171

니오브티타늄 280

다

다리뇌 41

다발성 경화증 232

다세포 생물 57

다윈, 찰스 로버트 17~20

당뇨병 77, 232

대뇌 피질 148, 356~357

대마젤란 은하 195, 276

대암점 301

대장암 337

대적점 299

대칭성 221~225, 284

대폭발 이론 24, 86

대형 강입자 충돌기(LHC) 66~67, 117~121,
  226, 284, 335

대형 전자 반전자 충돌기(LEP) 226

W 보손 171, 224

데네브 70

데모크리토스 197

데이비, 험프리 189

덴, 막스 366

  덴 불변량 366

도파민 220~221, 285~289

독거미 성운 195

독수리 성운 69, 191

돌림 근육 308

돌턴, 존 197, 291, 293

동반성 319, 321

돛자리 318

두뇌 장수학 127

두드럭조개 323

두정엽 40, 128, 356

뒤통수엽 41

DNA 58, 218

따개비 18

라

라이프니츠, 고트프리트 빌헬름 36

러더퍼드, 어니스트 201, 290, 293~294

러셀, 버트런드 104

레벤후크, 안톤 반 55~56

레이더먼, 리언 63

로런스 버클리 국립 연구소 88~89

로렌츠 변환식 351

로퍼, 스티븐 151

뢰비, 오토 204~205

뢴트겐, 콘라트 248~249, 251

루빈, 베라 쿠퍼 24

류머티즘 관절염 76

르네상스 131

리겔 72

리터, 돈 64

링컨, 에이브러햄 15

마

마귀할멈 성운 72

마그네타 275

마루엽 40

마이스너 효과 283

마이어, 율리우스 로베르트 폰 138

마이컬슨, 앨버트 350

마이크로 세계 28

마이트너, 리제 294

마차부자리 70

마초(MACHO) 26

마취제 189

마하수 200

마흐, 에른스트 199~202

만손주혈흡충 230

만유인력의 법칙 33~38

말머리 성운 71

맛봉오리 150~151

매스매티카 311

맥스웰, 제임스 클러크 36, 171

메이요 클리닉 340

메탄 301

멘델스존, 펠릭스 15

멜라닌 세포 217

면역계 122~123

명수법 235

목성 299, 317

목성형 행성 296

몰리, 에드워드 윌리엄스 350

뫼비우스, 아우구스트 페르디난트 314

무생물 17

무신론자 65

무한 45

무한 소수 49~50

뮤온 175

미국 식품 의약품 안전청(FDA) 78

미라 259~264

미뢰 150~151

미립자 250

미맹 150

미세 조정 332

미적분학 33, 36

미주 신경 물질 205

민코프스키, 헤르만 350

밀리컨, 로버트 앤드루 251

바

바딘, 존 280

바스카라 269

바이러스 77, 309

반뇌과학적 교육 40

반사 성운 68, 71, 192

반추 동물 166~167

발효 80~81

밤나무 30

방사성 동위 원소 294

배롱나무 32

백색 왜성 88, 317~318

백색증 219

백색판증 153

백조자리 70

뱀자리 69

벌개미취 29

베르베르, 베르나르 97

베시, 헨리 드 라 16

베타 붕괴 171

베타선 290

베테, 한스 24

변연 피질 125

별 형성 영역 190~196

보어, 닐스 291

볼거리 76~77

볼츠만, 루트비히 에두아르트 140, 200~202

봉선화 31

부교감 신경 204

부동액 242

부메랑 성운 320

분배 법칙 162

분열 57

분자 생물학 43

분자운 190, 196

불임 77

브라운 운동 201

브라헤, 튀코 36

브라흐마굽타 157

블랙홀 277
비강 147
비글호 17
비만 세포 229
BSC 이론 280
빛의 메아리 현상 273

사

사기질 186
사랑니 185
사리골 79
사이토카인 230
산가지 133
산개 성단 70, 196
산대 133
산란관 325
산학 132, 235, 342
살람, 압두스 176, 226
삼차신경 147
삼킴 반사 307
상대성 원리 349
상아질 186
상피 세포 304
샛별 297
생명 16
생체 인식 시스템 180
석패과 324
선행 교육 41, 354
섬모충류 168
성간운 190, 194
성운 68, 70, 193, 318
세로토닌 장애 287
세페우스자리 72
세포 54, 56~58

세포막 56
셀로비오스 168
셀룰로오스 168
소뇌 41
소닉 붐 200
소마젤란 은하 112~113, 276
소크라테스 39
손등 혈관 인식 시스템 180
솜다리 95
쇼그렌 증후군 76
수꽃 31
수란관 325
수사 235
수성 297
수용체 205, 288
수직선 161
수크로오스 241
순환 소수 47
슈리퍼, 존 로버트 280
슈미트, 브리언 88
스탕달 156~157
스토니, 존스턴 251
스트레스 40, 75~76, 122, 361
스피처 적외선 망원경 112, 192, 194, 321
승법 133~134
시각 인지 능력 256
시냅스 124~125, 127, 354~355
시멘트질 187
시토신 218
식도 302~309
신경 섬유막 205
신경 세포 123, 125, 203
신경 전달 물질 43, 204~208, 288
신경 정신 면역학 122
신경 컴퓨터 43

신피질 125

신화 52~53

실수 213

십진법 133

쌍극 분출 194

쌍둥이 제트 성운 319

쌍성 319

씨방 31

아

아데닌 218

아르키메데스 233~234, 238

아리스토텔레스 210

아미노산 80, 241

아밀라아제 75~76

아보가드로, 아메데오 198

아보가드로의 가설 198

아산화질소 189

아세틸콜린 205

아인슈타인, 알베르트 25, 40, 85~86, 119,
    170, 201, 332, 349~353

아지노모토 사 151~152

아토피성 피부염 227~228

안태본 326

알레르기 항원 230

알레르기성 질환 228

알리, 무하마드 286

알파 입자 293

알파선 290

암꽃 31

암화 세포 123

암흑 물질 21~27, 91, 334

암흑 성운 68, 71

암흑 에너지 91

앨퍼, 랠프 86

약한 핵력(약력) 87, 171~172, 175

양귀비 31

양극 성운 319

양성자 118~120, 173, 292

양자 보정 331

양자 중력 이론 332

양전자 방출 단층 촬영술(PET) 43

얼음물고기 244~245

에너지 보존 법칙 137~138

에델바이스 95

에디슨, 토머스 102

에딩턴, 아서 스탠리 25

에스트로겐 336~337

에스트로겐 대체 요법 337~338

에우클레이데스 363

에타 카리나 277

엑셀 311

엑스선 248~249, 251~252

엔트로피 139~143, 200

엔트로피의 법칙 137, 140~142

MMR 77

역류성 식도염 309

역설 210

역연산 267

연동 운동 168

열목어 80

열소 137

열역학 제2법칙 139, 200

염기 서열 43, 98

염색체 59

염증 309

영구치 184

예방 접종 77

오너스, 카메틀링 279~278

오르트 구름 296
오리온 대성운 71, 193~194
오리온자리 72, 193
와인버그, 스티븐 62~65, 226
외래설근 147
외뿔소자리 69 메시에, 샤를 69
외인근 147
요코가와흡충 261
요한 바오로 2세 286
용골자리 277
우라늄 295
우제류 166
우주 배경 복사 86~87
우주 상수 85
우주 팽창 85~87
원생 동물 168~169
원시 행성 원반 194
원자 모형 251, 291
원자 폭탄 295
원자력 현미경 202
원자론 197~202
원자핵 분열 295
원주율 49
웰스, 호러스 189
위생 가설 228
윌슨, 로버트 86, 129
윔프(WIMP) 26
유럽 원자핵 공동 연구소(CERN) 66, 117
유령 나뭇잎 효과 94
유방암 337~338
유산 80
유산균 82~83
유생사 327
유전 공학 96
유전자 43

유제류 166
유치 184
유카와 히데키 172
유학선 231
유한 집합 46
융합 연구 43
은하단 23
음극선 247~252
음극선관 247~248
음수 156~163
이마엽 41
이매패 324
이산화탄소 298
이중 언어 환경 360
이케다 기쿠나에 151
이하선 76
이하선관 303
인공 핵변환 293
인두 303
인산칼슘 186
인슐린 96
인조 뇌 43
인터럽트 267
인터류킨 230
일반 상대성 이론 25, 85, 332
일식 25
임계 온도 280, 284
임계 질량 87~88
임실납자루 324
임진왜란 115
입자 물리학 61

자
자가 면역 질환 229, 232

자가 수용체 288

자궁내막 337

자기 공명 촬영 기법(MRI) 43

자기 부상 열차 279

자발적 대칭성 깨짐 224~225

자연수 46, 103, 106~108

자외선 69, 178, 253~256

자율 신경계 76

작용-반작용의 법칙 35

장미 성운 69

적분 363

적색 거성 316~317

적색 이동 85

적외선 178~182, 192

적응 방산 328

전갈자리 114

전두 연합령 288~289

전두엽 41, 128, 358

전략 방위 구상(SDI) 65

전자 177, 246~248, 251~252

전자기력 87, 172, 175

전전두엽 287

점액 307

접착자 118, 171, 173

정액 56

젖니 184

제논의 역설 210~214

제우스 215

제트 194

Z 보손 171, 224

조건 반사 74

조미료 151

조석력 319

조임근 308

종양 155

주사형 터널링 현미경 202

죽음 16

줄, 제임스 프리스콧 138

줄기 세포 43

중간자 172~173

중력 87, 332

중력 법칙 24

중성미자 23, 172, 175, 333

중성자 171~173, 292, 294~295

중성자별 23, 274, 277

중심구 128

중심뒤이랑 41

쥐모양선충 231

지구형 행성 296

지동설 36

지명국 25

지문 인식 시스템 180

지수 표기법 234~235

진공도 248, 250

진화 18~20

질량 중심 23

질량-가속도의 법칙 35

차

차우다리, 니루파 151

찬드라 엑스선 망원경 191, 272

참굴큰입흡충 261~262

창조의 기둥 69

채드윅, 제임스 294

채송화 30

처녀자리 272

천동설 36

천식 231

천연 방사성 원소 293

천왕성 300

청개구리 242~243

초끈 이론 332

초대칭 이론 26, 335

   초대칭 입자 121

초신성 23, 88, 195, 272~273, 276~277, 316

   초신성 잔해 90, 273, 276

초전도 278~284

초전도 초대형 충돌기(SSC) 63~66

초전류 283

최종 이론 38

충돌기 117

충치 187

츠바이히, 게오르게 173

츠비키, 프리츠 21

측두엽 41, 356, 359~360

치아 우식증 187

치아머리 186

치아목 186

치아뿌리 187

치아속질공간 186

치아주위조직 187

치태 187

침샘 75~76

침장 80

침팬지 129

카

카시오페이아 A 273

카시오페이아자리 71

카이퍼 띠 296

칸나차로, 스타니슬라오 199

칸디다 진균 309

칸트, 이마누엘 127

칵사이신 150

캘리포니아 공과 대학(칼텍) 21

케플러, 요하네스 33, 35~36, 110

켄타우루스자리 113, 320

코끼리코 성운 72

코모도왕도마뱀 73~74

COBE 위성 87

코시, 오귀스탱루이 314

코페르니쿠스, 니콜라우스 36

쿠퍼, 리언 닐 280

쿠퍼쌍 280~282, 284

쿼크 118, 173, 177

퀴리, 이렌 졸리오 294

퀴리, 프레드릭 졸리오 294

크룩스, 윌리엄 248

크리슈너, 로버트 88

큰부리새자리 196

클라우지우스, 루돌프 율리우스 에마누엘
   139

클라인펠터 증후군 340

클레이 수학 연구소 365

클로키디움 327

클루탐산나트륨(MSG) 151

키를리안, 세묜 92

   키를리안 사진 92~95

타

타우온 175

탈레스 60, 330

태아 성운 71

턱밑샘 75~76

테바트론 119

테스토스테론 338~340

텔로미어 58~59

토성 301

토성 모형 291

톰슨, 조지프 존 249~250

특수 상대성 이론 350~353

티로시나제 217

티민 218

파

파블로프, 이반 페트로비치 74

파스칼, 블레즈 157

파에톤 215~217

파울리, 볼프강 172

파월, 해리스 64

파이온 172

파인만, 리처드 24

파킨슨병 286

패러데이, 마이클 171

펄뮤터, 사울 89

펄서 91, 274

페닐티오카바마이드(PTC) 150

페르미, 엔리코 294

페르세우스자리 192

페아노, 주세페 106

　　페아노 공리계 105~107

펙틴 168

펜로즈, 로저 222

펜지어스, 아노 86

펠리컨 성운 70

편충 261, 263

폐경 336~337

포도당 168

폰, 에드거 엘런 15

표준 모형 61~63, 176~177, 283, 330,
　　333~334

풀협죽도 32

프랙털 345~347

프로게스틴 338

프로메테우스 53

프롤린 241

플라세보 340

플라톤 210

플랑크 에너지 332

플럼 푸딩 모형 291

플레이아데스 성단 112

피부색 218

피타고라스의 정리 132

하

하위헌스, 크리스티안 33, 36

한, 오토 294

한국 암흑 물질 연구 프로젝트(KIMS) 27

한무영 176

항등원 162

항상성 208

항성풍 70

해왕성 301

핵융합 110, 316

핼리 혜성 33

핼리, 에드먼드 33

행성 296~301

행성상 성운 317, 319, 321

허블 우주 망원경 25, 111, 191

허블, 에드윈 파월 85~86

허셜, 윌리엄 300

헉슬리, 토머스 18

헛뿌리 328

헤이플릭, 레너드 57

헬름홀츠, 헤르만 루트비히 138

혀밑샘 75

혀인두 신경 147

혐기성 세균 82, 168

형광 249

형광 분말 촬영법 255

혜성 매듭 322

호문쿨루스 128

호박 31

호킹, 스티븐 67, 226

혼인색 325

화성 298

화이트헤드, 앨프리드 104

황새치자리 195

황소자리 112

회격묘 260

회충 97~100, 261, 263

효모 83

후각 망울 147

후두개 305

후두덮개 303, 305

후두엽 41, 356, 361

후지타 고이치로 231

훅, 로버트 54

흑사병 33

히스타민 229

힉스 입자 62~63, 67, 121, 176, 225~226,
    283, 330~331, 335

힉스, 피터 226, 331

힐만, 모리스 랠프 77~78

힐베르트, 다비트 365

016쪽 Department Of Geology, National Museum Of Wales 019쪽 (주)사이언스북스 022쪽 NASA 026쪽 김선기 제공 029~032쪽 하동환 034쪽 James A. Sugar 037쪽 ⓒ Corbis 041쪽 ⓒ Dorling Kindersley 042쪽 ⓒ Gettyimages / (주)멀티비츠이미지 055쪽 Ann Ronan Picture Library 061쪽 ⓒ 싸이더스 FnH 062쪽 (주)사이언스북스 / 이종필 064쪽 Ferimlab 066쪽 CERN 068~072쪽 한국천문연구원 073쪽 ⓒ Gettyimages / (주)멀티비츠이미지 76~77쪽 (주)사이언스북스 081쪽 ⓒ TOPIC 084쪽 ⓒ TOPIC 087쪽 Sidney Moulds 090쪽 NASA 093~095쪽 하동환 098쪽 서민 101쪽 서민 104쪽 (주)사이언스북스 111~114쪽 김충섭 116, 118~119쪽 CERN 123쪽 Welcome: Dr. Jonathan Clarke 126쪽 ⓒ Corbis 128쪽 (주)사이언스북스 133쪽 한양 대학교 박물관 139쪽 (주)사이언스북스 140쪽 ⓒ TOPIC 148, 150쪽 ⓒ Dorling Kindersley 152쪽 ⓒ AJINOMOTO Co., Ltd. 153쪽 예병일 157쪽 (주)사이언스북스 165쪽 (주)멀티비츠이미지 169쪽 권오길 171쪽 (주)사이언스북스 173쪽 ⓒ Gettyimages / (주)멀티비츠이미지 177쪽 (주)사이언스북스 / 정재완 179~182쪽 하동환 184쪽 (주)멀티비츠이미지 186쪽 ⓒ Dorling Kindersley 189쪽 ⓒ Gettyimages / (주)멀티비츠이미지 190~196쪽 김충섭 198~199쪽 (주)사이언스북스 202쪽 Philippe Plailly 204쪽 (주)사이언스북스 206쪽 CNRI 216, 219쪽 ⓒ TOPIC 222쪽 Anthony

Howarth 225쪽 ⓒ Gettyimages / (주)멀티비츠이미지 227쪽 예병일 229~230쪽 ⓒ Corbis / TOPIC 233쪽 ⓒ Gettyimages / (주)멀티비츠이미지 243~244쪽 ⓒ Corbis / TOPIC 247쪽 Ann Ronan Picture Library 249쪽 (주)사이언스북스 250쪽 ⓒ Gettyimages / (주)멀티비츠이미지 254~256쪽 하동환 260~263쪽 서민 271-277 쪽 김충섭 279쪽 WIKIPEDIA 281쪽 David Parker / IMI 283쪽 Fermilab 287쪽 서유헌 290~291쪽 (주)사이언스북스 292쪽 Michael Gilbert 297~301쪽 한국천문연구원 303쪽 ⓒ Dorling Kindersley 304~305쪽 ⓒ Corbis / TOPIC 317~322쪽 김충섭 323쪽 최범래 324~325쪽 김익수 327쪽 권오길 331쪽 CERN 333쪽 Fermilab 336, 339쪽 ⓒ Gettyimages / (주)멀티비츠이미지 348, 350쪽 (주)사이언스북스 356쪽 서유헌 358~359쪽 ⓒ Gettyimages / (주)멀티비츠이미지 366쪽 수학사랑

오늘의 과학 1

1판 1쇄 펴냄 2010년 7월 30일
1판 5쇄 펴냄 2016년 5월 13일

기획   네이버캐스트팀
지은이   곽영직, 권오길, 김충섭, 박부성, 서민, 서유헌, 예병일,
        이은희, 이종필, 정경훈, 하동환, 허민, 한국천문연구원
펴낸이   박상준
펴낸곳   (주)사이언스북스

출판등록 1997. 3. 24.(제16-1444호)
(우)06027 서울특별시 강남구 도산대로1길 62
대표전화 515-2000, 팩시밀리 515-2007
편집부 517-4263, 팩시밀리 514-2329
www.sciencebooks.co.kr

ISBN 978-89-8371-297-4 04400
ISBN 978-89-8371-296-7 (전4권)